"十四五"职业教育国家规划教材

新编中等职业学校电子类专业基础课程通用系列教材

脉冲数字电路

欧小东　编著

电子工业出版社
Publishing House of Electronics Industry
北京·BEIJING

内 容 简 介

本书包括理论教学和实验/实训教学两大模块。理论教学模块包括脉冲基础知识、数制与码制，逻辑代数的运算与逻辑门电路，组合逻辑电路，集成触发器，时序逻辑电路，脉冲的产生与整形，数/模、模/数转换器与半导体存储器共 7 章。理论教学模块以章、节为单元，通过课程知识讲解、经典例题解析与实践应用、课后练习三个环节来对知识进行分解和阐述，以达到系统学习+巩固拓展+学以致用的目的。实验/实训教学模块包括 12 个项目，由基础实验、功能电路组装实训和大型、综合性技能训练三个子模块组成，其中标注 "*" 的项目是为适应本课程发展而新开发的实训项目，所采用的电路全部为自主设计。为了方便教师教学，本书还配有教学视频、电子课件、电子教案和习题参考答案等。

本书可作为中职电子类专业教材，也可作为大中专院校的电子类、机电类学生的学习参考和相关专业教师的教学参考用书。

未经许可，不得以任何方式复制或抄袭本书之部分或全部内容。
版权所有，侵权必究。

图书在版编目（CIP）数据

脉冲数字电路 / 欧小东编著. —北京：电子工业出版社，2021.8（2025.7 重印）

ISBN 978-7-121-41832-7

Ⅰ. ①脉⋯ Ⅱ. ①欧⋯ Ⅲ. ①脉冲电路—数字电路Ⅳ. ①TN78

中国版本图书馆 CIP 数据核字（2021）第 169597 号

责任编辑：蒲　玥
印　　刷：北京盛通数码印刷有限公司
装　　订：北京盛通数码印刷有限公司
出版发行：电子工业出版社
　　　　　北京市海淀区万寿路 173 信箱　邮编　100036
开　　本：787×1 092　1/16　印张：16.25　字数：416 千字
版　　次：2021 年 8 月第 1 版
印　　次：2025 年 7 月第 4 次印刷
定　　价：39.00 元

凡所购买电子工业出版社图书有缺损问题，请向购买书店调换。若书店售缺，请与本社发行部联系，联系及邮购电话：（010）88254888，88258888。
质量投诉请发邮件至 zlts@phei.com.cn，盗版侵权举报请发邮件至 dbqq@phei.com.cn。
本书咨询联系方式：（010）88254485；puyue@phei.com.cn。

前　言

专业基础课程既是学生学习的基础，也是他们今后在本领域长期发展的基础。随着信息技术迅猛发展和数字时代的到来，电子类专业基础课程的设置和教材也必将发生相应的调整，专业基础课程自然成为课程发展改革的重要内容。

本书是根据教育部 2008 年颁布的《教育部关于进一步深化中等职业教育教学改革的若干意见》第 18 条中"加强中等职业教育教材建设，保证教学资源基本质量"和"加强精品课程和教材开发"的有关要求进行编写的。

电子技术基础（含模拟电路和数字电路）是电子类专业学生系统学习和深入专业的"钥匙"。本书为电子技术基础课程内容的数字电路部分，是湖南省中等职业教育优质精品课程"脉冲数字电路"的同步配套教材。

本书包括理论教学和实验/实训教学两大模块。由于各学校对本课程的计划课时数和教学内容在深浅程度上存在差异，也为兼顾学生的个性化学习需求，本书把理论教学和实验/实训教学再次拆分为基础模块和拓展模块。含拓展模块内容的章节，在目录中均备注有"▲"标志，每章的拓展模块内容和习题参考答案均可通过扫描对应的二维码查阅。

在中国共产党第二十次全国代表大会的报告中指出，统筹职业教育、高等教育、继续教育协同创新，推进职普融通、产教融合、科教融汇，优化职业教育类型定位。本书的编写思路体现了中等职业教育课程改革中"产教融合、科教融汇"理念和分层教育教学思想，文字阐述通俗易懂，对知识点讲解举一反三、系统、翔实，注重理论与实践的融合。本书还根据"实记""掌握""熟练""应用"的要求，有针对性地进行了知识结构的调整和教法、学法的创新。

本书具有以下特点：

1. 适用人群定位准确：目前，一线教师普遍认为现行中职电子专业使用的专业课程教材普遍存在"一刀切"的现象，教材内容与培养目标的定位几乎都存在不匹配的问题。在设计理念上，教材的职教特色不显著，缺乏职业性、实践性；在内容安排上，教材内容与学生的认知水平不相适应。用之于中高职衔接或技能培养方向，无法体现"理论够用为度，强化技能训练"的原则；用之于职业高考班的教学则存在不系统、不全面、内容太浅的问题。本书集系统学习、巩固拓展、学以致用于一体，内容选取上对教材深度和广度上均做了适度调整，专为中高职衔接或技能培养方向的电子类专业学生量身编写。

2. "一纲多本"特色显著：本书将理论教学和实验/实训教学拆分为基础模块和拓展模块，教师可根据课程的计划课时数、教学内容的深浅程度以及学生的个性化学习需求灵活选择，充分体现了中等职业教育课程改革的新理念和分层教育教学思想。

3. 循序渐进，学以致用：本书依据教育部颁发的教学大纲，并结合学生技能成长的规律，有针对性地进行理论与实践知识结构调整的教法、学法创新；通过大量典型的案例分析，详细阐述应用和拓展，以帮助学生理解和巩固基本概念，提升理论联系实际的综合应用能力，充分体现了能力本位的特色。

4. 教学资源系统完备：作为优质精品课程"脉冲数字电路"的同步配套教材，本书配置的同步学习资源有：拓展模块和习题参考答案、教学视频、试题库及参考答案、习题库及参考答案等，可通过扫描对应的二维码查阅。本书配置的网络公共教学资源有：教学视频（83 个）、电子课件（近千张）、电子教案、课程标准、课程教学大纲、课程考核评价标准、题库及参考答案等，可登录湖南省中等职业教育优质精品课程"脉冲数字电路"的网址（https://mooc1.chaoxing.com/course/218742430.html）进行同步学习，或登录华信教育资源网（www.hxedu.com.cn）免费注册后进行下载。

  本书由欧小东编著。在本书的编著过程中，得到了湖南师范大学工学院孙红英、彭士忠、杨小钨三位教授的悉心指导，得到了郴州综合职业中专学校领导以及同事们的大力支持，在此一并向他们表示诚挚的感谢。

  由于编著者水平有限，加上时间仓促，书中难免有不妥之处，敬请读者批评指正。

编著者

目 录

理论教学模块

第 1 章 脉冲基础知识、数制与码制 2
- 1.1 数字电路概述、脉冲基础知识 2
  - 1.1.1 数字信号与数字电路 2
  - 1.1.2 数字电路的特点与分类 2
  - 1.1.3 脉冲基础知识 3
- 1.2 RC 波形变换电路 4
  - 1.2.1 微分电路 4
  - 1.2.2 积分电路 5
  - ▲1.2.3 脉冲分压器 6
- 1.3 晶体管的开关特性 7
  - 1.3.1 二极管的开关特性 7
  - ▲1.3.2 三极管的开关特性 8
  - 1.3.3 场效应管的开关特性 10
- 1.4 数制及其转换 11
  - 1.4.1 数制 11
  - 1.4.2 数制间的转换 13
- 1.5 码制 14
  - 1.5.1 BCD 码 14
  - 1.5.2 可靠性代码 15
- ▲1.6 脉冲基础知识、数制与码制同步练习题 17

第 2 章 逻辑代数的运算与逻辑门电路 19
- 2.1 逻辑代数的运算 19
  - 2.1.1 逻辑代数的基本运算 19
  - 2.1.2 逻辑代数的复合运算 21
  - 2.1.3 正、负逻辑与高、低电平 23
- 2.2 逻辑代数的基本定律和规则 24
  - 2.2.1 逻辑函数及其相等和相反的概念 24
  - 2.2.2 逻辑代数的基本公式、基本定律和常用公式 25
  - 2.2.3 逻辑代数的三项规则 26
- 2.3 逻辑函数的表述方式 27
  - 2.3.1 逻辑函数的表达式 27

2.3.2 逻辑函数的两种标准表达式 ………………………………………………… 28
2.4 逻辑函数的化简 …………………………………………………………………… 30
  2.4.1 逻辑函数的最简表达式 …………………………………………………… 30
  ▲2.4.2 逻辑函数化简的方法 ……………………………………………………… 30
2.5 逻辑函数表示方法及其相互转换 ………………………………………………… 39
  2.5.1 逻辑函数表示方法之间的转换 …………………………………………… 40
  ▲2.5.2 逻辑代数在逻辑电路中的应用 …………………………………………… 42
2.6 分立元件门电路 …………………………………………………………………… 43
  2.6.1 二极管与门 ………………………………………………………………… 43
  2.6.2 二极管或门 ………………………………………………………………… 44
  2.6.3 非门 ………………………………………………………………………… 44
  2.6.4 电控门原理及其应用实例 ………………………………………………… 45
2.7 TTL 集成门电路 …………………………………………………………………… 46
  2.7.1 TTL 与非门 ………………………………………………………………… 47
  2.7.2 TTL 门电路的其他类型 …………………………………………………… 50
  2.7.3 TTL 集成门电路的使用注意事项 ………………………………………… 54
  ▲2.7.4 TTL 集成门电路解题实例 ………………………………………………… 54
2.8 CMOS 集成门电路 ………………………………………………………………… 55
  2.8.1 CMOS 集成门电路的种类与工作原理 …………………………………… 56
  2.8.2 部分常用 CMOS 集成门电路芯片简介 ………………………………… 58
  2.8.3 CMOS 集成门电路多余输入端的处理办法 ……………………………… 59
  ▲2.9 逻辑代数与逻辑门电路同步练习题 …………………………………………… 59
第 3 章 组合逻辑电路 ……………………………………………………………………… 66
 3.1 组合逻辑电路的结构和分析方法 ………………………………………………… 66
  3.1.1 组合逻辑电路结构方框图 ………………………………………………… 66
  3.1.2 组合逻辑电路的特点和分析方法 ………………………………………… 67
  3.1.3 组合逻辑电路分析实例 …………………………………………………… 67
 3.2 小规模集成电路实现组合逻辑电路的设计 ……………………………………… 69
  3.2.1 小规模集成电路设计组合逻辑电路的六种方案 ………………………… 69
  3.2.2 小规模集成电路设计组合逻辑电路的步骤 ……………………………… 69
  ▲3.2.3 小规模集成电路设计组合逻辑电路实例 ………………………………… 70
 3.3 半加器和全加器 …………………………………………………………………… 74
  3.3.1 半加器 ……………………………………………………………………… 74
  3.3.2 全加器 ……………………………………………………………………… 74
  3.3.3 加法器 ……………………………………………………………………… 75
  ▲3.3.4 加法器的应用实例 ………………………………………………………… 76
 3.4 编码器和优先编码器 ……………………………………………………………… 76
  3.4.1 二进制编码器 ……………………………………………………………… 76
  3.4.2 二-十进制编码器（8421 BCD 码编码器）……………………………… 77

		3.4.3 优先编码器 ································ 78
3.5	译码器、数码显示器 ································ 80
	3.5.1	二进制译码器 ································ 80
	3.5.2	二-十进制译码器（8421 BCD 译码器）········ 81
	▲3.5.3	显示译码器 ································ 82
	▲3.5.4	集成译码器简介与应用实例 ·············· 83
3.6	数码比较器 ···································· 88
	3.6.1	同比较器 ···································· 88
	3.6.2	数值比较器 ································ 88
	▲3.6.3	集成数值比较器简介与应用实例 ·········· 89
3.7	数据选择器与数据分配器 ························ 90
	3.7.1	数据选择器 ································ 90
	▲3.7.2	数据选择器应用实例 ························ 92
	3.7.3	数据分配器 ································ 94
	3.7.4	数据分配器应用实例 ························ 95
3.8	组合逻辑电路中的竞争与冒险 ···················· 96
	3.8.1	产生竞争冒险的原因与竞争冒险的类型 ······ 96
	▲3.8.2	组合逻辑电路竞争冒险的检查与消除实例 ···· 97
3.9	组合逻辑电路同步练习题 ························ 98

第 4 章 集成触发器 ································ 105

4.1	基本 RS 触发器 ································ 105
	4.1.1	逻辑功能分析 ································ 106
	▲4.1.2	逻辑功能描述 ································ 106
	4.1.3	集成基本 RS 触发器简介与应用实例 ········ 109
4.2	同步触发器 ···································· 110
	▲4.2.1	同步 RS 触发器 ································ 110
	4.2.2	同步 JK 触发器 ································ 112
	4.2.3	同步 D 触发器 ································ 113
	4.2.4	同步触发器的空翻 ································ 114
	4.2.5	集成同步 D 触发器简介 ························ 114
4.3	主从触发器 ···································· 115
	▲4.3.1	主从 RS 触发器 ································ 115
	▲4.3.2	主从 JK 触发器 ································ 116
	4.3.3	集成主从 JK 触发器 74LS76、74LS72 简介 ···· 118
4.4	边沿触发器 ···································· 119
	▲4.4.1	边沿触发器的触发特性 ························ 119
	4.4.2	T 和 T' 触发器 ································ 120
4.5	集成触发器的应用 ································ 121
	4.5.1	常用集成触发器简介 ························ 121

	4.5.2 集成触发器应用举例	122
4.6	集成触发器同步练习题	124

第5章 时序逻辑电路 …… 130
5.1 时序逻辑电路的特点和分析方法 …… 130
- 5.1.1 时序逻辑电路概述 …… 130
- ▲5.1.2 时序逻辑电路的分析方法 …… 131

5.2 同步计数器 …… 133
- ▲5.2.1 同步二进制计数器 …… 134
- 5.2.2 同步非二进制计数器 …… 138

5.3 异步计数器 …… 141
- 5.3.1 异步二进制计数器 …… 141
- 5.3.2 异步非二进制计数器 …… 142

5.4 寄存器及其应用 …… 146
- 5.4.1 数码寄存器 …… 146
- ▲5.4.2 移位寄存器 …… 146
- ▲5.4.3 寄存器的应用实例 …… 148

5.5 集成计数器的应用 …… 151
- ▲5.5.1 构成 N 进制计数器 …… 151
- ▲5.5.2 构成顺序脉冲发生器 …… 154
- 5.5.3 构成数字频率计 …… 156
- 5.5.4 构成数字显示时钟 …… 156

▲5.6 时序逻辑电路同步练习题 …… 161

第6章 脉冲的产生与整形 …… 167
6.1 555 定时器 …… 167
- 6.1.1 555 定时器的电路结构 …… 167
- 6.1.2 CC7555 定时器逻辑功能 …… 168

6.2 单稳态触发器 …… 169
- ▲6.2.1 TTL 门电路构成的单稳态触发器 …… 169
- 6.2.2 555 定时器构成单稳态触发器 …… 171
- 6.2.3 集成单稳态触发器简介 …… 172
- ▲6.2.4 单稳态触发器的应用 …… 174

6.3 多谐振荡器 …… 175
- ▲6.3.1 门电路构成多谐振荡器 …… 175
- ▲6.3.2 CC7555 定时器构成多谐振荡器 …… 178

6.4 施密特触发器 …… 180
- 6.4.1 由 TTL 门电路构成的施密特触发器 …… 181
- 6.4.2 由 555 定时器构成的施密特触发器 …… 182
- 6.4.3 集成施密特触发器 …… 183
- ▲6.4.4 施密特触发器应用实例 …… 183

|▲6.5 脉冲的产生与整形同步练习题 ·· 186

第 7 章 数/模、模/数转换器与半导体存储器 ·· 189
  7.1 数/模转换器 ·· 189
    7.1.1 DAC 的基本原理 ·· 190
    7.1.2 DAC 的主要技术指标 ·· 190
    ▲7.1.3 常用 DAC 基本电路 ·· 191
    7.1.4 集成 DAC 及其应用 ·· 194
  7.2 模/数转换器 ·· 196
    7.2.1 ADC 的基本原理 ·· 196
    7.2.2 ADC 的主要技术指标 ·· 198
    7.2.3 常用 ADC 基本类型 ·· 199
    7.2.4 集成 ADC 及其应用 ·· 201
  7.3 半导体存储器简介 ·· 202
    ▲7.3.1 RAM ·· 203
    7.3.2 ROM ·· 205
  ▲7.4 数/模、模/数转换器与半导体存储器同步练习题 ·· 206

实验/实训教学模块

项目 1 集成逻辑门电路逻辑功能测试 ·· 211
项目 2 三态门、OC 门功能测试及应用 ·· 214
项目 3 电控逻辑门逻辑功能测试 ·· 217
项目 4 组合逻辑集成电路功能测试 ·· 220
*项目 5 声光两控智能灯电路的制作 ·· 225
*项目 6 四地同控一盏灯电路的制作 ·· 228
*项目 7 病房优先呼叫控制电路的制作 ·· 231
项目 8 集成触发器逻辑功能测试 ·· 233
项目 9 集成计数器、移位寄存器逻辑功能测试 ·· 236
*项目 10 10 路循环追灯控制电路的制作 ·· 239
*项目 11 可编程 8 位序列信号发生器的制作 ·· 241
*项目 12 数字显示时钟的制作与调试 ·· 243
参考文献 ·· 249

理论教学模块

第 1 章 脉冲基础知识、数制与码制

本章学习要求

（1）理解数字信号与数字电路的概念，了解数字电路的特点与分类。

（2）了解脉冲的基本概念、熟知矩形脉冲波的主要参数。

（3）理解微分电路、积分电路、脉冲分压器的基本原理，熟知微分电路、积分电路工作条件和作用。

（4）了解二极管、三极管、场效应管的开关特性及其应用；熟练掌握三极管工作状态的判定方法；理解反相器的工作原理。

（5）熟知二进制数、八进制数、十进制数、十六进制数的表示方法；熟练掌握不同进制数之间的相互转换。

（6）熟知各类 BCD 码与十进制数之间的相互转换；了解余 3 码、格雷码、循环码等其他编码。

1.1 数字电路概述、脉冲基础知识

1.1.1 数字信号与数字电路

电子电路中的电信号可分为两大类：一类是**在数值和时间上都是连续变化的信号**，称为**模拟信号**，如音频电信号、视频电信号，以及各类传感器产生的电信号。另一类是**在时间上和数值上均不连续的（即离散的）信号**，称为**数字信号**，如控制数字万用表、数字频率计显示的电信号。典型的模拟信号波形与数字信号波形如图 1-1 所示。

对模拟信号进行传输、处理的电子电路称为**模拟电路**，如交、直流放大器，滤波器，信号发生器等。对数字信号进行传输、处理的电子电路称为**数字电路**，如编码器、译码器、计数器等，这是本书所要学习和讨论的内容。

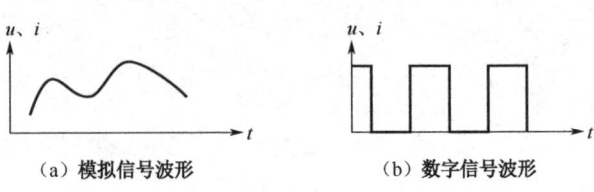

（a）模拟信号波形　　（b）数字信号波形

图 1-1　模拟信号波形与数字信号波形

1.1.2 数字电路的特点与分类

1. 数字电路的特点

（1）工作信号是二进制的数字信号。数字电路的工作信号在时间上和数值上是离散的，反映在电路上就是低电平或高电平两种状态（即 0 和 1 两个逻辑值）。因此电路中的半导体管多数工作在开关状态，也可以说，**数字电路就是各种控制方式不一、功能各异的开关组成的电路，故而也称开关电路**。

（2）研究对象是电路的输入与输出之间的逻辑关系。在数字电路中，分析工具是逻辑代数，关注的结果是逻辑关系，表达电路的功能主要用真值表、逻辑函数表达式及波形图等。故数字电路也称**逻辑电路**。

相比于模拟电路，数字电路具有以下突出的优势。

① 高度集成化。由于对组成数字电路的元器件的精度要求不高，只要在工作时能够可靠地区分 0 和 1 两种状态即可，因此方便集成化。

② 纠错能力强、工作可靠性高。数字信号在传输时采用的是高、低电平二值信号，电路能够可靠地区分，并且能够通过奇偶校验及扰码等技术确保数码的可靠传输，因此电路纠错能力强、工作可靠性高。

③ 数字电路结构简单、功耗小、成本低廉。

④ 数字电路能够实现逻辑运算和判断，便于实现各类工程控制。

2. 数字电路的分类

（1）按集成度分类：数字电路可分为小规模（SSI，每片数十器件）、中规模（MSI，每片数百器件）、大规模（LSI，每片数千器件）和超大规模（VLSI，每片器件数目大于 1 万）两类。集成电路从应用的角度又可分为通用型和专用型两大类型。

（2）按所用器件的制作工艺分类：数字电路可分为双极型（TTL 型）和单极型（MOS 型）两类。

（3）按电路的结构和工作原理分类：数字电路可分为组合逻辑电路和时序逻辑电路两类。组合逻辑电路没有记忆功能，时序逻辑电路具有记忆功能。

1.1.3 脉冲基础知识

1. 脉冲的概念及其波形

瞬间变化的、作用时间极短的电压或电流称为脉冲信号，简称为脉冲。 常见的脉冲波形有方波、矩形波、梯形波、锯齿波、钟形波、三角波、尖峰波、阶梯波等，如图 1-2 所示。

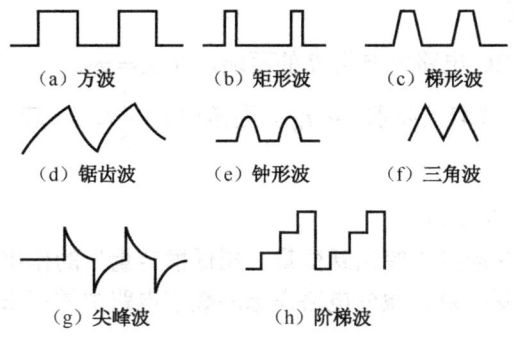

（a）方波　　（b）矩形波　　（c）梯形波

（d）锯齿波　　（e）钟形波　　（f）三角波

（g）尖峰波　　（h）阶梯波

图 1-2　常见的脉冲波形图

2. 矩形脉冲波的主要参数

脉冲波形中最常用的波形是矩形波、方波。

理想的矩形波波形上升沿、下降沿陡直，顶部平坦，如图 1-3 所示。实际的矩形波波形如图 1-4 所示，其主要参数有：

（1）**脉冲幅度 U_m**——脉冲电压的最大变化幅度。

（2）**脉冲上升沿时间 t_r**——脉冲波从 $0.1U_m$ 处上升到 $0.9U_m$ 处所经历的时间。

（3）**脉冲下降沿时间 t_f**——脉冲波从 $0.9U_m$ 处下降到 $0.1U_m$ 处所经历的时间。

（4）**脉冲宽度 t_W**——脉冲前、后沿 $0.5U_m$ 处的时间间隔，说明脉冲持续时间的长短。

（5）**脉冲周期 T**——周期性脉冲中，相邻的两个脉冲波形对应点之间的时间间隔。周期的倒数为脉冲的频率 f，即 $f = \dfrac{1}{T}$。

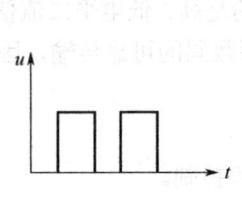

图 1-3　理想的矩形波波形

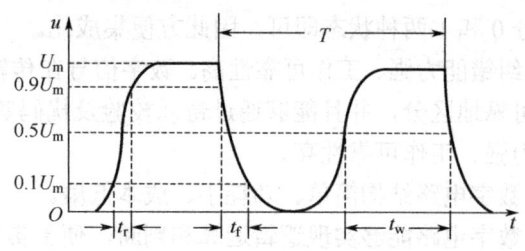

图 1-4　实际的矩形波波形

1.2　RC 波形变换电路

　　常用的 RC 波形变换电路有微分电路、积分电路、脉冲分压器，它们是构成脉冲电路的基础。由于 RC 波形变换电路中只含电容这一种储能元件，在充、放电过程中电容两端电压不能突变，从一种稳定状态变化到另一种稳定状态时必然经历一个过渡过程，即一阶电路的过渡过程。

　　一阶电路的过渡过程、微分电路、积分电路及其分析在《电工技术基础学习辅导》一书中已做详细介绍，故在本节中，微分电路、积分电路的工作原理将不再做详细分析。

1.2.1　微分电路

如图 1-5 所示为 RC 微分电路。

1. 实现微分的条件

（1）输出信号取自 RC 电路中电阻 R 的两端，即 $u_O = u_R$。

（2）在时间常数 τ 的选取上要求 $\tau \ll t_w$，通常取 $\tau \leqslant \dfrac{1}{5} t_w$。（若 $\tau \gg t_w$，就变成了 RC 耦合电路）

2. 微分电路的功能及应用

　　微分电路对输入脉冲起到"突出跃变量，压低恒定量"的作用，能将矩形脉冲转换成尖峰脉冲，检出电路的变化量。微分电路在脉冲数字电路中常用来产生触发信号。其工作波形如图 1-6 所示。

　　【例 1】如图 1-5 所示电路，已知 $R=20\text{k}\Omega$，$C=2\text{nF}$，若输入 $f=1\text{kHz}$ 的连续方波，问此电路是 RC 微分电路，还是一般的 RC 耦合电路？

　　【解答】：（1）求电路的时间常数

$$\tau = RC = 20 \times 10^3 \times 2 \times 10^{-9} = 40 \times 10^{-6}\,\text{s} = 40\,\text{μs}$$

（2）求方波的脉宽 t_w

因为方波占空比为 50%，脉宽为周期的一半，即：

$$t_w = \dfrac{T}{2} = \dfrac{1}{2f} = \dfrac{1}{2 \times 1 \times 10^3} = 5 \times 10^{-4}\,\text{s} = 500\,\text{μs}$$

（3）判断：因 $\tau \leqslant \dfrac{1}{5} t_w$，满足微分条件，所以该电路是 RC 微分电路。

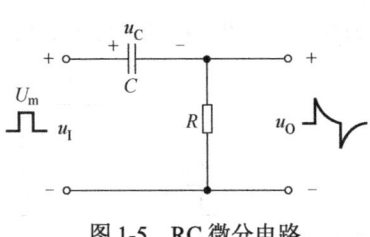

图 1-5　RC 微分电路

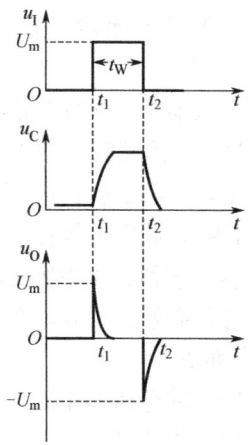

图 1-6　微分电路的工作波形

1.2.2　积分电路

如图 1-7 所示为 RC 积分电路。

1. 实现积分的条件

（1）输出信号取自 RC 电路中电容 C 的两端，即 $u_O=u_C$。

（2）在时间常数 τ 的选取上要求 $\tau \gg t_W$，通常取 $\tau \geqslant 3t_W$ 即可。

2. 积分电路的功能及应用

积分电路对输入脉冲起到"突出恒定量，压低跃变量"的作用，能将矩形波转换成锯齿波（三角波）。应用"积分延时"现象，能从宽窄不同的脉冲串中，把宽脉冲选出来（脉冲宽度分离）。积分电路在脉冲数字电路中常用来产生锯齿波信号。其工作波形如图 1-8 所示。

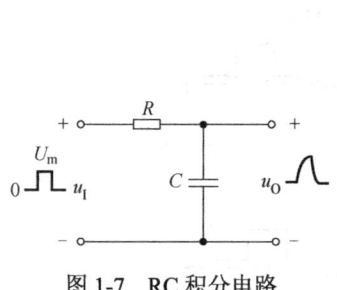

图 1-7　RC 积分电路

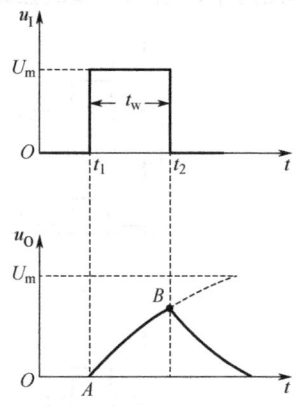

图 1-8　积分电路的工作波形

【例 2】 如图 1-7 所示电路，已知 $C=0.1\mu F$，输入脉冲的宽度 $t_W=0.05ms$，若构成积分电路，则电阻 R 至少应为多少？

【解答】：构成积分电路必须满足：$\tau \geqslant 3t_W$，即 $RC \geqslant 3t_W$，

则

$$R \geqslant \frac{3t_W}{C} = \frac{3 \times 0.05 \times 10^{-3}}{0.1 \times 10^{-6}} = \frac{1.5 \times 10^{-4}}{0.1 \times 10^{-6}} = 1.5\ k\Omega$$

由计算结果可知，电阻 R 至少为 1.5kΩ。

1.2.3 脉冲分压器

1. 提出问题

在低频放大器中，分布参数的影响甚微，甚至可以忽略不计，对信号的衰减常常采用电阻分压器实现。而在脉冲电路中，陡峭的脉冲边沿包含了大量的高频谐波成分，若仍采用电阻分压器衰减信号，由于存在分布电容和负载电容（统称寄生电容 C_0）与 R_1 的积分效应，传输脉冲信号就必然会失真，如图 1-9 所示。

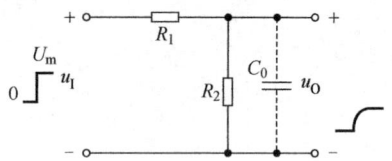

图 1-9 寄生电容 C_0 使输出脉冲失真

2. 解决办法

（1）采用脉冲分压器电路，如图 1-10 所示。

（2）电路工作原理。

C_1 与 R_2 构成微分电路，C_0 与 R_1 构成积分电路。当电路的微分效应与积分效应正好相互补偿时，效果等同于 C_1 与 C_0 不复存在，所以输出端脉冲波形的失真得到校正。C_1 通常称为补偿电容或加速电容。

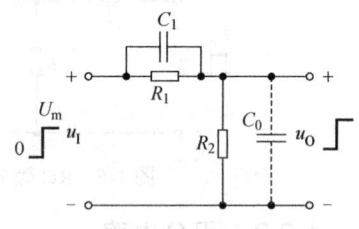

图 1-10 脉冲分压器电路

利用平衡电桥的特点也可以对 C_1 的补偿原理进行阐述：当电桥平衡时，$i_{C1}=i_{C0}$、$i_{R1}=i_{R2}$，输出电压只取决于 R_1 和 R_2 的分压，于是输出端脉冲波形的失真得到校正。

（3）补偿电容 C_1 值的估算。

电桥平衡时：$\dfrac{R_1}{R_2}=\dfrac{X_{C1}}{X_{C0}} \Rightarrow \dfrac{R_1}{R_2}=\dfrac{C_0}{C_1} \Rightarrow C_1=\dfrac{R_2}{R_1}C_0$

强调：C_1 要适当：过小，欠补偿；过大，过补偿。补偿电容对输出波形的影响如图 1-11 所示，实际应用中，C_1 的取值还应通过实验进一步调整。

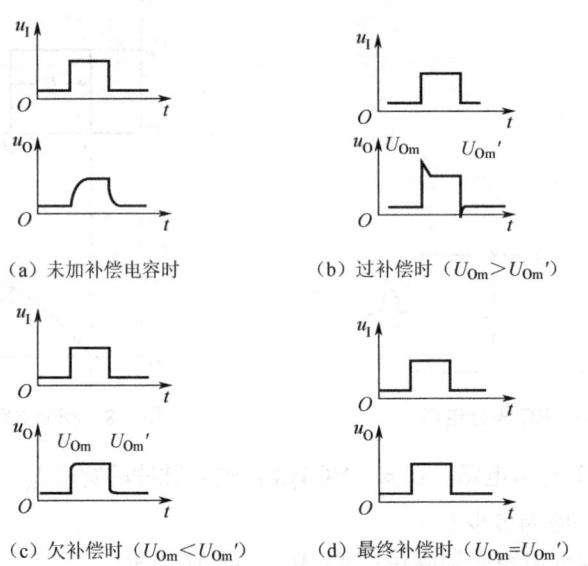

(a) 未加补偿电容时　　(b) 过补偿时（$U_{Om}>U_{Om}'$）

(c) 欠补偿时（$U_{Om}<U_{Om}'$）　　(d) 最终补偿时（$U_{Om}=U_{Om}'$）

图 1-11 补偿电容对输出脉冲波形的影响

1.3 晶体管的开关特性

理想开关应具备的条件是：开关闭合时可视为短路，开关电阻为零，开关两端压降为零；开关断开时可视为开路，开关电阻为无穷大，流过开关的电流为零；开关状态的转换瞬间完成，无时间延迟。利用晶体二极管（二极管）的开关特性，可以构成与门、或门；利用晶体三极管（三极管）的开关特性，可以构成非门（反相器）和各类复合门电路。由于半导体开关具有无触点、高速、寿命长和接近理想开关的特点，因而被广泛运用于数字电路中。

1.3.1 二极管的开关特性

1. 二极管的开关作用

图 1-12（a）所示为二极管的伏安特性曲线。由伏安特性曲线可知，u_I<0.5V 时，二极管截止，i_D=0；u_I>0.5V 时，二极管导通。二极管构成的开关电路如图 1-12（b）所示，设输入 u_I 为 0V 或 5V 的高、低电平脉冲信号：u_I=0V 时，二极管截止，如同开关断开，u_O=0V，如图 1-12（c）所示；u_I=5V 时，二极管导通，可等效为 0.7V 的电压源，u_O=4.3V，如图 1-12（d）所示。若忽略二极管正向压降不计，u_O=5V，如同开关闭合。

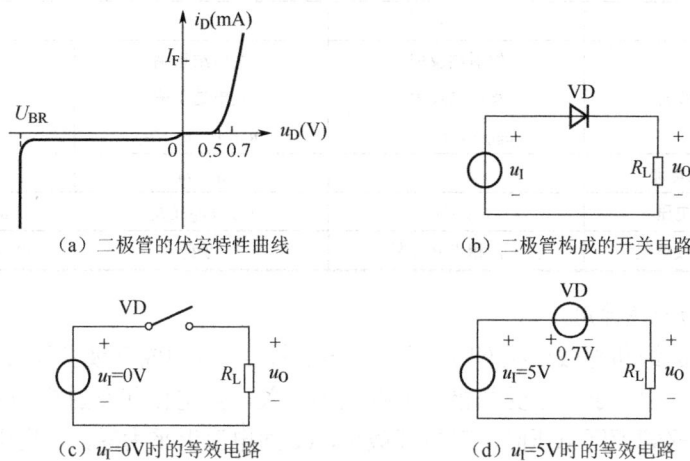

图 1-12 图解二极管的开关特性

2. 二极管的开关时间

二极管从导通到截止或从截止到导通都需要一定的时间。二极管的开关时间如图 1-13 所示。

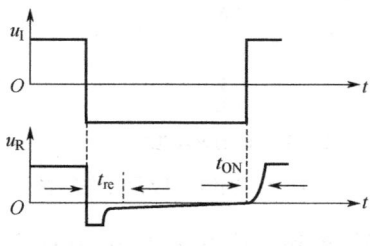

图 1-13 二极管的开关时间

（1）反向恢复时间（t_{re}）。

反向恢复时间是指二极管反偏时，从原来稳定的导通状态转换为稳定的截止状态所需的时间。反向恢复时间与材料有很大的关系。例如，2CK 系列硅二极管，t_{re} 约为 5ns；2AK 系列锗二极管，t_{re} 约为 150ns。

（2）正向开通时间（t_{ON}）。

正向开通时间是指二极管正偏时，从原来稳定的截止状态转换为稳定的导通状态所需的时间。

实验证明，二极管正向开通时间远小于反向恢复时间，通常因为它对二极管开关速度的影响很小，可以忽略不计。所以，二极管的开关速度主要由反向恢复时间决定。

1.3.2 三极管的开关特性

1. 三极管三种工作状态的特点

三极管的发射结和集电结分别加上不同的偏置时，可使三极管工作于截止、放大、饱和三种状态。其三种工作状态的特点如表 1-1 所示。

表 1-1　NPN 型三极管截止、放大、饱和三种工作状态的特点

工作状态		截　　止	放　　大	饱　　和
条件		$i_B=0$	$0<i_B<I_{BS}$	$i_B \geq I_{BS}$
工作特点	偏置情况	发射结反偏 集电结反偏 $u_{BE}<0$，$u_{BC}<0$	发射结正偏 集电结反偏 $u_{BE}>0$，$u_{BC}<0$	发射结正偏 集电结正偏 $u_{BE}>0$，$u_{BC}>0$
	集电极电流	$i_C=0$	$i_C=\beta i_B$	$i_C=I_{CS}$
	ce 间电压	$u_{CE}=V_{CC}$	$u_{CE}=V_{CC}-i_C R_c$	$u_{CE}=U_{CES}=0.3V$
	ce 间等效电阻	很大，相当开关断开	可变	很小，相当开关闭合

2. 三极管的开关作用

利用三极管的饱和与截止状态时输入、输出的特点，可构成三极管开关电路，如图 1-14（a）所示。三极管相当于一个受基极电流控制的开关，集电极和发射极则是开关的两个触点：当 u_I 小于三极管死区电压时，三极管截止，ce 间电流近乎为零，输出电压 $u_O=V_{CC}$，相当于开关断开，如图 1-14（b）所示；当 $i_B \geq I_{BS}$ 时，三极管饱和，ce 间电压近乎为零，输出电压 $u_O=0.3V$，相当于开关闭合，如图 1-14（c）所示。

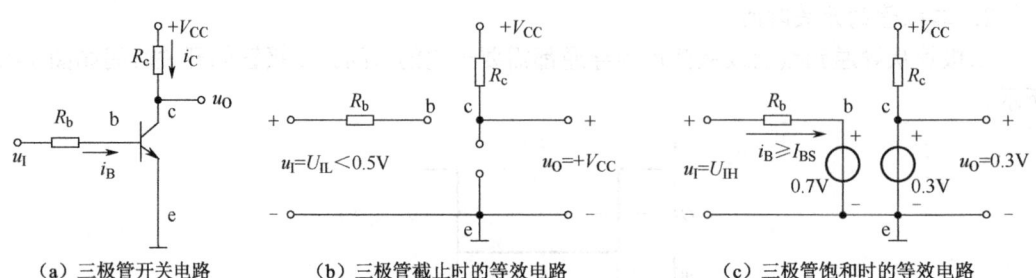

（a）三极管开关电路　　（b）三极管截止时的等效电路　　（c）三极管饱和时的等效电路

图 1-14　图解三极管开关特性

基极输入高电平时，三极管饱和，输出低电平；基极输入低电平时，三极管截止，输出高电平，所以三极管开关电路就是一个反相器。三极管开关电路工作于饱和与截止两个

状态，并在各状态间快速切换。

【例3】如图1-14（a）所示电路中，已知V_{CC}=5V，β=40，R_b=10kΩ，R_c=1kΩ。试通过计算分析u_I=1V、0.3V、3V三种情况下三极管（硅管）的工作状态。

【解答】：（1）u_I=1V时，三极管导通，基极电流为：

$$i_B = \frac{u_I - U_{BE}}{R_b} = \frac{1-0.7}{10} = 0.03\text{mA}$$

三极管临界饱和时的基极电流为：

$$I_{BS} = \frac{V_{CC} - U_{CES}}{\beta R_c} = \frac{5-0.3}{40 \times 1} = 0.118\text{mA}$$

因为0<i_B<I_{BS}，三极管工作在放大状态。$i_C=\beta i_B=40 \times 0.03=1.2$mA，输出电压为：

$$u_O = u_{CE} = V_{CC} - i_C R_c = 5 - 1.2 \times 1 = 3.8\text{V}$$

（2）u_I=0.3V时，因为u_{BE}<0.5V，i_B=0，三极管工作在截止状态，i_C=0。因为i_C=0，所以输出电压为：

$$u_O = V_{CC} = 5\text{V}$$

（3）u_I=3V时，三极管导通，基极电流为：

$$i_B = \frac{u_I - U_{BE}}{R_b} = \frac{3-0.7}{10} = 0.23\text{mA}$$

因为i_B>I_{BS}，三极管工作在饱和状态。输出电压为：

$$u_O = U_{CES} = 0.3\text{V}$$

3. 三极管的开关时间

三极管的开关时间是指三极管在截止状态和饱和状态之间转换所需的时间。 图1-15所示为三极管开关电路输入与输出的波形图，由波形图可见，i_C与u_{CE}不但产生了上升沿和下降沿，而且相对u_i还产生了一定的时间延迟。在标注的四个时间参数中：t_d称为延迟时间；t_r称为上升时间；t_s称为存储时间；t_f称为下降时间。其中：

（1）开通时间（t_{ON}）。

开通时间是指从三极管输入开通信号瞬间开始至i_C上升到0.9I_{CS}所需的时间，$t_{ON}=t_d+t_r$。

（2）关闭时间（t_{OFF}）。

关闭时间是指从三极管输入关闭信号瞬间开始至i_C降低到0.1I_{CS}所需的时间，$t_{OFF}=t_s+t_f$。

三极管的开关时间一般在ns（纳秒）数量级，并且一般情况下，关闭时间大于开通时间。

为了提高三极管的开关速度，除了选用高速开关三极管外，还可以采用在电路中通过调整偏置电路的参数，使三极管不致过深饱和，以及三极管开关电路加接加速电容等措施。

4. 带加速电容的三极管开关电路

如图1-16所示电路，C_S称为加速电容，它与开关管的输入电阻构成RC微分电路。加速开关管的开启与关闭，提高了开关速度。

（1）在u_I上升沿到来的瞬间，C_S视作短路，可提供一个很大的正向基极电流i_B，使开关迅速进入饱和状态。随着C_S的充电，i_B逐渐减小并趋于稳定。过渡过程结束后，C_S相当于开路。

（2）在u_I下降沿到来的瞬间，u_I等效于与发射极E相连，u_{CS}反向加至发射极，由于

C_S的放电作用，形成很大的反向基极电流，使开关迅速截止。

可见，由于C_S的存在，提高了三极管的开关速度。

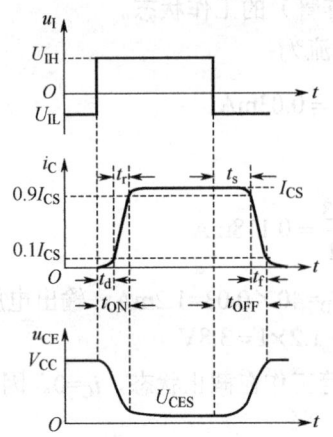

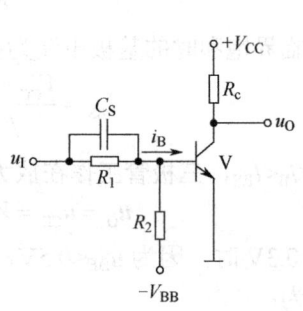

图 1-15　三极管开关电路输入与输出的波形

图 1-16　加速电容的作用

1.3.3　场效应管的开关特性

在数字电路中，场效应管（MOS 管）也多作开关使用。图 1-17 所示为 NMOS 管特性曲线和开关原理电路，下面以 N 沟道增强型 MOS 管为例，说明它们的开关特性。

1. 开关条件

由 NMOS 管特性曲线可知，当改变栅源电压u_{GS}时，NMOS 管可以工作在截止区、恒流区和可变电阻区三种状态。如果控制u_{GS}，让 NMOS 管只在截止区和可变电阻区之间快速转换，那么 NMOS 管就相当于一个受u_{GS}控制的压控无触点电子开关，而漏极和源极则是开关的两个触点。开关原理电路如图 1-17（c）所示。

（a）转移特性曲线　（b）输出特性曲线　（c）NMOS 管开关原理电路

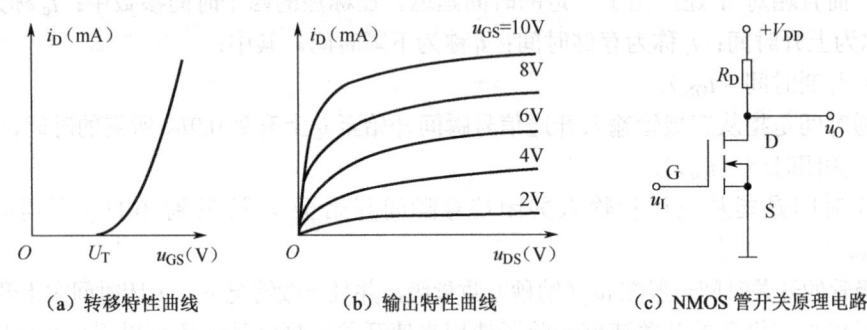

图 1-17　NMOS 管特性曲线和开关原理电路

2. 开关状态下的特点

当 NMOS 管$u_I<U_{TN}$时，u_{GS}不能感应出导电沟道，NMOS 管工作在截止状态。此时 D、S 之间电流为零，相当于开关断开，输出电压$u_O=V_{DD}$，如图 1-18（a）所示；当 NMOS 管$u_I>U_{TN}$时，D、S 之间形成导电沟道，NMOS 管工作在可变电阻区。此时 D、S 之间相当于开关闭合，输出电压$u_O\approx 0V$，如图 1-18（b）所示。

栅极输入高电平时，NMOS 管输出低电平；栅极输入低电平时，NMOS 管输出高电平。因此，NMOS 管开关电路是一个反相器。

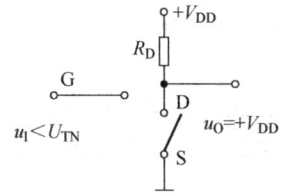
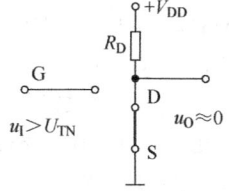

（a）NMOS 管 $u_I<U_{TN}$ 时的等效电路　　　（b）NMOS 管 $u_I>U_{TN}$ 时的等效电路

图 1-18　图解 NMOS 管的开关特性

1.4　数制及其转换

数制，就是数的进位体制。按照进位方法的不同，相应地，就有不同的计数体制。在人们的日常生活中，习惯使用十进制；而在数字系统中进行数字的运算和处理时，采用的是二进制、八进制和十六进制。本节介绍二进制数、八进制数、十六进制数的表示方法和运算方法，以及不同进制数之间的相互转换。

与数制相关的几个概念如下。

（1）**进位制**：表示数时，仅用一位数码往往不够用，必须用进位计数的方法组成多位数码。多位数码中每一位的构成以及从低位到高位的进位规则称为进位计数制，简称进位制。

（2）**基数**：也是进位制的基数，就是在该进位制中可能用到的数码个数。

（3）**位权（位的权数）**：在某一进位制的数中，每一位的大小都对应着该位上的数码乘上一个固定的数，这个固定的数就是这一位的权数。权数是一个幂。

1.4.1　数制

1. 十进制数（Decimal System）

十进制数有 0,1,2,…,9 共计十个数码，基数是"10"，脚标常用字母 D 表示，即$(N)_D$。计数规律是"逢十进一"，即：9+1=10。对任意一个 k 位整数，m 位小数的十进制数 N，按其位权值展开均可表示为：

$$(N)_{10} = d_{k-1}d_{k-2}\cdots d_1d_0.d_{-1}\cdots d_{-m+1}d_{-m}$$
$$= d_{k-1}\times 10^{k-1}+d_{k-2}\times 10^{k-2}+\cdots+d_1\times 10^1+d_0\times 10^0+d_{-1}\times 10^{-1}+\cdots+d_{-m}\times 10^{-m}$$
$$= \sum_{i=-m}^{k-1} d_i \times 10^i$$

式中，i 表示位，d_i 表示第 i 位的系数（0~9 中的一个数码），10^i 表示 i 的权，表示 d_i 所代表的数值大小。

例如，$(8888)_{10}=8\times 10^3+8\times 10^2+8\times 10^1+8\times 10^0$，位权展开图解如图 1-19 所示。

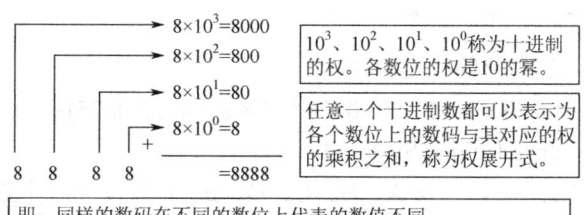

图 1-19　图解十进制的位权展开式

又如，$(211.08)_D = 2×10^2 + 1×10^1 + 1×10^0 + 0×10^{-1} + 8×10^{-2}$

2. 二进制数（Binary System）

二进制数有 0、1 共计两个数码，基数是"2"，脚标常用字母 B 表示，即$(N)_B$。计数规律是"逢二进一"，即：1+1=10（**读作壹零**）。对任意一个 k 位整数，m 位小数的二进制数 N，按其位权值展开均可表示为：

$$(N)_2 = d_{k-1}d_{k-2}\cdots d_1 d_0 . d_{-1}\cdots d_{-m+1}d_{-m}$$
$$= d_{k-1}×2^{k-1} + d_{k-2}×2^{k-2} + \cdots + d_1×2^1 + d_0×2^0 + d_{-1}×2^{-1} + \cdots + d_{-m}×2^{-m}$$
$$= \sum_{i=-m}^{k-1} d_i × 2^i$$

式中，i 表示位，d_i 表示第 i 位的系数（0 和 1 中的一个数码），2^i 表示 i 的权，表示 d_i 所代表的数值大小。

二进制数的权展开式举例：

（1）$(110.11)_2 = 1×2^2 + 1×2^1 + 0×2^0 + 1×2^{-1} + 1×2^{-2} = (6.75)_{10}$
　　　　　　↑　　↑　　↑　　↑　　↑
　　　　　各数位的权是2的幂

（2）$(101.01)_B = 1×2^2 + 0×2^1 + 1×2^0 + 0×2^{-1} + 1×2^{-2} = (5.25)_D$

二进制数只有 0 和 1 两个数码，它的每一位都可以用电子元件来实现，且运算规则简单，相应的运算电路也容易实现。其运算规则为：

加法规则：0+0=0，0+1=1，1+0=1，1+1=10

乘法规则：0×0=0，0×1=0，1×0=0，1×1=1

3. 八进制数（Octadic System）

八进制数有 0,1,2,…,7 共计八个数码，基数是"8"，为了让八进制数的脚标"O"与数字"0"相区别，脚标常用字母 Q 表示，即$(N)_Q$。计数规律是"逢八进一"，即：7+1=10（读作壹零）。对任意一个 k 位整数，m 位小数的八进制数 N，按其位权值展开均可表示为：

$$(N)_8 = d_{k-1}d_{k-2}\cdots d_1 d_0 . d_{-1}\cdots d_{-m+1}d_{-m}$$
$$= d_{k-1}×8^{k-1} + d_{k-2}×8^{k-2} + \cdots + d_1×8^1 + d_0×8^0 + d_{-1}×8^{-1} + \cdots + d_{-m}×8^{-m}$$
$$= \sum_{i=-m}^{k-1} d_i × 8^i$$

式中，i 表示位，d_i 表示第 i 位的系数（0~7 中的一个数码），8^i 表示 i 的权，表示 d_i 所代表的数值大小。

八进制数的权展开式举例：

（1）$(606.6)_8 = 6×8^2 + 0×8^1 + 6×8^0 + 6×8^{-1} = (390.75)_{10}$
　　　　　　↑　　↑　　↑　　↑
　　　　　各数位的权是8的幂

（2）$(207.04)_Q = 2×8^2 + 0×8^1 + 7×8^0 + 0×8^{-1} + 4×8^{-2} = (135.0625)_D$

4. 十六进制数（Hexadecimal System）

十六进制数有 0,1,2,…,9，以及 A、B、C、D、E、F 共计十六个数码，基数是"16"，脚标常用字母 H 表示，即$(N)_H$。计数规律是"逢十六进一"，即：F+1=10（**读作壹零**）。对任意一个 k 位整数，m 位小数的十六进制数 N，按其位权值展开均可表示为：

$$(N)_{16} = d_{k-1}d_{k-2}\cdots d_1d_0.d_{-1}\cdots d_{-m+1}d_{-m}$$
$$= d_{k-1} \times 16^{k-1} + d_{k-2} \times 16^{k-2} + \cdots + d_1 \times 16^1 + d_0 \times 16^0 + d_{-1} \times 16^{-1} + \cdots + d_{-m} \times 16^{-m}$$
$$= \sum_{i=-m}^{k-1} d_i \times 16^i$$

式中，d_i 是 0,1,2,…,9，以及 A、B、C、D、E、F 中的一个数码。

十六进制数的权展开式举例：

（1）$(D8C.A)_{16} = 13 \times 16^2 + 8 \times 16^1 + 12 \times 16^0 + 10 \times 16^{-1} = (3468.625)_{10}$

　　　　↑　　　　↑　　　　↑　　　　↑

　　　　　各数位的权是16的幂

（2）$(50.6)_H = 5 \times 16^1 + 0 \times 16^0 + 6 \times 16^{-1} = (80.375)_D$

几种进制数之间的对应关系如表 1-2 所示。

表 1-2　进制数对照表

十进制数	二进制数	八进制数	十六进制数	十进制数	二进制数	八进制数	十六进制数
0	00000	0	0	11	01011	13	B
1	00001	1	1	12	01100	14	C
2	00010	2	2	13	01101	15	D
3	00011	3	3	14	01110	16	E
4	00100	4	4	15	01111	17	F
5	00101	5	5	16	10000	20	10
6	00110	6	6	17	10001	21	11
7	00111	7	7	18	10010	22	12
8	01000	10	8	19	10011	23	13
9	01001	11	9	20	10100	24	14
10	01010	12	A	21	10101	25	15

1.4.2　数制间的转换

1. 二进制数与八进制数的相互转换

（1）二进制数转换为八进制数：将二进制数由小数点开始，整数部分向左，小数部分向右，每 3 位分成一组，不够 3 位的补零，则每组二进制数便对应一位八进制数。

例如：$(11\ 101\ 010.110)_2 = ($　　$)_8 \Rightarrow (\underline{011}\ \underline{101}\ \underline{010}.\underline{110})_2 = (352.6)_8$

又如：$(1\ 100\ 011.100\ 011)_2 = ($　　$)_8 \Rightarrow (\underline{001}\ \underline{100}\ \underline{011}.\underline{100}\ \underline{011})_2 = (143.43)_8$

（2）八进制数转换为二进制数：将每位八进制数用 3 位二进制数表示。

例如：$(365.24)_8 = ($　　$)_2$ 则 $(365.24)_8 = (\underline{011}\ \underline{110}\ \underline{101}.\underline{010}\ \underline{100})_2$

对数而言，最前面的 0 和最后面的 0 无意义 $\Rightarrow (365.24)_8 = (11\ 110\ 101.010\ 1)_2$

2. 二进制数与十六进制数的相互转换

二进制数与十六进制数的相互转换，按照每 4 位二进制数对应于一位十六进制数进行转换。例如：

$(1\ 1110\ 1000.011)_2 = (\underline{0001}\ \underline{1110}\ \underline{1000}.\underline{0110})_2 = (1E8.6)_{16}$

$(AE4.76)_{16} = (\underline{1010}\ \underline{1110}\ \underline{0100}.\underline{0111}\ \underline{0110})_2 = (101\ 011\ 100\ 100.011\ 101\ 1)_2$

3. N进制数与十进制数的转换

方法一：将N进制数按权展开，即可以转换为十进制数，见之前诸多转换实例。

方法二：先将N进制数转换为二进制数，然后再利用二进制数的规律转换成对应的十进制数。二进制数与十进制数位权值对应的规律如下：

…2048 1024 512 256 128 64 32 16 8 4 2 1 · 0.5 0.25 0.125…

例如：$(352.6)_8$=(　　)₁₀，则$(352.6)_8$= $(11\ 101\ 010.11)_2$。

对应二进制数与十进制数位与权值规律，如下所示。

…2048 1024 512 256 128 64 32 16 8 4 2 1 · 0.5 0.25 0.125…
　　　　　　　　　　　　　　1 1 1 0 1 0 1 0 · 1 1

即：$(352.6)_8$= (128+64+32+8+2+0.5+0.25)₁₀ = (234.75)₁₀

例如：$(1E8.6)_{16}$=(　　)₁₀，则$(1E8.6)_{16}$=$(1\ 1110\ 1000\ .011)_2$。

…2048 1024 512 256 128 64 32 16 8 4 2 1 · 0.5 0.25 0.125…
　　　　　　　　　　　1 1 1 1 0 1 0 0 0 0 · 0 1 1

即：$(1E8.6)_{16}$=(256+128+64+32+8+0.25+0.125)₁₀ = (488.375)₁₀

4. 十进制数转换为二进制数

采用的方法 ⇒ 除基取余倒计法和乘基取整顺计法。

原理：将整数部分和小数部分分别进行转换，即：整数部分采用除基取余倒计法，小数部分采用乘基取整顺计法，转换后再合并。

整数部分采用除基取余倒计法，先得到的余数为低位，后得到的余数为高位。小数部分采用乘基取整顺计法，先得到的整数为高位，后得到的整数为低位。

例如：$(45.375)_{10}$=(　　)₂，解题过程如图1-20所示。

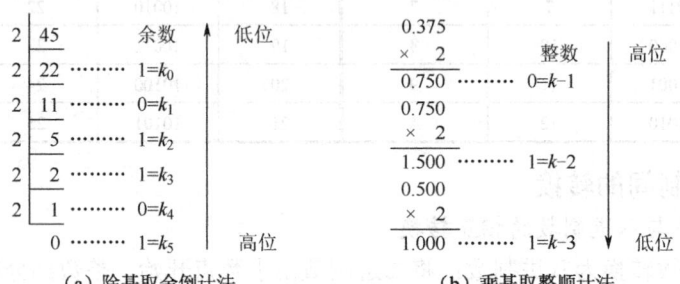

(a) 除基取余倒计法　　　　(b) 乘基取整顺计法

图1-20　十进制数转换为二进制数的方法

所以：$(45.375)_{10}=(101101.011)_2$。

采用除基取余倒计法和乘基取整顺计法，可将十进制数转换为任意的N进制数。

1.5　码制

码制是指用多位二进制数表示十进制数或字符的方法。常见的码制有BCD码、可靠性代码。

1.5.1　BCD码

在数字系统中，各种数据要转换成二进制代码才能进行处理，而人们却习惯使用十进制数，故在数字系统的输入或输出中，仍然采用十进制数，于是出现了一种用四位二进制代码表示一位十进制数的方法。这种专门用于表示十进制数的二进制代码称为二-十进制代码（Binary Coded Decimal），简称 BCD 码。

由于四位二进制代码有十六种代码组合，用来表示十进制数时，有六种代码组合未用，因而有多种 BCD 码。常见的 BCD 码有 8421 码、5421 码、2421 码及余 3 码等。

1. 8421 码

BCD 码有有权码与无权码之分。所谓有权码，是指每一位都有固定权值的码。有权码中，用得最多的是 8421 码，该码共有四位，其权值自高位至低位分别为 8、4、2、1。虽然它和普通的四位二进制代码相应的权值一样，但在 8421 码中，不允许出现 1010~1111 六种组合。而用 0000~1001 十种组合依次代表十进制数 0~9 共十个数码。它具备单值性，所以也称恒权码。8421 码与十进制数之间的关系是四位二进制代码表示一位十进制数。**码制与数值的不同之处是：对编码而言，最前面的 0 和最后面的 0 有意义，一定不能舍去；而对数而言，最前面的 0 和最后面的 0 无意义，可以舍去。**例如：

$(58.75)_{10}=(111\ 010.11)_2=(\underline{0101}\ \underline{1000}.\underline{0111}\ \underline{0101})_{8421BCD}$

$(2019.5)_{10}=(11\ 111\ 100\ 011.1)_2=(\underline{0010}\ \underline{0000}\ \underline{0001}\ \underline{1001}.\underline{0101})_{8421BCD}$

2. 5421 码和 2421 码

5421 码和 2421 码均为有权码，都是四位二进制代码表示一位十进制数。5421 码的权值自高位至低位分别为 5、4、2、1；2421 码的权值自高位至低位分别为 2、4、2、1。它们与 8421 码的转换关系如下：

$(58.7)_{10}=(\underline{0101}\ \underline{1000}.\underline{0111})_{8421BCD}=(\underline{1000}\ \underline{1011}.\underline{1010})_{5421BCD}=(\underline{1011}\ \underline{1110}.\underline{1101})_{2421BCD}$

3. 余 3 码

余 3 码也是用四位二进制代码表示一位十进制数。它是一种特殊的有权码，即在 8421 码的基础上加 3，故也常常称为 8421 余 3 码，但对其本身来说也可认为是无权码。在余 3 码中，不允许出现 0000~0010、1101~1111 六种组合。

余 3 码按权展开式具有如下形式：

$$(N)_R = \sum_{i=-m}^{k-1} d_i \times R^i + 3$$

表 1-3 所示为十进制数与常见 BCD 码的对照表。

表 1-3　十进制数与常见 BCD 码对照表

十进制数	8421 码	5421 码	2421 码	余 3 码	十进制数	8421 码	5421 码	2421 码	余 3 码
0	0000	0000	0000	0011	5	0101	1000	1011	1000
1	0001	0001	0001	0100	6	0110	1001	1100	1001
2	0010	0010	0010	0101	7	0111	1010	1101	1010
3	0011	0011	0011	0110	8	1000	1011	1110	1011
4	0100	0100	0100	0111	9	1001	1100	1111	1100

1.5.2　可靠性代码

数码在形成与传送的过程中，出错是不可避免的，可靠性代码就是为了减少这种错误而出现的。由于可靠性代码本身具有某种特征或能力，使得代码在形成过程中不易出错，或即使出错也能及时查出错码位并予以纠正。**常见的可靠性代码有格雷码（Gray）和奇偶校验码（Parity Check Codes）。**

1. 格雷码

格雷码又称循环码，按编码方式的不同又分为典型格雷码、余 3 格雷码、步进码等。格雷码有一个共同的特点，就是任意两个相邻的数码之间仅有一位数码不同，其余各位数码均相同（包括一个循环的两个首、尾数码亦是如此）。这个特点在应用中意义重大。在数字电路数码传输中，如果代码是从 0～15 升序变化，如果用自然二进制代码表示十进制数的升序，假如从 7 变到 8（0111 变到 1000），这四位二进制代码都发生了变化，由于电路存在时延，必然导致四位二进制代码变化得不同步，就必然在这一刻产生错误的代码。尽管出错的时间很短暂，后果却可能很严重。但格雷码中两个相邻的数码之间仅有一位数码不同，因此能避免出现这种错误，故格雷码是一种可靠性代码。由于**格雷码代表的数值不由代码高、低位的权值决定，所以它是一种无权码**。

表 1-4 所示为常见的可靠性代码与二进制代码的对照表。

表 1-4　常见的可靠性代码与二进制代码的对照表

十进制数	自然二进制代码	典型格雷码	步进码	带奇校验的 8421 码	带偶校验的 8421 码
0	00000	00000	00000	0000 1	0000 0
1	00001	00001	00001	0001 0	0001 1
2	00010	00011	00011	0010 0	0010 1
3	00011	00010	00111	0011 1	0011 0
4	00100	00110	01111	0100 0	0100 1
5	00101	00111	11111	0101 1	0101 0
6	00110	00101	11110	0110 1	0110 0
7	00111	00100	11100	0111 0	0111 1
8	01000	01100	11000	1000 0	1000 1
9	01001	01101	10000	1001 1	1001 0
10	01010	01111		特点：	特点：
11	01011	01110		前四位为信息位，后一位为校验位，始终满足在信息位与校验位中，1 的总个数为奇数	前四位为信息位，后一位为校验位，始终满足信息位与校验位中，1 的总个数为偶数
12	01100	01010			
13	01101	01011			
14	01110	01001			
15	01111	01000			
16	10000	11000			

2. 奇偶校验码

格雷码的存在是为减少错误代码，那么奇偶校验码就是一种具有检验这种差错能力的代码。一个代码组包括两部分位码：信息位（需要传送的信息本身，为位数不限的二进制代码）；奇偶校验位（仅有一位）。其编码方式有两种：**一个代码组中信息位和校验位中"1"的个数总和为奇数的，称为奇校验；一个代码组中信息位和校验位中"1"的个数总和为偶数的，称为偶校验**。数据接收后，先通过"去扰码"将可能存在的"群误码"转换成"随机误码"，再通过检查横向和纵向的奇偶校验码查找"随机误码"并予以纠正。

1.6 脉冲基础知识、数制与码制同步练习题

一、填空题

1. $(10100.001)_2 =($ $)_8 =($ $)_{16} =($ $)_{10}$
2. ①$(100011)_2 =($ $)_{10}$ ②$(11011)_2 =($ $)_{10}$
3. ①$(100.375)_{10} =($ $)_2$ ②$(1011111.0110)_2 =($ $)_8 =($ $)_{10}$
4. $(486)_{10} =($ $)_{8421BCD} =($ $)_{5421BCD} =($ $)_{余3BCD}$
5. 请将各数[$(246)_8$；$(165)_{10}$；$(10100111)_2$；$(A4)_{16}$]按从大到小的顺序依次排列：＿＿＿＿＞＿＿＿＿＞＿＿＿＿＞＿＿＿＿。
6. ＿＿＿＿BCD 码和＿＿＿＿BCD 码等是有权码，＿＿＿＿和＿＿＿＿是无权码。
7. 8421BCD 码是最常用也是最简单的一种 BCD 代码，各位的权依次为＿＿＿＿、＿＿＿＿、＿＿＿＿、＿＿＿＿。8421BCD 码的显著特点是它与＿＿＿＿数码的四位等值＿＿＿＿完全相同。
8. 在数字电路中，按负逻辑体系，以"0"表示＿＿＿＿电平，以"1"表示＿＿＿＿电平。
9. 三极管的截止相当于开关的＿＿＿＿，三极管的导通相当于开关的＿＿＿＿，也就是说，三极管相当于一个由基极电流控制的无触点开关。
10. 在时间上和数值上均做连续变化的电信号称为＿＿＿＿信号；在时间上和数值上离散的信号叫作＿＿＿＿信号。
11. RC 电路可组成＿＿＿＿、＿＿＿＿和＿＿＿＿等。
12. 在共发射极放大电路中，三极管集电极电阻越＿＿＿＿，三极管越易饱和。

二、判断题

1. 任何十进制转换成二进制时，采用除基取余倒计法即可实现。（ ）
2. 逻辑变量的取值，1 比 0 大。（ ）
3. 在时间和幅度上都断续变化的信号是数字信号，语音信号不是数字信号。（ ）
4. 十进制转换为二进制的时候，整数部分和小数部分都要采用除基取余倒计法。（ ）

三、单项选择题

1. 与八进制数$(47.3)_8$等值的数为（ ）。
   A．$(26.6)_{16}$ B．$(100111.011)_2$ C．$(27.3)_{16}$ D．$(100111.11)_2$
2. 表示任意两位无符号十进制数需要（ ）位二进制数。
   A．6 B．7 C．8 D．9
3. 一位十六进制数可以用（ ）位二进制数来表示。
   A．1 B．2 C．4 D．16
4. 二进制数 11001 转化为十进制数后，结果为（ ）。
   A．17 B．19 C．25 D．23
5. n 位二进制代码有（ ）个状态。
   A．n B．$2n$ C．$n/2$ D．2^n

6. 下列最大的数为（　　）。
   A．(1100100)₂　　B．(63)₁₆　　C．(98)₁₀　　D．(10010111)₈₄₂₁BCD
7. 相邻两组编码只有一位不同的编码是（　　）。
   A．2421BCD 码　　B．8421BCD 码　　C．余 3 码　　D．格雷码
8. 十进制数 25 用 8421BCD 码表示为（　　）。
   A．11001　　B．0010 0101　　C．100101　　D．10001
9. 模拟电路中三极管大多工作于（　　），数字电路中三极管大多工作于（　　）。
   A．放大状态　　B．开关状态　　C．击穿状态
10. 不属于矩形脉冲信号参数的是（　　）。
    A．周期　　B．占空比　　C．脉宽　　D．扫描期

四、简答题

数字信号和模拟信号的最大区别是什么？数字电路和模拟电路中，哪一种抗干扰能力较强？

五、计算题

1. 将下列二进制数分别转换成十六进制数和十进制数。
   ① 100110　　　　　　② 100101101
   ③ 10000111001　　　④ 111111011010

2. 完成下列数制与码制之间的转换。
   ① (47)₁₀＝(　　　)余3码 ＝(　　　)8421码　　② (3D)₁₆＝(　　　)格雷码

拓展模块

教学视频

第 2 章　逻辑代数的运算与逻辑门电路

本章学习要求

（1）掌握三种基本逻辑运算和复合运算的输入输出逻辑关系、表达式和逻辑符号。

（2）掌握逻辑代数的公式和定理，能运用公式和定理进行各种不同类型逻辑表达式的相互转换。

（3）熟练运用公式法和卡诺图法，按要求化简逻辑函数。

（4）熟悉逻辑函数的五种表示方式及其特点，掌握五种表示方式之间的互相转换方法。

（5）熟悉分立元件、TTL、CMOS 门电路的基本组成，能简要分析 TTL、CMOS 门电路的工作原理，了解门电路的主要参数及其外特性。

（6）掌握常用集成逻辑门电路的功能和典型应用，能查阅数字集成电路手册，掌握其使用方法与代换常识。

2.1　逻辑代数的运算

逻辑代数的概念是由 19 世纪中叶的英国数学家布尔首先提出来的，故又称为布尔代数或开关代数。它是分析和设计逻辑电路的数学工具。

2.1.1　逻辑代数的基本运算

逻辑代数与普通代数相比，它们的相同之处是都采用字母 $A,B,C,\cdots,X,Y,Z$ 等来表示变量，称为逻辑变量。与普通代数不同的是，在逻辑代数中，这些变量的取值只有 0 和 1 两种，且 0 和 1 并不表示数值的大小，而是表示两种对立的逻辑状态，分别称为逻辑 0 和逻辑 1，如表 2-1 所示，如电平的高与低；开关的接通与断开；脉冲的有与无；事件的真与假；三极管的导通与截止等。

表 2-1　常见对立的逻辑状态示例

一种状态	高电位	开关闭合	有脉冲	真	三极管导通	…	逻辑 1
另一种状态	低电位	开关断开	无脉冲	假	三极管截止	…	逻辑 0

逻辑代数的运算规则也不同于普通代数，它有三种基本运算，即与运算、或运算和非运算。其运算规则是根据逻辑规则定义的。

1. 与运算（逻辑乘）

与运算又叫逻辑乘，与逻辑关系可通过图 2-1 所示的开关 A、B 串联控制灯泡 Y 的开关电路予以说明。

只有开关 A、B 全部闭合时，灯 Y 才会亮；否则，灯 Y 不亮。这个例子说明了与运算的逻辑关系：当决定某事件的全部条件（开关 A、B 均闭合）同时具备时，事件（灯亮）才会发生，这种因果关系称为"与"逻辑。

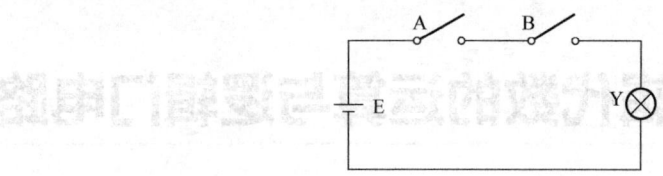

图 2-1 与运算电路

如果用 A、B 表示输入，Y 表示输出，将 A、B 接通记作输入 1，断开记作输入 0；灯亮记作输出 1，灯灭记作输出 0。（以下同理）可以做出描述与逻辑关系的表格（见表 2-2），这种把所有可能条件组合及其对应结果一一罗列出来的表格称为真值表。

为了便于运算，可用等式表示输入与输出之间的逻辑关系，称为逻辑表达式。与运算逻辑表达式为

$$Y = A \cdot B$$

式中的"·"读作"与"，在不致混淆逻辑关系时，上式可简写为 $Y = AB$。

由于 $0 \cdot 0 = 0$、$0 \cdot 1 = 0$、$1 \cdot 0 = 0$、$1 \cdot 1 = 1$，符合普通代数的乘法运算规律，所以与运算又叫逻辑乘。实现与逻辑关系的电路称为与门。图 2-2 所示既是与运算逻辑符号，也表示与门电路。

表 2-2 真值表

A B	Y
0 0	0
0 1	0
1 0	0
1 1	1

与逻辑门功能描述：有 **0** 出 **0**，全 **1** 出 **1**。

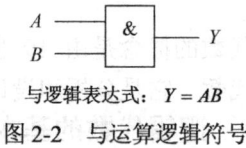

与逻辑表达式：$Y = AB$

图 2-2 与运算逻辑符号

2. 或运算（逻辑加）

或运算又叫逻辑加，或逻辑关系可通过图 2-3 所示的开关 A、B 并联控制灯泡 Y 的开关电路予以说明。

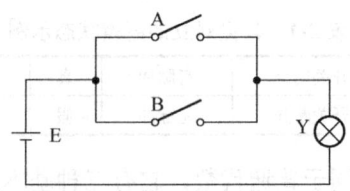

图 2-3 或运算电路

开关 A、B 任何一个闭合，灯 Y 都会亮；只有开关 A、B 全部断开，灯 Y 才会灭。这个例子说明了或运算的逻辑关系：**在决定某事件诸多条件中的（开关 A 或 B 闭合）一个或一个以上条件具备时，事件（灯亮）就会发生，这种因果关系称为"或"逻辑**。

表 2-3 所示为或运算真值表。

或运算逻辑表达式为：$Y = A + B$。

式中的"+"读作"或"。由于 $0+0=0$、$0+1=1$、$1+0=1$、$1+1=1$，类似普通代数的加法运算规律，所以或运算又叫逻辑加。实现或逻辑关系的电路称为或门。同理，图 2-4

所示既是或运算逻辑符号，也表示或门电路。

表 2-3 或运算真值表

A B	Y
0 0	0
0 1	1
1 0	1
1 1	1

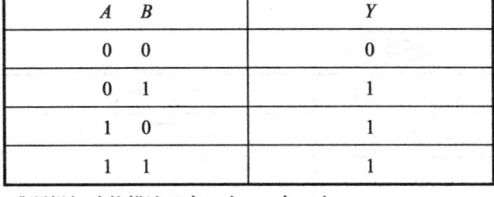

图 2-4 或运算逻辑符号

或逻辑门功能描述：有 1 出 1，全 0 出 0。

3. 非运算（逻辑反）

非运算又叫逻辑反，非逻辑关系可通过图 2-5 所示的开关 A 控制灯泡 Y 的开关电路予以说明。

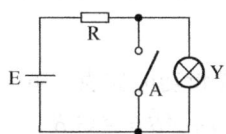

图 2-5 非运算电路

开关 A 闭合，灯 Y 就会灭；开关 A 断开，灯 Y 才亮。这个例子说明了非运算的逻辑关系：**在决定某事件的（开关 A）条件具备时，事件（灯亮）就不会发生；条件不具备时，事件才会发生，这种因果关系称为"非"逻辑。**

表 2-4 所示为非运算真值表。

非运算逻辑表达式为：$Y = \overline{A}$。

式中的"－"读作"非"。$\overline{A}$ 读作"A 非"或"A 反"。由于 $\overline{0}=1$，$\overline{1}=0$，所以非运算也叫逻辑反。非门的逻辑符号如图 2-6 所示。实现非逻辑关系的电路称为非门，也称反相器。

表 2-4 非运算真值表

A	Y
0	1
1	0

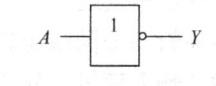

图 2-6 非运算逻辑符号

非逻辑门功能描述：有 1 出 0，有 0 出 1。

2.1.2 逻辑代数的复合运算

在数字电路的实际应用中，除了与、或、非门外，更为广泛采用的是"与非"门、"或非"门、"与或非"门及"异或"门等多种复合门电路。这些门的逻辑关系都是由三种基本逻辑运算复合和导出的。

1. 与非逻辑门（与非运算）

与非门的真值表、逻辑符号及逻辑功能如表 2-5 所示。它是由"与"和"非"两种逻辑复合而成的，实现的是先相与，再取反的逻辑功能，其逻辑表达式为 $Y = \overline{AB}$。

2. 或非逻辑门（或非运算）

或非门的真值表、逻辑符号及逻辑功能如表 2-5 所示。它是由"或"和"非"两种逻辑复合而成的，实现的是先相或，再取反的逻辑功能，其逻辑表达式为 $Y = \overline{A+B}$。

表 2-5 与非逻辑门、或非逻辑门对照表

与非真值表			与非门逻辑符号	或非真值表			或非门逻辑符号
A	B	Y	(a) 与非门的构成	A	B	Y	(a) 或非门的构成
0	0	1		0	0	1	
0	1	1	(b) 逻辑符号	0	1	0	(b) 逻辑符号
1	0	1		1	0	0	
1	1	0		1	1	0	
与非逻辑门功能描述：有 0 出 1，全 1 出 0。				或非逻辑门功能描述：全 0 出 1，有 1 出 0。			

3. 异或逻辑门（异或运算）

异或门的真值表、逻辑符号及逻辑功能如表 2-6 所示。实现的是相同出 0，相异出 1 的逻辑功能，其逻辑表达式为 $Y = \overline{A}B + A\overline{B} = A \oplus B$。

表 2-6 异或门、同或门对照表

异或门的真值表			异或门逻辑符号	同或门的真值表			同或门逻辑符号
A	B	Y		A	B	Y	
0	0	0		0	0	1	
0	1	1		0	1	0	
1	0	1		1	0	0	
1	1	0		1	1	1	
异或门功能描述：相同出 0，相异出 1。				同或门功能描述：相同出 1，相异出 0。			

4. 同或逻辑门（同或运算）

同或门的真值表、逻辑符号及逻辑功能如表 2-6 所示。实现的是相同出 1，相异出 0 的逻辑功能，其逻辑表达式为：$Y = \overline{A}\overline{B} + AB = \overline{A \oplus B} = A \odot B$。

关于异或逻辑门与同或逻辑门在应用时必须强调的两点：

（1）奇数个输入变量，异或的结果等于同或；偶数个输入变量，异或的结果等于同或的非。

例如：$A \odot B \odot C = A \oplus B \oplus C$；$A \odot B \odot C \odot D = \overline{A \oplus B \oplus C \oplus D}$。

（2）由于厂家只生产两输入的异或门，实际应用中用到同或门时可通过异或门加一非门实现，对多变量的异或也只能运用后面即将学习的代入规则，通过两输入的异或门实现。

例如：$A \oplus B \oplus C \oplus D = (A \oplus B) \oplus (C \oplus D) = [(A \oplus B) \oplus C] \oplus D$。

5. 与或非逻辑门（与或非门运算）

与或非门的真值表、逻辑符号及逻辑功能如表 2-7 所示。实现的是先相与，再相或，最后再取反的逻辑功能，其逻辑表达式为 $Y = \overline{AB + CD}$。

表 2-7 与或非门的真值表、逻辑符号以及逻辑功能

真值表				与或非门逻辑符号
ABCD	Y	ABCD	Y	
0000	1	1000	1	
0001	1	1001	1	
0010	1	1010	1	
0011	0	1011	0	
0100	1	1100	0	
0101	1	1101	0	
0110	1	1110	0	
0111	0	1111	0	

与或非逻辑门功能描述：先相与，再相或，最后再取反。

2.1.3 正、负逻辑与高、低电平

1. 正、负逻辑规定

如果把高电平、开关闭合、事件发生规定其逻辑值为 1，把低电平、开关断开、事件不发生规定其逻辑值为 0，在这种规定条件下得到的逻辑关系称为正逻辑；如果把高电平、开关闭合、事件发生规定其逻辑值为 0，把低电平、开关断开、事件不发生规定其逻辑值为 1，在这种规定条件下得到的逻辑关系称为负逻辑，如图 2-7 所示。

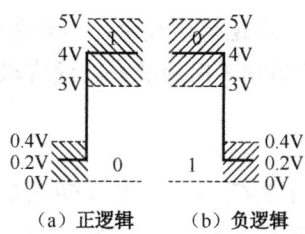

图 2-7 正、负逻辑与高、低电平规定

按正、负逻辑的规定，列出表 2-8 所示的正、负逻辑对照表，读者可自行验证。本书中如无特殊说明，约定以正逻辑来讨论问题。

表 2-8 正、负逻辑对照表

正逻辑或		负逻辑与		正逻辑与		负逻辑或	
A B	Y	A B	Y	A B	Y	A B	Y
0 0	0	0 0	0	0 0	0	0 0	0
0 1	1	0 1	1	0 1	0	0 1	0
1 0	1	1 0	1	1 0	0	1 0	0
1 1	1	1 1	1	1 1	1	1 1	1
结论：正逻辑或等效于负逻辑与。				结论：正逻辑与等效于负逻辑或。			

2. 高、低电平规定

我们用高电平、低电平来描述电位的高低。但在数字电路中，高、低电平不是一个固定值，而是一个电平变化范围，如图 2-7 所示。

在集成逻辑门电路中规定：

标准高电平 U_{SH}——高电平的下限值；

标准低电平 U_{SL}——低电平的上限值。

应用时，要求高电平应大于或等于 U_{SH}；低电平应小于或等于 U_{SL}。

2.2 逻辑代数的基本定律和规则

逻辑代数是一种独特的代数，有自己的独特运算规则。前面已经介绍了与、或、非三种基本运算及规则，以此为基础，还可以引出逻辑代数的基本定律、公式和三大规则。这些基本定律、公式和规则是后续数字电路学习、分析和设计的基础。

2.2.1 逻辑函数及其相等和相反的概念

由逻辑变量和与、或、非三种运算符连接起来所构成的式子称为逻辑表达式。在逻辑表达式中，等式右边的字母 A、B、C、D 等称为输入逻辑变量，等式左边的字母 Y 称为输出逻辑变量，字母上面没有非运算符的称为原变量，有非运算符的称为反变量。

1. 逻辑函数的概念

如果对应于输入逻辑变量 A、B、C、…的每一组确定值，输出逻辑变量 Y 就有唯一确定的值，则称 Y 是 A、B、C、…的逻辑函数。记为

$$Y = f(A,B,C,\cdots)$$

强调：与普通代数不同的是，在逻辑代数中，不管是变量还是函数，其取值都只能是 0 或 1，并且这里的 0 和 1 只表示两种不同的状态，没有数量的含义。

2. 逻辑函数相等的概念

设有两个逻辑函数：

$$Y_1 = F(A,B,C,\cdots) \qquad Y_2 = G(A,B,C,\cdots)$$

它们的因变量都是某 n 个变量的函数，对于这 n 个变量的 2^n 组合中的任意一种输入，若 Y_1 和 Y_2 都有相同的输出，则称两个逻辑函数相等，记为 $Y_1=Y_2$。

若两个逻辑函数相等，则它们的真值表一定相同；反之，若两个函数的真值表完全相同，则这两个函数一定相等。因此，要证明两个逻辑函数是否相等，只要分别列出它们的真值表，查看它们的真值表是否相同即可。

3. 逻辑函数相反的概念

设有两个逻辑函数：

$$Y_1 = F(A,B,C,\cdots) \qquad Y_2 = G(A,B,C,\cdots)$$

它们的因变量都是某 n 个变量的函数，对于这 n 个变量的 2^n 组合中的任意一种输入，若 Y_1 和 Y_2 都有相反的输出，则称两个逻辑函数互为反函数，记为 $\overline{Y_1} = Y_2$ 或 $Y_1 = \overline{Y_2}$。同理，要证明两个逻辑函数是否相反，只要分别列出它们的真值表，查看它们的真值表是否相反即可。

【例 1】已知函数 $Y_1 = \overline{A} + \overline{B} + \overline{C}$，$Y_2 = \overline{ABC}$，求证：$Y_1=Y_2$。

【解答】：列出 Y_1 和 Y_2 的真值表如表 2-9 所示。

表2-9 【例1】函数真值表

A B C	$Y_1 = \overline{A} + \overline{B} + \overline{C}$	$Y_2 = \overline{ABC}$	A B C	$Y_1 = \overline{A} + \overline{B} + \overline{C}$	$Y_2 = \overline{ABC}$
0 0 0	1	1	1 0 0	1	1
0 0 1	1	1	1 0 1	1	1
0 1 0	1	1	1 1 0	1	1
0 1 1	1	1	1 1 1	0	0

从它们的真值表看出，Y_1 和 Y_2 对于 A、B、C 的任意一种输入取值，都有相同的输出值，故两个逻辑函数相等，即 $Y_1=Y_2$。

2.2.2 逻辑代数的基本公式、基本定律和常用公式

1. 逻辑代数的基本公式

（1）常量和变量的逻辑加。

$$A + 0 = A \quad A + 1 = 1$$

（2）变量和常量的逻辑乘。

$$A \cdot 0 = 0 \quad A \cdot 1 = A$$

（3）变量和反变量的逻辑加和逻辑乘。

$$A + \overline{A} = 1 \quad A \cdot \overline{A} = 0$$

2. 逻辑代数的基本定律

（1）交换律。

$$A + B = B + A \quad A \cdot B = B \cdot A$$

（2）结合律。

$$A + B + C = (A + B) + C = A + (B + C)$$
$$A \cdot B \cdot C = (A \cdot B) \cdot C = A \cdot (B \cdot C)$$

（3）重叠律。

$$A + A = A(A + A + A + \cdots + A = A)$$
$$A \cdot A = A(A \cdot A \cdot A \cdot \cdots \cdot A = A)$$

（4）分配律。

$$A + B \cdot C = (A + B) \cdot (A + C)$$
$$A \cdot (B + C) = A \cdot B + A \cdot C$$

（5）吸收律。

$$A + AB = A \quad A \cdot (A + B) = A$$

（6）非非律。

$$\overline{\overline{A}} = A$$

（7）反演律（又称摩根定律）。

$$\overline{A + B} = \overline{A} \cdot \overline{B} \quad (或 \overline{A + B + C + \cdots} = \overline{A} \cdot \overline{B} \cdot \overline{C} \cdots)$$
$$\overline{A \cdot B} = \overline{A} + \overline{B} \quad (或 \overline{A \cdot B \cdot C \cdots} = \overline{A} + \overline{B} + \overline{C} + \cdots)$$

3. 逻辑代数的常用公式

（1）还原律。

$$A \cdot B + A \cdot \overline{B} = A \quad (A + B) \cdot (A + \overline{B}) = A$$

（2）吸收律。

$$A + A \cdot B = A \qquad A + \bar{A} \cdot B = A + B$$
$$A \cdot (A + B) = A \qquad A \cdot (\bar{A} + B) = A \cdot B$$

（3）冗余律。

$$AB + \bar{A}C + BC = AB + \bar{A}C$$

2.2.3 逻辑代数的三项规则

除了前面介绍的基本定律之外，逻辑代数还有三项重要的规则。

1. 代入规则

任何一个含有变量 A 的等式，如果将所有出现 A 的位置都代之以一个逻辑函数，等式仍然成立。这个规则称为代入规则。由于任何一个逻辑函数都和任何一个变量一样，即只有 0 和 1 两种取值，所以代入规则是必然成立的。

【例 2】已知等式 $\overline{AB} = \bar{A} + \bar{B}$，用函数 $Y=BC$ 代替等式中的 B，证明等式仍然成立。

【解答】：等式左边 $\overline{AB} = \overline{A(BC)} = \bar{A} + \overline{BC} = \bar{A} + \bar{B} + \bar{C}$

等式右边 $\bar{A} + \bar{B} = \bar{A} + \overline{BC} = \bar{A} + \bar{B} + \bar{C}$ $\Rightarrow$ 与等式左边完全相同

所以等式仍然成立。

由此例可以看出，反演律可推广到 n 个变量，即：

$$\overline{A_1 + A_2 + \cdots + A_n} = \bar{A}_1 \cdot \bar{A}_2 \cdots \bar{A}_n$$
$$\overline{A_1 \cdot A_2 \cdots A_n} = \bar{A}_1 + \bar{A}_2 + \cdots + \bar{A}_n$$

2. 反演规则

对于任何一个逻辑表达式 Y，当要求其反函数 $\bar{Y}$ 时，只要将表达式中的所有"·"变为"+"，"+"变为"·"，"0"变为"1"，"1"变为"0"，原变量变为反变量，反变量变为原变量，异或变为同或，同或变为异或，且不是一个变量上的非号保证不变，所得表达式就是函数 Y 的反函数 $\bar{Y}$（或称补函数）。这个规则称为反演规则。

【例 3】已知 $Y = A + \bar{B}(C\bar{D} + E\bar{F})$，试运用此式对反演规则进行证明。

【解答】：$\bar{Y} = \overline{A + \bar{B}(C\bar{D} + E\bar{F})}$

$= \bar{A} \cdot \overline{\bar{B}(C\bar{D} + E\bar{F})}$

$= \bar{A} \cdot [B + \overline{(C\bar{D} + E\bar{F})}]$

$= \bar{A} \cdot [B + \overline{C\bar{D}} \cdot \overline{E\bar{F}}]$

$= \bar{A} \cdot [B + (\bar{C} + D)(\bar{E} + F)]$

直接应用反演规则可得：$\bar{Y} = \bar{A} \cdot [B + (\bar{C} + D)(\bar{E} + F)]$，反演规则得以证明。

由上例可见，运用反演规则可以方便地求出一个函数的反函数。值得注意的是，运用反演规则时，要特别注意运算符号的先后顺序，即先与后或，还要准确把握括号的使用规则。

例如：$Y_1 = A\bar{B} + C\bar{D}E \Rightarrow \bar{Y}_1 = (\bar{A} + B)(\bar{C} + D + \bar{E})$

又如：$Y_2 = A + B + \bar{C} + \bar{D} + \bar{E} \Rightarrow \bar{Y}_2 = \bar{A} \cdot \bar{B} \cdot C \cdot \bar{D} \cdot E$

3. 对偶规则

对于任何一个逻辑表达式 Y，如果将表达式中的所有"·"变为"+"，"+"变为"·"，

"0"变为"1","1"变为"0",异或变为同或,同或变为异或,且不是一个变量上的非号保持不变,得到的一个新的函数表达式 Y',Y' 称为函数 Y 的对偶函数。这个规则称为对偶规则。

【例4】 已知 $Y_1 = A\bar{B} + C\bar{D}E$,$Y_2 = \overline{A + B + \overline{C} + \overline{\overline{D} + \overline{\overline{E}}}}$,求它们的对偶式。

【解答】: $Y_1 = A\bar{B} + C\bar{D}E \Rightarrow Y_1' = (A+\bar{B})(C+\bar{D}+E)$

$Y_2 = \overline{A + B + \overline{C} + \overline{\overline{D} + \overline{\overline{E}}}} \Rightarrow Y_2' = \overline{A \cdot B \cdot \overline{C} \cdot \overline{\overline{D} \cdot \overline{\overline{E}}}}$

【例5】 已知 $Y = A \oplus B \odot 1$,求其反演式和对偶式。

【解答】: $\bar{Y} = \bar{A} \odot \bar{B} \oplus 0$; $Y' = A \odot B \oplus 0$。

对偶规则的意义有三个。

其一:如果两个函数相等,则它们的对偶函数也相等。利用对偶规则,可以使要证明及要记忆的公式数目减少一半。

例如: $AB + A\bar{B} = A \Rightarrow (A+B)(A+\bar{B}) = A$

$A(B+C) = AB + AC \Rightarrow A + BC = (A+B)(A+C)$

其二:因为 $(Y')' = Y$、$\bar{\bar{Y}} = Y$,可两次运用对偶规则或反演规则对冗长烦琐的或与式逻辑函数进行化简,其函数值不变。具体操作将在后续相关章节中介绍。

其三:运用对偶规则方便对逻辑函数进行表达式变换。

注意:在运用反演规则和对偶规则时,都必须按照逻辑运算的优先顺序进行:**先算括号,接着与运算,然后或运算,最后非运算**,否则容易出错。但也可以反复运用代入规则,熟练掌握后,不但可以简化转化过程,而且不易出错。

【例6】 运用代入规则,求 $Y_1 = A\bar{B} + C\bar{D}E$,$Y_2 = \overline{A + B + \overline{C} + \overline{\overline{D} + \overline{\overline{E}}}}$ 函数的反演式。

【解答】: $Y_1 = A\bar{B} + C\bar{D}E \Rightarrow \bar{Y}_1 = \bar{X} \cdot \bar{Y} \quad X = \bar{A} + B \quad Y = \bar{C} + D + \bar{E}$

将 $\bar{X}, \bar{Y}$ 代入 $\Rightarrow \bar{Y}_1 = (\bar{A}+B)(\bar{C}+D+\bar{E})$

$Y_2 = \overline{A + B + \overline{C} + \overline{\overline{D} + \overline{\overline{E}}}} \Rightarrow \bar{Y}_2 = \bar{X} \cdot \bar{Y} \quad X = \bar{A} \quad Y = \bar{B} \cdot \bar{C} \cdot Z \quad Z = \overline{D + \bar{E}} = \bar{D} \cdot E$

将 $\bar{X}, \bar{Y}, \bar{Z}$ 代入 $\Rightarrow \bar{Y}_2 = \bar{A} \cdot \overline{\bar{B} \cdot \bar{C} \cdot \overline{\bar{D} \cdot E}}$

2.3 逻辑函数的表述方式

2.3.1 逻辑函数的表达式

任何一个逻辑函数的表达式可以有与或表达式、或与表达式、与非-与非表达式、或非-或非表达式、与或非表达式五种表示形式。其中与或表达式是最基本的形式。同时,每一种形式的函数表达式都对应一种逻辑电路。利用逻辑代数的基本公式很容易将与或表达式转换成其他的四种表达形式。

例如: $Y = AB + \bar{A}C$ ① 与或表达式

    $= (\bar{A}+B)(A+C)$ ② 或与表达式

    $= \overline{\overline{AB} \cdot \overline{\bar{A}C}}$ ③ 与非-与非表达式

    $= \overline{\overline{A+C} + \overline{\bar{A}+B}}$ ④ 或非-或非表达式

$$= \overline{\overline{A} \cdot \overline{C} + AB}$$ ⑤ 与或非表达式

尽管一个逻辑函数表达式的各种表示形式不同，但逻辑功能却是相同的。

2.3.2 逻辑函数的两种标准表达式

1. 标准"与或"表达式——最小项表达式

标准与或表达式，也称为最小项表达式。在这种表达式中，它的每一个与项（乘积项）都包含了函数的全部变量，其中每个变量都以原变量或反变量的形式出现，且仅出现一次，则这个乘积项称为该函数的一个标准乘积项，通常称为最小项。用**最小项之和**的形式表示逻辑函数的方法，称为函数的标准与或表达式。

例如：$Y = \overline{A}\overline{B}C + \overline{A}BC + A\overline{B}C + ABC$ ⇒ 标准与或表达式

$Y = \overline{A}C + AB$ ⇒ 非标准与或表达式

n 个变量的逻辑函数，有 2^n 个最小项，在标准的与或表达式中，可含全部最小项，也可含部分最小项。

在最小项表达式中，为了方便，通常用符号 m_i 来表示最小项，下标 i 是从 0 到 2^n-1 中的任一数。下标 i 是这样确定的：把最小项中的原变量记为 1，反变量记为 0，当变量顺序确定后，可以按顺序排列成一个二进制数，则与这个二进制数相对应的十进制数，就是这个最小项的下标 i。三变量函数全部最小项如表 2-10 所示。

表 2-10 三变量函数全部最小项和最大项

ABC	最小项	最大项	ABC	最小项	最大项
000	$\overline{A}\overline{B}\overline{C} = m_0$	$A+B+C = M_0$	100	$A\overline{B}\overline{C} = m_4$	$\overline{A}+B+C = M_4$
001	$\overline{A}\overline{B}C = m_1$	$A+B+\overline{C} = M_1$	101	$A\overline{B}C = m_5$	$\overline{A}+B+\overline{C} = M_5$
010	$\overline{A}B\overline{C} = m_2$	$A+\overline{B}+C = M_2$	110	$AB\overline{C} = m_6$	$\overline{A}+\overline{B}+C = M_6$
011	$\overline{A}BC = m_3$	$A+\overline{B}+\overline{C} = M_3$	111	$ABC = m_7$	$\overline{A}+\overline{B}+\overline{C} = M_7$

于是前面的函数可以写成：

$$Y(A,B,C) = \overline{A}\overline{B}\overline{C} + \overline{A}BC + A\overline{B}C + ABC$$
$$= m_0 + m_3 + m_5 + m_7$$
$$= \sum m(0,3,5,7)$$

最后式中采用的数学符号"Σ"表示累计的"逻辑加"运算。

最小项具备如下性质：

（1）任意一个最小项，只有一组变量取值使其值为 **1**。
（2）任意两个不同的最小项之乘积必为 **0**。
（3）全部最小项之和必为 **1**。

有关最小项的问题与思考：

问题一：如何将非标准与或表达式转化成标准与或表达式？

解答：如果不是最小项表达式的与或表达式，可利用 $A(B+C) = AB + AC$ 和 $A + \overline{A} = 1$ 公式来配项展开成最小项表达式，各或项中所缺变量需补足。例如：

$Y = \overline{A} + BC$ （第一或项中缺 B、C 变量，第二或项中缺 A 变量）

$= \overline{A}(B+\overline{B})(C+\overline{C}) + (A+\overline{A})BC$

$= \overline{A}BC + \overline{A}B\overline{C} + \overline{A}\overline{B}C + \overline{A}\overline{B}\overline{C} + ABC + \overline{A}BC$ （$\overline{A}BC$ 项重复）

$$= \overline{A}\overline{B}\overline{C} + \overline{A}\overline{B}C + \overline{A}B\overline{C} + \overline{A}BC + ABC$$
$$= m_0 + m_1 + m_2 + m_3 + m_7$$
$$= \sum m(0,1,2,3,7)$$

问题二：已知函数 Y 的标准与或表达式，如何求 $\overline{Y}$ 的标准与或表达式？

解答：根据逻辑函数的真值表可知，将函数值为 1 的那些最小项相加，便是函数的最小项表达式；同理，将真值表中函数值为 0 的那些最小项相加，便可得到反函数的最小项表达式。

例如：$Y(A,B,C) = \sum m(0,1,2,3,7) \Rightarrow \overline{Y}(A,B,C) = \sum m(4,5,6) = A\overline{B}\overline{C} + A\overline{B}C + AB\overline{C}$

2. 标准"或与"表达式——最大项表达式

标准或与表达式，也称为最大项表达式。在这种表达式中，它的每一个和项都包含了函数的全部变量，其中每个变量都以原变量或反变量的形式出现，且仅出现一次，则这个和项称为该函数的一个标准和项，通常称为最大项。**用最大项之积的形式表示逻辑函数的方法，称为函数的标准或与表达式。**

例如：$Y = (A+B+C)(A+\overline{B}+C)(\overline{A}+B+C)(\overline{A}+\overline{B}+\overline{C}) \Rightarrow$ **标准或与表达式**

$Y = (A+B)(\overline{A}+\overline{C})$ $\Rightarrow$ **非标准或与表达式**

同理，n 个变量的逻辑函数，有 2^n 个最大项，在标准的或与表达式中，可含全部最大项，也可含部分最大项。

在最大项表达式中，为了方便，通常用符号 M_i 来表示最大项，下标 i 是从 0 到 2^n-1 中的任一数。下标 i 是这样确定的：把最大项中的原变量记为 0，反变量记为 1，当变量顺序确定后，可以按顺序排列成一个二进制数，则与这个二进制数相对应的十进制数，就是这个最大项的下标 i。三变量函数全部最大项如表 2-10 所示。于是前面的函数可以写成：

$$Y(A,B,C) = (A+B+C)(A+\overline{B}+C)(\overline{A}+B+C)(\overline{A}+\overline{B}+\overline{C})$$
$$= \prod M(0,2,4,7)$$

最后式中采用的数学符号"$\prod$"表示累计的"逻辑乘"运算。

最大项具备如下性质：

（1）任意一个最大项，只有一组变量取值使其值为 **0**。
（2）任意两个不同的最大项之和必为 **1**。
（3）全部最大项之积必为 **0**。

有关最小项与最大项的问题与思考：

问题：最小项表达式与最大项表达式存在何种内在联系？

解答：在同一逻辑函数中，下脚标相同的最小项与最大项是互补的。若已知逻辑函数的最小项表达式，就可以很快写出其最大项表达式，反之亦然。

例如：$Y(A,B,C) = \sum m(0,3,5,7) \Rightarrow Y(A,B,C) = \prod M(1,2,4,6)$

证明过程如下：
$$Y(A,B,C) = \sum m(0,3,5,7) = m_0 + m_3 + m_5 + m_7$$
$$\overline{Y}(A,B,C) = \sum m(1,2,4,6) = m_1 + m_2 + m_4 + m_6$$

而 $Y = \overline{\overline{Y}}(A,B,C) = \overline{m_1 + m_2 + m_4 + m_6}$

$$= \overline{\overline{ABC} + \overline{ABC} + \overline{ABC} + \overline{ABC}}$$
$$= \overline{\overline{ABC}} \cdot \overline{\overline{ABC}} \cdot \overline{\overline{ABC}} \cdot \overline{\overline{ABC}}$$
$$= (A+B+\overline{C})(A+\overline{B}+C)(\overline{A}+B+C)(\overline{A}+\overline{B}+C)$$
$$= \Pi M(1,2,4,6)$$

所以：$\sum m(0,3,5,7) = \Pi M(1,2,4,6)$

2.4 逻辑函数的化简

最简表达式的最简标准是：①表达式所含项数（"与项"或者是"或项"）最少；②每项中所含变量的个数最少。逻辑函数有五种表达式，相应都有其最简表达式。

2.4.1 逻辑函数的最简表达式

1. 最简与或表达式

最简与或表达式是指乘积项最少，并且每个乘积项中的变量也最少的与或表达式。

例如：$Y = \overline{AB}\overline{E} + \overline{A}B + A\overline{C} + A\overline{C}E + B\overline{C} + \overline{B}CD$
$= \overline{A}B + A\overline{C} + B\overline{C}$
$= \overline{A}B + A\overline{C}$ ⇒ 所得为最简与或表达式

2. 最简与非-与非表达式

最简与非-与非表达式是指非号最少且每个非号下面乘积项中的变量也最少的与非-与非表达式。

例如：$Y = \overline{A}B + A\overline{C} = \overline{\overline{\overline{A}B + A\overline{C}}} = \overline{\overline{\overline{A}B} \cdot \overline{A\overline{C}}}$

3. 最简或与表达式

最简或与表达式是指括号最少且每个括号内相加的变量也最少的或与表达式。

例如：$Y = \overline{A}B + A\overline{C}$
⇒ $\overline{Y} = \overline{\overline{A}B + A\overline{C}} = (A+\overline{B})(\overline{A}+C) = A\overline{B} + AC + \overline{B}C = A\overline{B} + AC$
⇒ $Y = \overline{\overline{Y}} = (A+B)(\overline{A}+\overline{C})$

4. 最简或非-或非表达式

最简或非-或非表达式是指非号最少且每个非号下面相加的变量也最少的或非-或非表达式。

例如：$Y = \overline{A}B + A\overline{C} = (A+B)(\overline{A}+\overline{C}) = \overline{\overline{(A+B)(\overline{A}+\overline{C})}} = \overline{\overline{A+B} + \overline{\overline{A}+\overline{C}}}$

5. 最简与或非表达式

最简与或非表达式是指非号下的与门输入变量最少且总的与门个数也最少的与或非表达式。

例如：$Y = \overline{A}B + A\overline{C} = \overline{\overline{A+B} + \overline{\overline{A}+\overline{C}}} = \overline{A\overline{B} + AC}$

2.4.2 逻辑函数化简的方法

逻辑函数化简的意义在于：在同等情况下，逻辑表达式越简单，实现它的电路越简单、经济，电路工作也越稳定、可靠。逻辑函数化简常用的方法有代数化简法和卡诺图化简法。

2.4.2.1 逻辑函数的代数化简法

逻辑函数的代数化简法就是运用逻辑代数的基本公式、定理和规则来化简逻辑函数。

1. 合并项法

利用公式 $A+\bar{A}=1$，将两项合并为一项，并消去一个变量。例如：

$$Y_1 = ABC + \bar{A}BC + B\bar{C}$$
$$= (A+\bar{A})BC + B\bar{C}$$
$$= BC + B\bar{C}$$
$$= B(C+\bar{C})$$
$$= B$$

$$Y_2 = ABC + A\bar{B} + A\bar{C}$$
$$= ABC + A(\bar{B}+\bar{C})$$
$$= ABC + A\overline{BC}$$
$$= A(BC + \overline{BC})$$
$$= A$$

由上例可知：若两个乘积项中分别包含同一个因子的原变量和反变量，而其他因子都相同时，则这两项可以合并成一项，并消去互为反变量的因子。

2. 吸收法

方式一：利用公式 $A + AB = A$，消去多余的项。例如：

$$Y_1 = \bar{A}B + \bar{A}BCD(E+F)$$
$$= \bar{A}B[1+CD(E+F)]$$
$$= \bar{A}B$$

$$Y_2 = A + \overline{\bar{B}} + \overline{\bar{C}D} + \overline{AD\bar{B}}$$
$$= A + BCD + AD + B$$
$$= (A+AD) + (B+BCD)$$
$$= A + B$$

由上例可知：如果乘积项是另外一个乘积项的因子，则另外一个乘积项是多余的。

方式二：利用公式 $A + \bar{A}B = A + B$，消去多余的变量。例如：

$$Y_1 = A\bar{B} + C + \bar{A}CD + BCD$$
$$= A\bar{B} + C + CD(\bar{A}+B)$$
$$= A\bar{B} + C + D(\bar{A}+B)$$
$$= A\bar{B} + C + \overline{A\bar{B}}D$$
$$= A\bar{B} + C + D$$

$$Y_2 = AB + \bar{A}C + \bar{B}C$$
$$= AB + (\bar{A}+\bar{B})C$$
$$= AB + \overline{AB}C$$
$$= AB + C$$

由上例可知：如果一个乘积项的反是另一个乘积项的因子，则这个因子是多余的。

画出逻辑函数 Y 在化简前后所对应的逻辑电路如图 2-8 所示。由图可见，二者虽逻辑功能相同，但图 2-8（a）远比图 2-8（b）要复杂得多，说明逻辑函数化简是非常必要的。

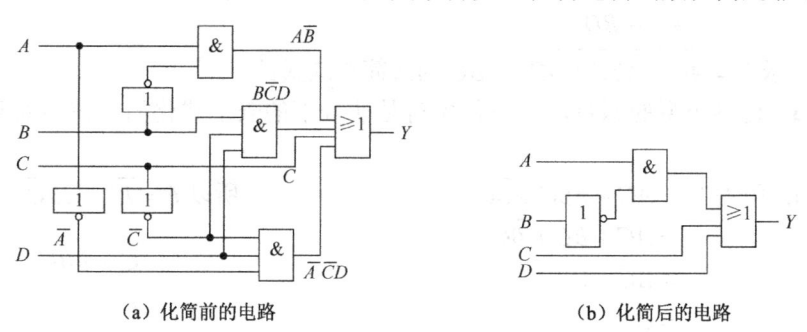

（a）化简前的电路　　　　　　　　　　（b）化简后的电路

图 2-8　函数 Y 化简前后对应的逻辑电路

3. 配项法

方式一：利用公式 $A = A(B+\bar{B})$，为某一项配上其所缺的变量，以便用其他方法进行化简。例如：

$$Y_1 = A\bar{B} + B\bar{C} + \bar{B}C + \bar{A}B \qquad Y_2 = A\bar{B} + B\bar{C} + \bar{B}C + \bar{A}B$$
$$= A\bar{B} + B\bar{C} + (A+\bar{A})\bar{B}C + \bar{A}B(C+\bar{C}) \qquad = A\bar{B}(C+\bar{C}) + (A+\bar{A})B\bar{C} + \bar{B}C + \bar{A}B$$
$$= A\bar{B} + B\bar{C} + A\bar{B}C + \bar{A}\bar{B}C + \bar{A}BC + \bar{A}B\bar{C} \qquad = A\bar{B}C + A\bar{B}\bar{C} + AB\bar{C} + \bar{A}B\bar{C} + \bar{B}C + \bar{A}B$$
$$= A\bar{B}(1+C) + B\bar{C}(1+\bar{A}) + \bar{A}C(\bar{B}+B) \qquad = B\bar{C}(1+A) + \bar{A}B(1+\bar{C}) + A\bar{C}(\bar{B}+B)$$
$$= A\bar{B} + B\bar{C} + \bar{A}C \qquad = B\bar{C} + \bar{A}B + A\bar{C}$$

由上例可以看出：$A\bar{B} + B\bar{C} + \bar{A}C = B\bar{C} + \bar{A}B + A\bar{C}$，二者虽然形式不同，但均为最简与或表达式，并且其逻辑功能也是完全相同的。

方式二：利用公式 $A + A = A$，为某项配上其所能合并的项。例如：
$$Y = ABC + AB\bar{C} + A\bar{B}C + \bar{A}BC$$
$$= (ABC + AB\bar{C}) + (ABC + A\bar{B}C) + (ABC + \bar{A}BC)$$
$$= AB + AC + BC$$

4. 消去冗余项法

利用冗余律 $AB + \bar{A}C + BC = AB + \bar{A}C$，将冗余项 BC 消去。例如：
$$Y_1 = A\bar{B} + AC + ADE + \bar{C}D$$
$$= A\bar{B} + (AC + \bar{C}D + ADE) \qquad Y_2 = AB + \bar{B}C + AC(DE + FG)$$
$$= A\bar{B} + AC + \bar{C}D \qquad = AB + \bar{B}C$$

5. 代数法化简逻辑函数解题示范

【例7】求证函数 $\overline{A\bar{B} + \bar{A}B} = AB + \bar{A}\bar{B}$。

【证明】：左式 $= \overline{A\bar{B} + \bar{A}B} = (\overline{A\bar{B}}) \cdot (\overline{\bar{A}B})$
$$= (\bar{A} + B) \cdot (A + \bar{B})$$
$$= AB + \bar{A}\bar{B} = 右式$$

【例8】化简函数 $F = AD + A\bar{D} + AB + \bar{A}C + BD$。

【解答】：$F = AD + A\bar{D} + AB + \bar{A}C + BD \qquad$ 或者：$F = AD + A\bar{D} + AB + \bar{A}C + BD$
$$= (AD + A\bar{D}) + AB + \bar{A}C + BD \qquad\qquad = A + AB + \bar{A}C + BD$$
$$= (A + AB) + \bar{A}C + BD \qquad\qquad\qquad\quad = A + \bar{A}C + BD$$
$$= (A + \bar{A}C) + BD \qquad\qquad\qquad\qquad\quad = A + C + BD$$
$$= A + C + BD$$

【例9】求 $F = \overline{AC + \bar{A}BC + \bar{B}C} + AB\bar{C}$ 的最简与或式。

【解析】：这种类型的题目，一般首先对是非号下的表达式化简，然后对整个表达式化简。

【解答】：因为 $F' = AC + \bar{A}BC + \bar{B}C \qquad\qquad$ 所以 $F = \overline{F'} + AB\bar{C}$
$$= AC + BC + \bar{B}C \qquad\qquad\qquad\qquad\quad = \bar{C} + AB\bar{C}$$
$$= AC + C \qquad\qquad\qquad\qquad\qquad\qquad = \bar{C}$$
$$= C$$

【例10】化简函数 $Y = (\bar{B} + D)(\bar{B} + D + A + G)(C + E)(\bar{C} + G)(A + E + G)$ 为最简或与表达式。

【解析】：因为 $(Y')' = Y$、$\bar{\bar{Y}} = Y$，所以可对其求两次对偶式或反演式，得到最简或与表达式。

【解答】：方式一：先求出 Y 的对偶函数 Y'，并对其进行化简，然后再求 Y' 的对偶函数，便得 Y 的最简或与表达式。

因为 $Y' = \overline{B}D + \overline{B}DAG + CE + \overline{C}G + AEG$ 所以 $Y = (Y')' = (\overline{B}+D)(C+E)(\overline{C}+G)$
$\qquad = \overline{B}D + CE + \overline{C}G$

方式二：先求出 Y 的反演函数 $\overline{Y}$，并对其进行化简，然后再求 $\overline{Y}$ 的反演函数，便得 Y 的最简或与表达式。

因为 $\overline{Y} = B\overline{D} + B\overline{D}AG + \overline{CE} + C\overline{G} + \overline{AEG}$ 所以 $Y = \overline{\overline{Y}} = (\overline{B}+D)(C+E)(\overline{C}+G)$
$\qquad = B\overline{D} + \overline{CE} + C\overline{G}$

2.4.2.2 逻辑函数的卡诺图化简法

逻辑函数的卡诺图化简法就是将逻辑函数用卡诺图来表示，利用卡诺图来化简逻辑函数的方法。

1. 卡诺图的构成

真值表可以看成一个函数 n 个变量的全部最小项构成的纵列表。卡诺图是真值表图形化的结果。在卡诺图中，每一个最小项用一个小方格代表，那么 n 个变量，就用 2^n 个小方格来代表其全部最小项。这种将逻辑函数真值表中的最小项重新排列成矩阵形式，并且使矩阵的横方向和纵方向的逻辑变量的取值按照格雷码的顺序排列，构成的图形就是卡诺图。

图 2-9 所示为二、三、四变量的卡诺图，可以看出卡诺图的构成有以下特点：

（1）n 个变量，就有 2^n 个小方格，每个小方格对应一个最小项；
（2）每个变量的原、反变量把卡诺图等分为两部分，各占据卡诺图总方格的一半；
（3）卡诺图中每两个相邻的小方格所代表的最小项只有一个变量不同，称之为相邻项。

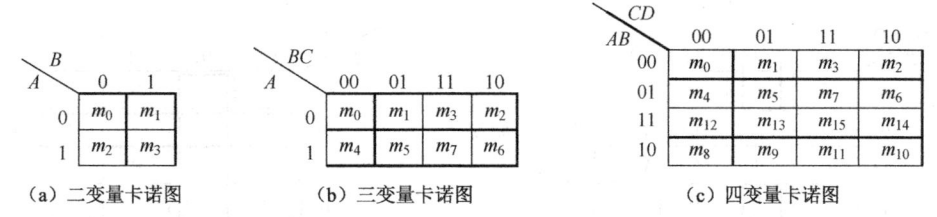

A\B	0	1
0	m_0	m_1
1	m_2	m_3

（a）二变量卡诺图

A\BC	00	01	11	10
0	m_0	m_1	m_3	m_2
1	m_4	m_5	m_7	m_6

（b）三变量卡诺图

AB\CD	00	01	11	10
00	m_0	m_1	m_3	m_2
01	m_4	m_5	m_7	m_6
11	m_{12}	m_{13}	m_{15}	m_{14}
10	m_8	m_9	m_{11}	m_{10}

（c）四变量卡诺图

图 2-9 二、三、四变量的卡诺图

以图 2-9 为例，说明"相邻"的两种情况：

其一，地理位置上相邻。这是指只有一条公共边界的两个方格是相邻的，如 m_5 与 m_1、m_5 与 m_4。

其二，首尾滚卷相邻。这是指最左列的最小项与最右列的相应最小项是相邻的（如 m_4 与 m_6），最上面一行的最小项与最下面一行的相应最小项也是相邻的（如 m_0 与 m_8）。从不同变量的卡诺图中还可以看出：任意一个 2 变量的最小项有 2 个最小项与它相邻；任意一个 3 变量的最小项有 3 个最小项与它相邻；任意一个 4 变量的最小项有 4 个最小项与它相邻。

2. 逻辑函数在卡诺图中的表示

如果逻辑函数以真值表或者以最小项表达式已给出，可在卡诺图中那些与给定逻辑函数的最小项相对应的方格内填入 1，其余的方格内填入 0 即可。例如：

$Y_1(A,B,C,D) = \sum m(1,3,4,6,7,8,11,14,15)$，用卡诺图表示如图 2-10（a）所示。

AB\CD	00	01	11	10
00	0	1	1	0
01	1	0	1	1
11	0	0	1	1
10	1	0	1	0

(a) 函数 Y_1 对应的卡诺图

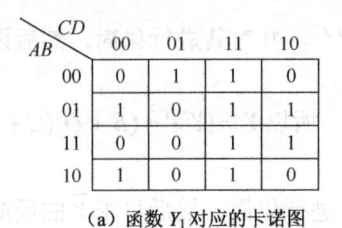

AB\CD	00	01	11	10
00	1	1	1	1
01	1	1	0	1
11	0	0	0	0
10	0	0	1	1

(b) 函数 Y_2 对应的卡诺图

图 2-10　函数 Y_1、Y_2 对应的卡诺图

如果逻辑函数以一般的逻辑表达式给出，则先将函数变换为与或表达式（不必变换为最小项之和的形式），然后在卡诺图上与每一个乘积项所包含的那些最小项（该乘积项就是这些最小项的公因子）相对应的方格内填入 1，其余的方格内填入 0。例如：

$$Y_2 = \overline{(A+D)(A+C)(B+\overline{C})} \Rightarrow Y_2 = \overline{A}\overline{D} + \overline{A}\overline{C} + \overline{B}C$$

用卡诺图表示如图 2-10（b）所示。

说明：如果求函数 Y 的反函数 $\overline{Y}$，则对 Y 中所包含的各个最小项，在卡诺图相应方格内填入 0，其余方格内填入 1，所得卡诺图即为 $\overline{Y}$ 的卡诺图。

3. 卡诺图化简的实质

卡诺图化简的实质就是相邻最小项的合并。

如图 2-11（a）所示：任意两个相邻的最小项合并为一项，可以消去一个互补变量（消去互为反变量的因子，保留公因子）。

如图 2-11（b）、（c）所示：任意四个相邻的最小项合并为一项，可以消去两个互补变量。

如图 2-11（d）所示：任意八个相邻的最小项合并为一项，可以消去三个互补变量。

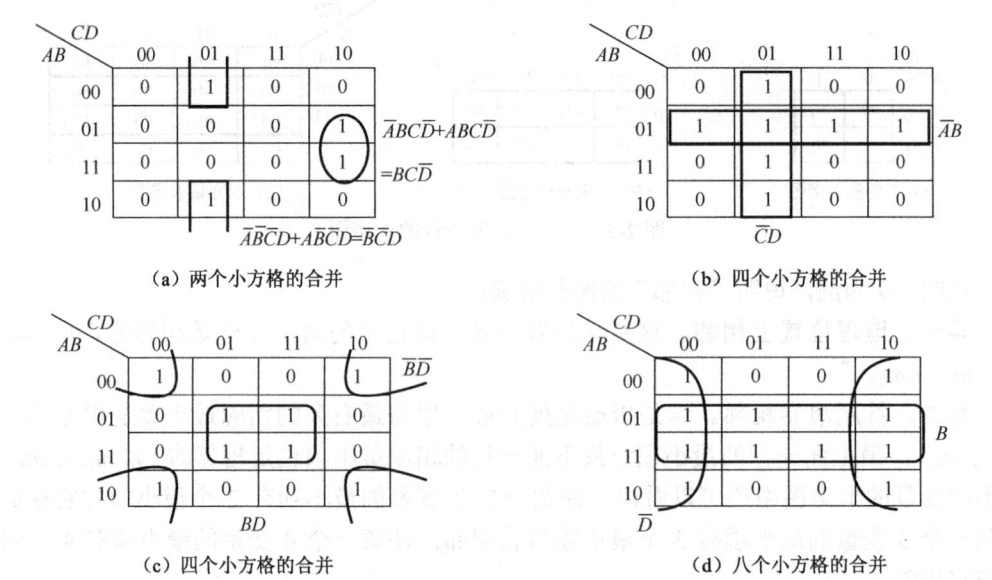

AB\CD	00	01	11	10
00	0	1	0	0
01	0	0	0	1
11	0	0	0	1
10	0	1	0	0

$\overline{A}BC\overline{D}+ABC\overline{D}$
$=BC\overline{D}$

$\overline{A}\overline{B}\overline{C}D+A\overline{B}\overline{C}D=\overline{B}\overline{C}D$

(a) 两个小方格的合并

AB\CD	00	01	11	10
00	0	1	0	0
01	1	1	1	1
11	0	0	0	0
10	0	1	0	0

$\overline{A}B$

$\overline{C}D$

(b) 四个小方格的合并

AB\CD	00	01	11	10
00	1	0	0	1
01	0	1	1	0
11	0	1	1	0
10	1	0	0	1

$\overline{B}\overline{D}$

BD

(c) 四个小方格的合并

AB\CD	00	01	11	10
00	1	0	0	1
01	1	1	1	1
11	1	1	1	1
10	1	0	0	1

B

$\overline{D}$

(d) 八个小方格的合并

图 2-11　卡诺图中相邻最小项的合并

可见：相邻最小项的数目必须为 2^n 个才能合并为一项，并消去 n 个变量。包含的最小项数目越多，即由这些最小项所形成的圈越大，消去的变量也就越多，从而所得到的逻辑表达式就越简单。这就是利用卡诺图化简逻辑函数的基本原理。

4. 卡诺图化简的步骤

卡诺图化简一般分为以下几个步骤。

（1）将逻辑函数填入空白卡诺图。

（2）若求最简原函数，合并相邻最小项时圈"1"；若求最简反函数，合并相邻最小项时圈 0。直到所有的 1 或 0 被圈完为止。

（3）将每个圈代表的乘积项相加，所得即为最简与或表达式。

为了得到最简与或表达式，**圈"1"或圈"0"时应注意的问题**。

（1）圈越大越好，但每个圈中的方格数目必须为 2^n 个。圈越大，消去的变量越多，所用的与门输入端的个数就越少。

（2）圈的个数越少越好。圈越少，乘积项越少，所用与门的个数就越少。

（3）先圈八格组，再圈四格组，然后再圈二格组，孤立方格单独成圈。

（4）方格可重复被圈，但每个圈都要有新的方格。否则它就是多余的。

说明：① 在有些情况下，最小项的圈法不止一种，得到的各个乘积项组成的与或表达式各不相同，哪个是最简的，要经过比较、检查才能确定。如图 2-12 所示。

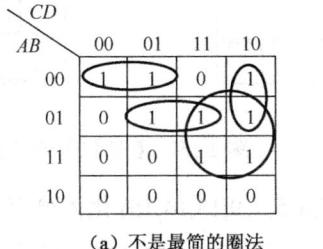

（a）不是最简的圈法　　　　（b）最简的圈法

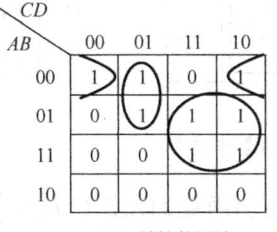

图 2-12　通过卡诺图对比确定最简表达式

② 在有些情况下，不同圈法得到的与或表达式都是最简形式。即存在一个函数的最简与或表达式不是唯一的情况。如图 2-13 所示。

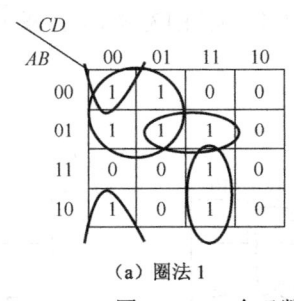

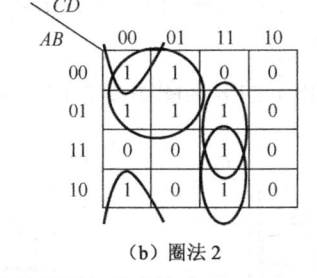

（a）圈法 1　　　　（b）圈法 2

图 2-13　一个函数存在多种最简与或表达式

5. 卡诺图法化简逻辑函数解题示范一

【例 11】 将逻辑函数 $Y = A\bar{B}D + ABD + \bar{A}BCD$ 化为最简与或式和最简与非-与非式。

【解答】：画出逻辑函数 Y 的卡诺图如图 2-14 所示。由图可见，$\sum m(9,11,13,15) = AD$，$\sum m(7,15) = BCD$。

把圈"1"所得与项相加，可得最简与或式为：
$$Y = AD + BCD$$

把最简与或式两次取反，可得最简与非-与非式。

$$Y = \overline{\overline{AD} + \overline{BCD}} = \overline{\overline{AD} \cdot \overline{BCD}}$$

由上例可知，运用卡诺图法求逻辑函数的最简与非-与非式的方法是：卡诺图圈"1"，再两次取反，即得最简与非-与非式。

【例12】将逻辑函数 $Y(A,B,C,D) = \sum m(2,3,5,7,8,10,12,13)$ 化为最简与或式。

【解答】：画出逻辑函数 Y 的卡诺图如图 2-15 所示。由图可见，有两种圈法均能得到最简与或式，虽然表达式不同，但二者是等价的。

由图 2-15（a）得：

$$Y = A\overline{CD} + \overline{A}CD + \overline{B}C\overline{D} + \overline{B}CD$$

由图 2-15（b）得：

$$Y = \overline{A}BC + \overline{A}BD + AB\overline{C} + A\overline{B}D$$

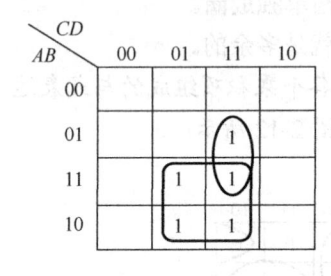

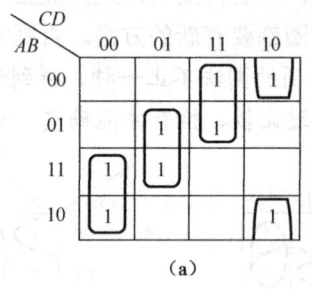

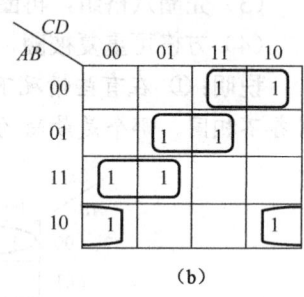

图 2-14 【例11】卡诺图   图 2-15 【例12】卡诺图

【例13】将逻辑函数 $Y(A,B,C,D) = \sum m(3,4,5,7,9,13,14,15)$ 化为最简与或式。

【解答】：画出逻辑函数 Y 的卡诺图如图 2-16 所示。由图 2-16(a)可见，$\sum m(5,7,13,15)$ 方格均被其他的圈圈过，属冗余项。

由图 2-16（b）可得最简与或式：

$$Y = \overline{A}B\overline{C} + \overline{A}CD + A\overline{C}D + ABC$$

【例14】已知逻辑函数 $Y(A,B,C,D) = \sum m(0,1,4,5,9,11,13,14,15)$，求 $\overline{Y}$ 最简与或式和 Y 的最简或非-或非式。

【解答】：画出 $\overline{Y}$ 的卡诺图如图 2-17 所示。

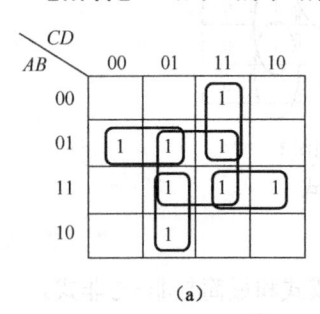

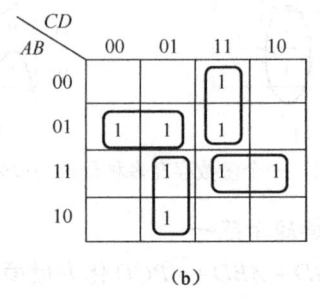

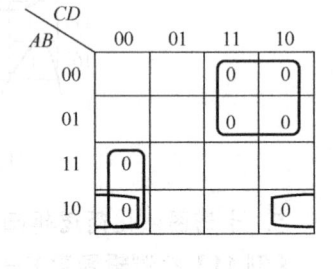

图 2-16 【例13】卡诺图   图 2-17 【例14】卡诺图

卡诺图圈0，可得 $\overline{Y}$ 的最简与或式：

$$\overline{Y} = \overline{A}C + A\overline{C}\overline{D} + AB\overline{D}$$

把 $\overline{Y}$ 的最简与或式取反后,每个与项再分别两次取反,可得 Y 的最简或非-或非式。

$$Y = \overline{\overline{AC + ACD + ABD}} = \overline{\overline{\overline{AC}} + \overline{\overline{ACD}} + \overline{\overline{ABD}}}$$

$$= \overline{\overline{A+C} + \overline{\overline{A}+C+D} + \overline{\overline{A}+B+D}}$$

由上例可知,运用卡诺图法求逻辑函数的最简或非-或非式的方法是:卡诺图圈 0 取反后,每个与项再分别两次取反,即得最简或非-或非式。

2.4.2.3 含约束项的逻辑函数化简

1. 约束项的概念

约束项是指函数可以任意取值(可以为 0,也可以为 1)或不会出现的输入变量组合所对应的最小项,也称为任意项或无关项。我们可以通过下面的实例予以诠释。

【例 15】写出一位十进制码(8421BCD 码)是否为偶数的逻辑表达式。

【解答】:设 A、B、C、D 为 8421BCD 码的四位二进制数,列真值表如表 2-11 所示。

依据真值表可知:输入变量 A、B、C、D 的取值为 0000~1001 时,输出 Y 有确定的值。根据题意,这一范围内输入偶数时为 1,奇数时为 0。其表达式为:

$$Y(A,B,C,D) = \sum m(0,2,4,6,8)$$

而 A、B、C、D 取值为 1010~1111 的情况就不会出现或不允许出现,对应的最小项就属于约束项,用符号"×""ϕ"或"d"表示。约束项之和构成的逻辑表达式称为约束条件或任意条件,可用一个值恒为 0 的条件等式表示如下:

$$\sum d(10,11,12,13,14,15) = 0 \text{ 或约束条件:} AB + AC = 0$$

这样,含有约束项条件的逻辑函数可以表示成如下形式:

$$F(A,B,C,D) = \sum m(0,2,4,6,8) + \sum d(10,11,12,13,14,15)$$

如用卡诺图表示含有约束项条件的逻辑函数,可在约束项对应的小方格标注"×""ϕ"或"d",如图 2-18 所示。

表 2-11 【例 15】真值表

输入	输出	输入	输出	说明
0000	1	1000	1	
0001	0	1001	0	
0010	1	1010	×	不会出现
0011	0	1011	×	不会出现
0100	1	1100	×	不会出现
0101	0	1101	×	不会出现
0110	1	1110	×	不会出现
0111	0	1111	×	不会出现

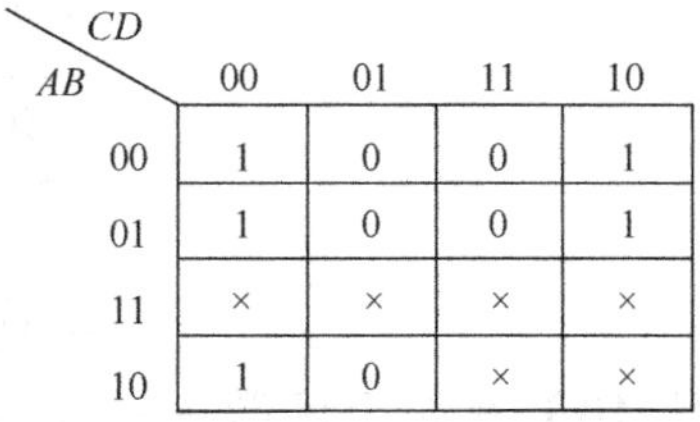

AB\CD	00	01	11	10
00	1	0	0	1
01	1	0	0	1
11	×	×	×	×
10	1	0	×	×

图 2-18 【例 15】卡诺图

强调:其一,因为约束项不能构成输入,因此与函数值无关,故卡诺图化简时不能单独圈"×";其二,利用约束项可使逻辑电路简化,但也对输入变量提出了要求,即输入变量必须满足给定的约束项条件。上例中,8421BCD 码不允许输入变量中有 1010~1111 的输入组合。

2. 含约束项的逻辑函数化简

在逻辑函数化简中，充分利用约束项可以得到更加简单的逻辑表达式，因而其相应的逻辑电路也更简单。在化简过程中，如果约束项对化简有利，则圈入；如果约束项对化简不利，则不圈。

3. 卡诺图法化简逻辑函数解题示范二

【例 16】将逻辑函数 $Y(A,B,C,D) = \sum m(0,1,2,8,9) + \sum d(3,7,10,11,14,15)$ 化为最简与或式。

【解答】：画出逻辑函数 Y 的卡诺图如图 2-19 所示。

如不利用约束项，化简结果为 $Y = \overline{BC} + \overline{ABD}$；利用约束项，最简的结果为 $Y = \overline{B}$。

【例 17】已知逻辑函数 $F = \sum m(0,6,9,10,12,15) + \sum d(2,7,8,11,13,14)$，求 F 的最简与或表达式和最简与或非表达式。

【解答】：画出 F 的卡诺图如图 2-20 所示。

卡诺图圈 1，可得最简与或表达式为：

$$F = A + BC + \overline{B}\,\overline{D}$$

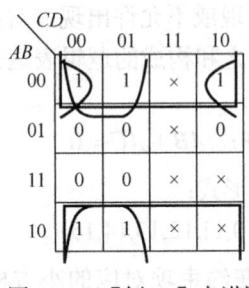

图 2-19 【例 16】卡诺图　　图 2-20 【例 17】卡诺图

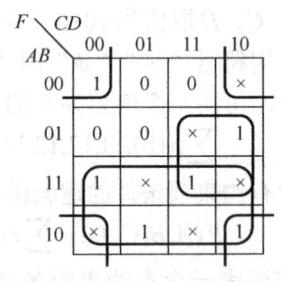

对最简与或表达式两次取反，利用代数法进行逻辑变换与化简，可得最简与或非表达式为：

$$F = \overline{\overline{A + BC + \overline{B}\,\overline{D}}} = \overline{\overline{A}\,\overline{BC}\,\overline{\overline{B}\,\overline{D}}}$$
$$= \overline{\overline{A}(\overline{B}+\overline{C})(B+D)}$$
$$= \overline{\overline{A}BD + \overline{A}\overline{B}C + \overline{A}CD}$$
$$= \overline{\overline{A}BD + \overline{A}\overline{B}C}$$

【例 18】有两个函数 $F = AB + CD$ 和 $G = ACD + BC$，运用卡诺图逻辑运算法求 $M = F \cdot G$ 及 $N = F + G$ 的最简与或表达式。

说明：运用传统方法求解，不仅繁琐易出错，还不容易得到最简逻辑函数式，可运用卡诺图逻辑运算法求解。

卡诺图逻辑运算法，指两个或两个以上逻辑函数在进行逻辑运算时，只要分别将卡诺图中编号相同的方块，在运算结果卡诺图中按相应的运算规则进行逻辑填图（例如：与运算，有 0 出 0、全 1 出 1；或运算，有 1 出 1、全 0 出 0；与非运算，有 0 出 1、全 1 出 0；或非运算，有 1 出 0、全 0 出 1；与或非运算，先与再或最后取反；异或运算，相同出 0、相异出 1，等等），所得卡诺图即为两个或两个以上逻辑函数进行逻辑运算后最终结果的卡诺图。卡诺图逻辑运算法的思路是将烦琐的逻辑函数运算转化为最小项的运算，具有直观、简单、易掌握的特点。

【解答】：(1) 分别画出 F 和 G 的卡诺图，如图 2-21 所示。

F \ CD AB	00	01	11	10
00	0	0	1	0
01	0	0	1	0
11	1	1	1	1
10	0	0	1	0

(a) $F = AB + CD$ 的卡诺图

G \ CD AB	00	01	11	10
00	0	0	0	0
01	0	0	1	1
11	1	1	1	1
10	0	0	1	0

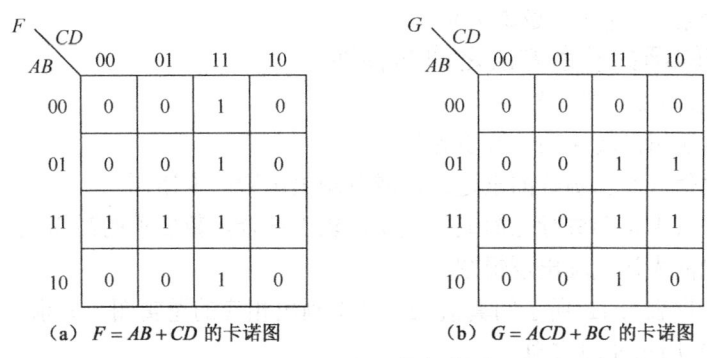

(b) $G = ACD + BC$ 的卡诺图

图 2-21　F 和 G 的卡诺图

(2) 分别画出 M 和 N 的卡诺图，如图 2-22 所示。

M \ CD AB	00	01	11	10
00	0	0	0	0
01	0	0	1	0
11	0	0	1	1
10	0	0	1	0

(a) $M = F \cdot G$ 卡诺图

N \ CD AB	00	01	11	10
00	0	0	1	0
01	0	0	1	1
11	1	1	1	1
10	0	0	1	0

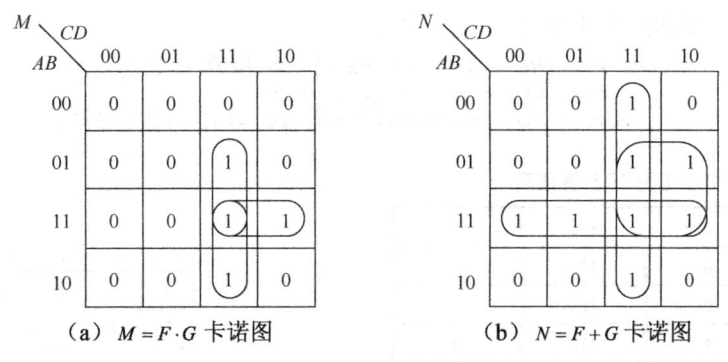

(b) $N = F + G$ 卡诺图

图 2-22　M 和 N 的卡诺图

(3) 根据图 2-22，卡诺图化简得到最简与或式为：$M = ABC + ACD + BCD$；$N = AB + BC + CD$。

2.5　逻辑函数表示方法及其相互转换

逻辑函数有真值表、逻辑表达式、卡诺图、逻辑图和波形图（时序图）五种表示方法。这五种表示方法在本质上是一致的，可以相互转换。

逻辑图，就是由逻辑符号所构成的图形，如图 2-23（a）所示。由逻辑图得到的输出与输入的逻辑关系为：$Y = AB + BC$。

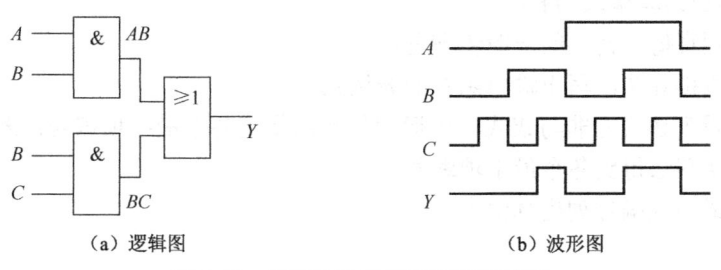

(a) 逻辑图　　　　　　　　　(b) 波形图

图 2-23　逻辑函数的逻辑图和波形图

波形图（时序图），就是由输入变量的所有可能取值组合的高、低电平及其对应的输出函数值的高、低电平所构成的图形，如图 2-23（b）所示。由波形图仍然可以得到 $Y = AB + BC$ 的输出与输入的逻辑关系。

2.5.1 逻辑函数表示方法之间的转换

1. 由真值表到逻辑图的转换

由真值表到逻辑图转换的一般步骤是：

（1）根据真值表写出函数的表达式，或者画出函数的卡诺图。

（2）代数法或卡诺图进行化简或门变换，求出符合函数要求的最简表达式。

（3）根据最简表达式画出逻辑图。

【例 19】根据表 2-12 所示的真值表，分别画出相应的逻辑图。要求：（1）用与门和或门实现；（2）用与非门实现。

【解答】：（1）根据真值表写出函数的表达式为：

$$Y = \overline{A}B\overline{C} + A\overline{B}\overline{C} + A\overline{B}C + ABC = \sum m(2,4,5,7)$$

（2）画出卡诺图如图 2-24 所示，化简得：

$$Y = \overline{A}B\overline{C} + A\overline{B} + AC \Rightarrow 用与门和或门实现$$

$$Y = \overline{A}B\overline{C} + A\overline{B} + AC = \overline{\overline{\overline{A}B\overline{C}} \cdot \overline{A\overline{B}} \cdot \overline{AC}} \Rightarrow 用与非门实现$$

表 2-12 【例 19】真值表

ABC	Y	ABC	Y
000	0	100	1
001	0	101	1
010	1	110	0
011	0	111	1

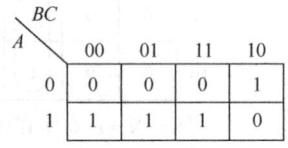

图 2-24 【例 19】卡诺图

A \ BC	00	01	11	10
0	0	0	0	1
1	1	1	1	0

（3）画出相应的逻辑图如图 2-25 所示。

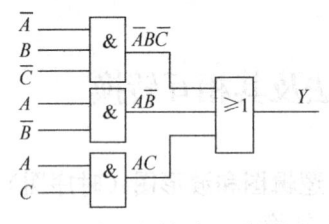

(a) 与门和或门实现逻辑图　　　　(b) 与非门实现逻辑图

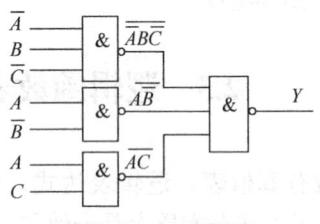

图 2-25 【例 19】逻辑图

2. 由逻辑图到真值表的转换

由逻辑图到真值表转换的一般步骤是：

（1）用逐级推导法，写出输出函数的表达式。

（2）若逻辑表达式为非与或式，可运用代数法得到各个最小项编号；若表达式为与或式，可运用卡诺图法得到各个最小项编号。

（3）根据最小项编号列出真值表。

【例20】逻辑图如图2-26（a）所示，试列出输出函数的真值表。
【解答】：（1）根据逻辑图写出函数的表达式为 $Y = A\bar{B} + B\bar{C}D + C + \bar{A}CD$。
（2）求函数的各个最小项编号。

方式一：运用代数法。

$$Y = A\bar{B}(C+\bar{C})(D+\bar{D}) + (A+\bar{A})B\bar{C}D + (A+\bar{A})(B+\bar{B})C(D+\bar{D}) + \bar{A}(B+\bar{B})CD$$
$$= \sum m(1,2,3,5,6,7,8,9,10,11,13,14,15)$$

方式二：运用卡诺图法将 Y 填入空白卡诺图中，得到最小项编号，如图2-26（b）。

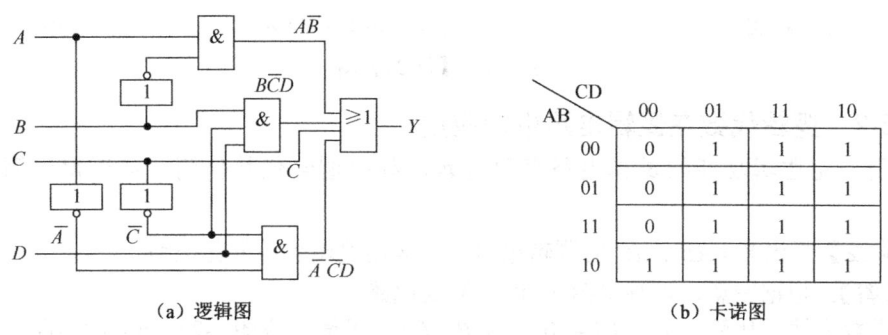

(a) 逻辑图

(b) 卡诺图

图2-26 【例20】图

（3）根据最小项编号列出 Y 的真值表，如表2-13所示。

表2-13 【例20】真值表

输入	输出	输入	输出
ABCD	Y	ABCD	Y
0000	0	1000	1
0001	1	1001	1
0010	1	1010	1
0011	1	1011	1
0100	0	1100	0
0101	1	1101	1
0110	1	1110	1
0111	1	1111	1

3. 由波形图到逻辑图的转换

由波形图到逻辑图转换的一般步骤是：

（1）根据输出函数值的高、低电平对应的输入变量的高、低电平关系写出输出标准与或表达式。

（2）根据要求，对输出标准与或表达式化简及门变换。

（3）根据最简表达式画出逻辑图。

【例21】波形图如图2-27（a）所示，试用与门和或门设计逻辑电路实现该逻辑功能。
【解答】：（1）将波形图在输出与输入有变化的时间点上做垂直虚线，并在相应位置标注1或0。由于采用正逻辑体系，故高电平为1，低电平为0，如图2-27（b）所示。由图(b)可知：当输入 ABC 为011、110、111 三种组合时，输出 Y=1；其他组合均为0。

（2）写出输出表达式并化简。

$$Y = \overline{A}BC + AB\overline{C} + ABC = AB + BC$$

(3) 画出逻辑图如图 2-27（c）所示。

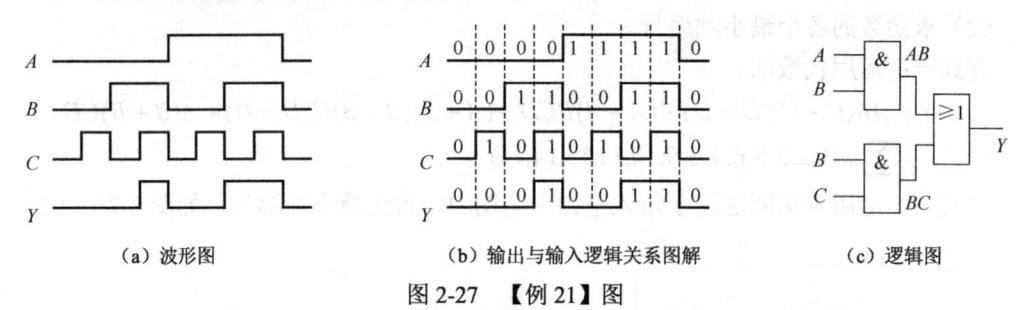

(a) 波形图　　　　　　　(b) 输出与输入逻辑关系图解　　　　　　(c) 逻辑图

图 2-27　【例 21】图

2.5.2　逻辑代数在逻辑电路中的应用

实现一定逻辑功能的逻辑电路有简有繁，利用逻辑代数化简，可以得到简单合理的电路。

【例 22】画出 $Y = AB + AC$ 的逻辑电路，并运用逻辑代数简化电路。

【解答】：根据题意，可画出图 2-28（a）的电路。

对函数表达式化简：$Y = AB + AC = A(B + C)$，可简化成图 2-28（b）的电路。

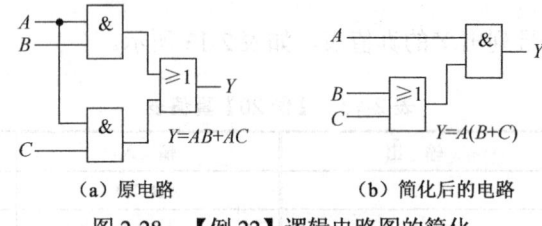

(a) 原电路　　　　　　　　　　　(b) 简化后的电路

图 2-28　【例 22】逻辑电路图的简化

【例 23】根据图 2-29 所示波形图，写出逻辑表达式 $Z = f(A, B, C)$，并将表达式化简成最简与或非式和最简或非-或非式。

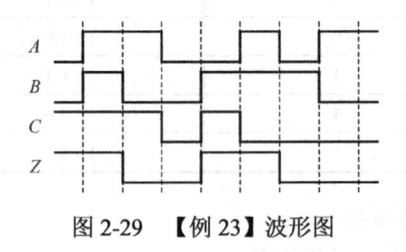

图 2-29　【例 23】波形图

【解答】：根据波形图列出如表 2-14 所示的真值表。

表 2-14　【例 23】真值表

ABC	Z	ABC	Z
000	0	100	0
001	1	101	0
010	0	110	1
011	1	111	1

利用卡诺图圈"1"化简得到：

$$Z = AB + \overline{A}C$$

利用卡诺图圈"0"化简得到：

$$Z = \overline{\overline{A \cdot C} + \overline{AB}} \quad \Rightarrow \quad 最简与或非式$$

$$= \overline{\overline{A+C} + \overline{\overline{A}+B}} \quad \Rightarrow \quad 最简或非-或非式$$

2.6 分立元件门电路

2.6.1 二极管与门

实现与逻辑关系的电路称为"与门"。其电路组成如图 2-30 所示，图中 A、B 为输入端，Y 为输出端。下面讨论在输入端加不同电平时，输出端电平的取值情况。

设 VD_1、VD_2 为硅管，正向导通压降为 0.7V。由于二极管的正极连接在一起，必然存在优先导通和钳位作用的影响。因此，当输入 U_A 与 U_B 有一个为 0.3V 低电平时，输出 U_Y 为低电平 1V；只有当输入 U_A 与 U_B 全为高电平 3V 时，输出 U_Y 才为高电平 3.7V，如表 2-15（a）所示。如果用"1"表示高电平，"0"表示低电平，可由转换得到逻辑真值表，如表 2-15（b）所示。由逻辑真值表可得到逻辑表达式为 $Y = AB$，可见，电路实现了与逻辑运算，逻辑符号如图 2-31 所示。

表 2-15 真值表

（a）电平真值表			（b）逻辑真值表	
输入		输出	输入	输出
U_A	U_B	U_Y	A B	Y
0.3V	0.3V	1V	0 0	0
0.3V	3V	1V	0 1	0
3V	0.3V	1V	1 0	0
3V	3V	3.7V	1 1	1

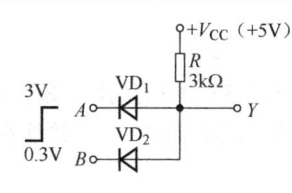

图 2-30 二极管与门

图 2-31 与门符号

与门的输入端可以有多个。图 2-32（a）为一个三输入与门电路的输入信号 A、B、C 和输出信号 Y 的波形图，逻辑表达式为 $Y = ABC$。

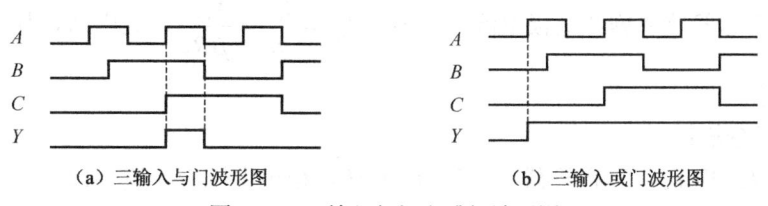

（a）三输入与门波形图

（b）三输入或门波形图

图 2-32 三输入与门和或门波形图

2.6.2 二极管或门

实现或逻辑关系的电路称为"或门"。其电路组成如图 2-33 所示,图中 A、B 为输入端,Y 为输出端。

设 VD_1、VD_2 为硅管,正向导通压降为 0.7V。由于二极管的负极连接在一起,正极电位高的二极管必然优先导通。因此,当输入 U_A 与 U_B 中只要有一个为 5V 高电平时,输出 U_Y 为高电平 4.3V;只有当输入 U_A 与 U_B 全为低电平 0.3V 时,输出 U_Y 才为低电平 0V,如表 2-16(a)所示。由转换得到逻辑真值表,如表 2-16(b)所示。由逻辑真值表可得到逻辑表达式为 $Y = A + B$,可见,电路实现了或逻辑运算,逻辑符号如图 2-34 所示。

或门的输入端也可以有多个。图 2-32(b)为一个三输入或门电路的输入信号 A、B、C 和输出信号 Y 的波形图,逻辑表达式为 $Y = A + B + C$。

表 2-16 真值表

(a)电平真值表			(b)逻辑真值表		
输入		输出	输入		输出
U_A	U_B	U_Y	A	B	Y
0.3V	0.3V	0V	0	0	0
0.3V	5V	4.3V	0	1	1
5V	0.3V	4.3V	1	0	1
5V	5V	4.3V	1	1	1

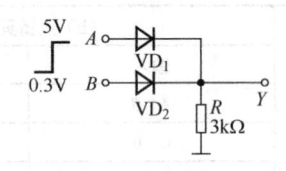

图 2-33 二极管或门

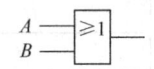

图 2-34 或门符号

2.6.3 非门

实现非逻辑关系的电路称为"非门"。

1. 三极管非门

三极管非门本质上就是反相器,电路组成如图 2-35(a)所示,图中 A 为输入端,Y 为输出端。在输入信号的作用下,工作于截止与饱和两个状态之中,并能在两个状态间快速切换。

其截止条件为 $$u_{BE} \leq U_T$$

式中,U_T 为三极管死区电压,也称门限电压或阈值电压。

其饱和条件为 $$I_B \geq I_{BS}$$

式中,I_{BS} 为三极管临界饱和基极电流,数值上 $I_{BS} = \dfrac{I_{CS}}{\beta} = \dfrac{V_{CC}}{\beta R_C}$,其中 I_{CS} 为三极管临界饱和集电极电流。

工作原理分析:

(1)当 U_A=0V 时,三极管截止,I_B=0,I_C=0,输出电压 U_Y=V_{CC}=12V。

(2)当 U_A=3V 时,三极管导通,其基极电流为

$$I_B = \frac{U_A - U_{BE}}{R_b} = \frac{3 - 0.7}{10} = 0.23\text{mA}$$

而三极管临界饱和时的基极电流为

$$I_{BS} = \frac{I_{CS}}{\beta} = \frac{V_{CC}}{\beta R_C} = \frac{12}{120} = 0.1\text{mA}$$

$I_B > I_{BS}$，故三极管工作在饱和状态，输出电压 $U_Y = U_{CES} = 0.3\text{V}$。

可见，信号不仅反相，而且还被放大了。电路实现的是非逻辑运算，逻辑表达式为 $Y = \overline{A}$，逻辑符号如图 2-36 所示。

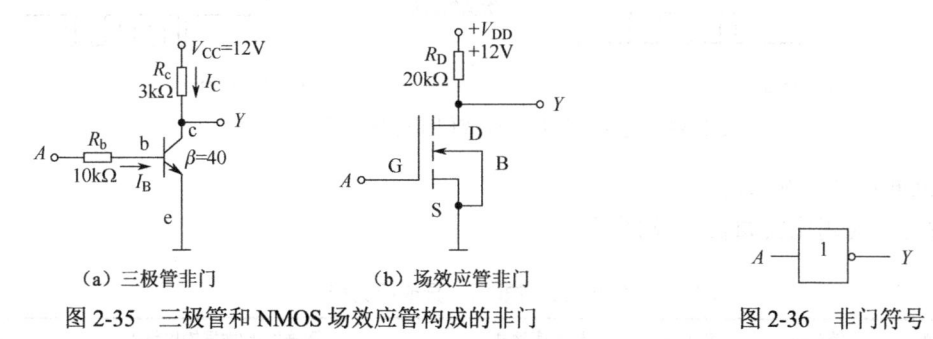

（a）三极管非门　　　（b）场效应管非门

图 2-35　三极管和 NMOS 场效应管构成的非门　　　图 2-36　非门符号

2. NMOS 场效应管非门

NMOS 场效应管非门本质上也是反相器，电路组成如图 2-35（b）所示，图中 A 为输入端，Y 为输出端。

工作原理分析：

（1）当 $U_A = 0\text{V}$ 时，由于 $U_{GS} = U_A = 0\text{V}$，小于开启电压 U_T，所以 MOS 管截止。输出电压为 $U_Y = V_{DD} = 12\text{V}$。

（2）当 $U_A = 5\text{V}$ 时，由于 $U_{GS} = U_A = 5\text{V}$，大于开启电压 U_T，所以 MOS 管导通，且工作在可变电阻区，导通电阻很小，只有几百欧姆。输出电压为 $U_Y \approx 0\text{V}$。

可见，电路实现的是非逻辑运算，逻辑表达式为 $Y = \overline{A}$，逻辑符号如图 2-36 所示。

2.6.4　电控门原理及其应用实例

1. 电控门原理

门电路不仅可以实现各种逻辑运算，还能根据需要构成各种电子开关。如果将门的其中一个输入端作为数据输入端，门的输出端作为数据输出端，其他输入端就可以作为开关的控制端。这种无触点的电子开关不仅可以控制数据通道的接通与分断，还可以控制数据是原码还是反码输出。由于这类开关是受电平控制且由各类门电路构成的，故此称为电控门。与门、或门、与非门、或非门、异或门等均可作电控门。电控门广泛应用于数字频率计、数字电压表等各类电子电路中。

2. 电控门应用实例

电控与门应用电路如图 2-37（a）所示。A 为控制端，B 为数据输入端，Y 为数据输出端，且 $Y = AB$。工作原理分析：

当 $A = 0$ 时，无论输入端 B 为何值，输出端 Y 恒为 0。此时电控制门处于关闭状态。

当 $A = 1$ 时，$Y = B$，输出端 Y 与输入端 B 一致，此时电控制门处于开通状态，且为原码输出。

电控或门应用电路如图 2-37（b）所示，A 为控制端，B 为数据输入端，Y 为数据输出端，且 $Y=A+B$。工作原理如下：

当 $A=1$ 时，无论输入端 B 为何值，输出端 Y 恒为 1，此时电控制门处于关闭状态。

当 $A=0$ 时，$Y=B$，输出端 Y 与输入端 B 一致，此时电控制门处于开通状态，且为原码输出。

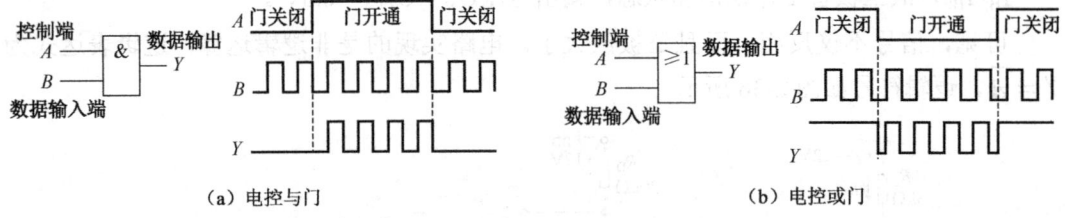

图 2-37 电控与门和电控或门工作原理图

3. 其他电控门应用比较

其他电控门应用比较如表 2-17 所示。

表 2-17 与非门、或非门、异或门比较

电控门类型	控制端	输入端	输出表达式	数据输入/数据输出特点
与非门	A	B	$Y = \overline{AB}$	$A=0$，$Y=1$，门关闭
				$A=1$，$Y=\overline{B}$，门开通，输出反码
或非门	A	B	$Y = \overline{A+B}$	$A=0$，$Y=\overline{B}$，门开通，输出反码
				$A=1$，$Y=0$，门关闭
异或门	A	B	$Y = A \oplus B$	$A=0$，$Y=B$，门开通，输出原码
				$A=1$，$Y=\overline{B}$，门开通，输出反码

2.7 TTL 集成门电路

集成电路（IC）是指将电阻、电容、晶体管以及连接导线集中制作在一块很小的半导体硅片上并加以封装而成，具有一定功能的电路。数字集成电路按所用晶体管的导电类型的不同，分为双极型（TTL 型）和单极型（MOS 型）两类。

TTL 广泛应用于中小规模电路中，是集成晶体管-晶体管逻辑门电路的简称。TTL 逻辑集成电路的主要产品系列如表 2-18 所示，主要有 54、74 两大系列，其中，54 系列为军用产品，74 系列为商用（民用）产品。54 系列允许电源电压波动范围大，工作温度范围宽，一般为-55℃～125℃，而 74 系列工作温度为 0℃～70℃。它们的储存温度都为-65℃～150℃。各系列根据性能又分为八个子系列：××（普通型）、L××（低功耗型）、S××（肖特基型）、LS××（低功耗肖特基型）、ALS××（先进低功耗肖特基型）、AS××（先进肖特基型）、F×× 及 H××（高速型）。其中 LS 系列的市场占有率最高。需特别强调一点，不同子系列的同一代号电路，性能参数虽有差异，但其功能和引脚排列是相同的。

TTL 集成门电路具有结构简单、工作速度快、可靠性高的优点，但也存在功耗较大的不足，故不适宜做成大规模集成电路。TTL 集成门电路有与非门、与门、或门、或非门、OC 门、三态门等多种类型。

表 2-18 TTL 数字集成电路系列产品

系列	子系列	名 称	国际型号	部标型号
TTL	TTL	基本型中速 TTL	CT54/74	CT1000
	HTTL	高速 TTL	CT54/74H	CT2000
	STTL	超高速 TTL	CT54/74S	CT3000
	LSTTL	低功耗 TTL	CT54/74LS	CT4000
	ALSTTL	先进低功耗 TTL	CT54/74ALS	

2.7.1 TTL 与非门

1. 电路结构与逻辑功能分析

（1）电路结构。

典型 TTL 与非门电路如图 2-38 所示，电路由三级组成：多发射极三极管 VT_1 和电阻 R_1 构成输入级；VT_2 和 R_2、R_3 构成中间级；VT_3、VT_4、VT_5、R_4、R_5 构成输出级。输入端等效电路如 2-39 所示，VD_1、VD_2 是一个与门结构，VD_3 是 VT_1 集电结等效二极管，起电平转移作用。

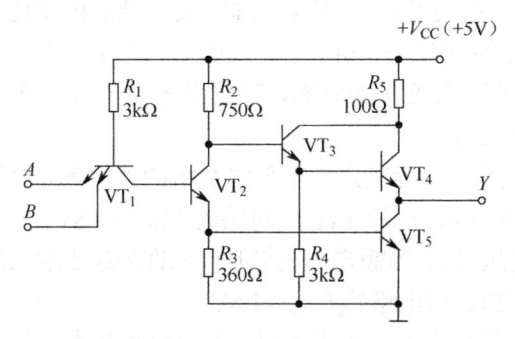

图 2-38 TTL 与非门电路

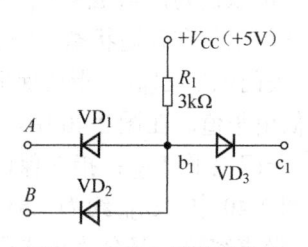

图 2-39 输入端等效电路

（2）逻辑功能分析。

设输入高电平为 3.6V，低电平为 0.3V，分析输出 Y 与输入 A、B 的逻辑关系。

当输入信号不全为 1 时，比如 $V_A=0.3V$，$V_B=3.6V$，则 $V_{b1}=0.3+0.7=1V$，VT_2、VT_5 截止，VT_3、VT_4 导通，忽略 R_2 上的电压降，则输出端的电位为：$V_Y≈5-0.7-0.7=3.6V$，输出 Y 为高电平。

当输入信号全为 1 时，比如 $V_A=V_B=3.6V$，则 $V_{b1}=2.1V$，VT_2、VT_5 导通，VT_3、VT_4 截止，输出端的电位为：$V_Y=U_{CES}=0.3V$，输出 Y 为低电平。

综上所述，当输入 A、B 中有一个低电平时，输出 Y 为高电平；只有输入全为高电平时输出 Y 才为低电平。可得输出与输入的逻辑关系为

$$Y = \overline{AB}$$

2. TTL 与非门的电压传输特性与性能参数

（1）电压传输特性。

TTL 与非门电压传输特性是指输出电压 u_o 随输入电压 u_i 变化的关系曲线，如图 2-40 所示。

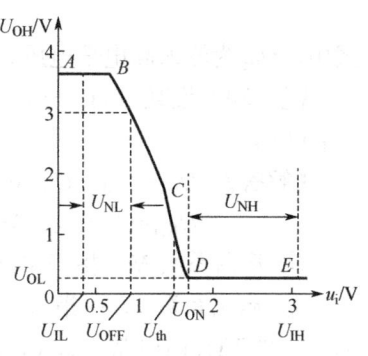

图 2-40 TTL 与非门电压传输特性

由图 2-40 可见，TTL 与非门电压传输特性可分为 AB，BC、CD、DE 四段，各段特性如表 2-19 所示。

表 2-19 TTL 与非门工作区域及电压特性

工作区域	输入电压值	输出电压值或特点
AB 段（截止区）	$0V \leq u_i < 0.6V$	与非门关断，$u_o = U_{OH}$（约为 3.6V）
BC 段（线性区）	$0.6V \leq u_i < 1.3V$	u_o 随 u_i 的增加而线性减小
CD 段（转折区）	$1.3V \leq u_i < 1.4V$	u_o 随 u_i 的增加迅速降为低电平 U_L
DE 段（饱和区）	$u_i \geq 1.4V$	与非门开通，$u_o = U_L$（约为 0.3V）

（2）主要性能参数。

① 输出高电平 U_{OH}：指 TTL 与非门的一个或几个输入为低电平时输出的高电平值。从电压传输特性曲线上看，U_{OH} 就是 AB 段所对应的输出电压，约为 3.6V。

② 输出低电平 U_{OL}：指 TTL 与非门的输入全为高电平时输出的低电平值。从电压传输特性曲线上看，U_{OL} 就是 DE 段所对应的输出电压，约为 0.3V。

③ 阈值电压 U_{th}（又称门限电平）：在转折区内，TTL 与非门处于急剧的变化之中，通常将转折区内的中点对应的输入电压称为 TTL 与非门的阈值电压，约为 1.4V。在近似分析中，可以认为：当 $u_i < U_{th}$ 时，与非门工作在关断状态，输出高电平 U_{OH}；当 $u_i > U_{th}$ 时，与非门工作在开通状态，输出低电平 U_{OL}。

④ 关门电平 U_{OFF}：指在保证输出电压 U_{OH} 为额定高电平的 90% 的条件下，允许的最大输入低电平值。在图 2-40 中，U_{OFF} 约为 1V，一般 TTL 门电路的 $U_{OFF} \approx 0.8V$。

⑤ 开门电平 U_{ON}：指在保证输出电压 U_{OL} 为额定低电平时，允许的最小输入高电平值。在图 2-40 中，U_{ON} 约为 1.8V，一般 TTL 门电路的 $U_{ON} \approx 1.8V$。

⑥ 噪声容限：又分为低电平噪声容限和高电平噪声容限。噪声容限越大，门电路的抗干扰能力就越强。

低电平噪声容限 U_{NL}：指在保证输出高电平电压不低于额定值 90% 的条件下所允许叠加在输入低电平上的最大噪声（或干扰）电压。由图 2-40 可知：

$$U_{NL} = U_{OFF} - U_{IL}$$

式中，U_{IL} 为输入低电平电压。

高电平噪声容限 U_{NH}：指在保证输出低电平电压条件下所允许叠加在输入高电平上的最大噪声（或干扰）电压。由图 2-40 可知：

$$U_{NH} = U_{IH} - U_{ON}$$

式中，U_{IH} 为输入高电平电压。

【例 24】设某 TTL 与非门的数据为 $U_{IH} = 3V$，$U_{IL} = 0.3V$，$U_{OFF} = 0.8V$，$U_{ON} = 1.8V$，求 U_{NL} 和 U_{NH}。

【解答】：$U_{NL} = U_{OFF} - U_{IL} = 0.8 - 0.3 = 0.5V$（简记方式：最低二数值之差）
$U_{NH} = U_{IH} - U_{ON} = 3 - 1.8 = 1.2V$（简记方式：最高二数值之差）

⑦ 扇入系数 N_I：指门电路输入端的个数，TTL 门电路扇入系数一般为 2、3、4。

⑧ 扇出系数 N_O：指一个门电路能带同类门的最大数目，它表示门电路的带负载能力。一般 TTL 门电路 $N_O \geq 8$，功率驱动门的 N_O 可达 25。

⑨ 开门电阻 R_{ON}：指 TTL 与非门开通时输入端对地外接电阻 R_i 的最低阻值。**通常，**

R_{ON} 的典型数值为 2kΩ。

⑩ 关门电阻 R_{OFF}：指 TTL 与非门关闭时输入端对地外接电阻 R_i 的最高阻值。**通常，R_{OFF} 的典型数值为 700Ω。**

通常认为，$R_i<R_{OFF}$，门关闭，输出高电平；$R_i>R_{ON}$，门开通，输出低电平。所以，TTL 与非门不用的输入端悬空，相当于接高电平。

3. TTL 与非门集成电路简介

常用的 TTL 与非门集成电路有 74LS00 和 74LS20 等芯片，采用双列直插式封装。其中：74LS00 内含 4 个 2 输入与非门（四—二输入与非门），其引脚功能排列图如图 2-41（a）所示；74LS20 内含 2 个 4 输入与非门（二—四输入与非门），其引脚功能排列图如图 2-41（b）所示。

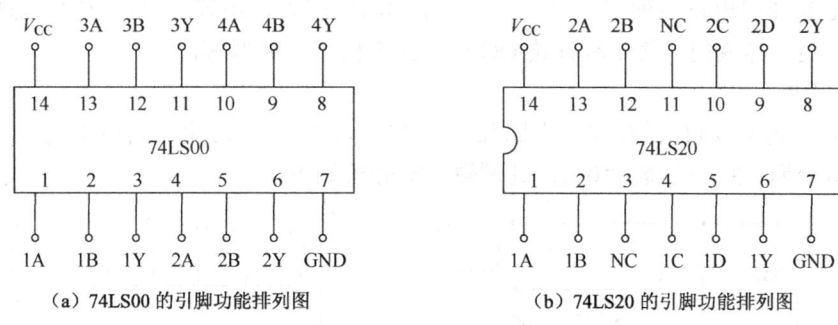

(a) 74LS00 的引脚功能排列图　　(b) 74LS20 的引脚功能排列图

图 2-41　74LS00、74LS20 引脚功能排列图

4. TTL 与非门构成其他功能门实例

利用 TTL 与非门，可以构成其他功能的逻辑门电路，如图 2-42 所示。

(a) 构成非门　　(b) 构成与门　　(c) 构成或门　　(d) 构成与或非门

图 2-42　TTL 与非门构成其他功能门

5. 使用 TTL 与非门应注意的问题

（1）输入端接高电平。

在如图 2-43 所示的五种情况下，其逻辑功能是等效的，都相当于接高电平：输入端接 V_{CC}；接 2V 或 1.8V；开路；接 3.6V；接输入电阻 $R_i \geq 2kΩ$。

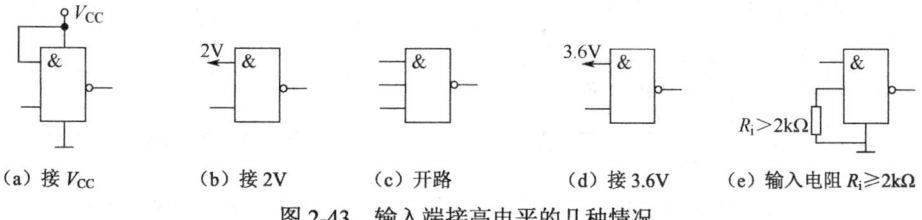

(a) 接 V_{CC}　　(b) 接 2V　　(c) 开路　　(d) 接 3.6V　　(e) 输入电阻 $R_i \geq 2kΩ$

图 2-43　输入端接高电平的几种情况

（2）输入端接低电平。

在如图2-44所示的四种情况下，其逻辑功能是等效的，都相当于接低电平：输入端接地；接0.3V；接<0.8V；接输入电阻 $R_i<700\Omega$。

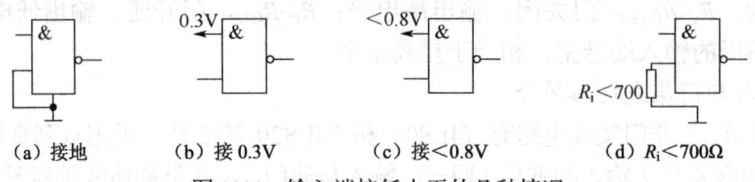

(a) 接地　　(b) 接0.3V　　(c) 接<0.8V　　(d) $R_i<700\Omega$

图2-44　输入端接低电平的几种情况

2.7.2　TTL门电路的其他类型

在TTL集成门电路系列产品中，除了常用的与非门外，还有与门、或门、非门、或非门、与或非门、异或门、集电极开路OC门、三态门、扩展器等。

1. 非门电路

TTL非门也称TTL反相器，电路如图2-45（a）所示。设输入高电平为3.6V（逻辑"1"），低电平为0.3V（逻辑"0"），其逻辑功能分析如下：

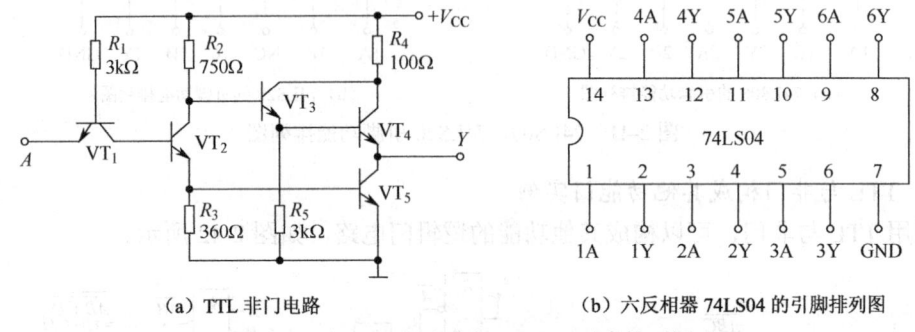

(a) TTL非门电路　　(b) 六反相器74LS04的引脚排列图

图2-45　TTL非门电路与74LS04引脚排列图

当 $A=0$ 时，VT_2、VT_5 截止，VT_3、VT_4 导通，$Y=1$；当 $A=1$ 时，VT_2、VT_5 导通，VT_3、VT_4 截止，$Y=0$。综上所述，可得逻辑功能表达式为：$Y=\overline{A}$。

常用的TTL非门集成电路有74LS04（六反相器），其引脚排列图如图2-45（b）所示。

2. 或非门电路

TTL或非门电路如图2-46（a）所示，其逻辑功能分析如下：

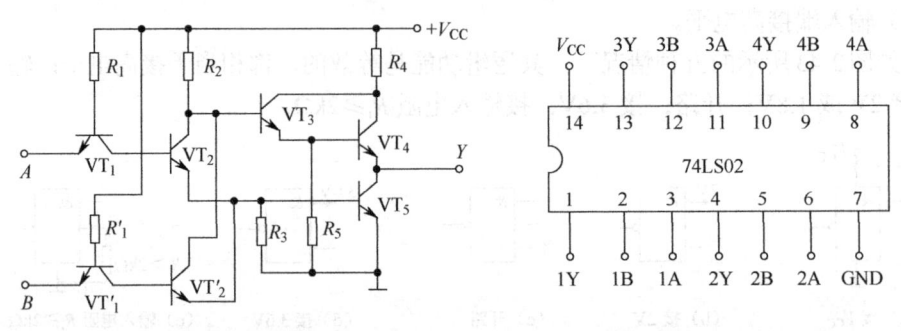

(a) TTL或非门电路　　(b) 74LS02的引脚排列图

图2-46　TTL或非门电路和74LS02引脚排列图

A、B 中只要任有一个为 1，即高电平，如 $A=1$，则 I_{B1} 就会经过 VT_1 集电结流入 VT_2 基极，使 VT_2、VT_5 饱和导通，输出为低电平，即 $Y=0$；当 $A=B=0$ 时，I_{B1}、I'_{B1} 均分别流入 VT_1、VT'_1 发射极，使 VT_2、VT'_2、VT_5 均截止，VT_3、VT_4 导通，输出为高电平，即 $Y=1$。

综上所述，可得逻辑功能表达式为：$Y = \overline{A+B}$。

常用的 TTL 或非门集成电路有 74LS02（四-二输入或非门），其引脚排列图如图 2-46（b）所示。

3. 与或非门电路

TTL 与或非门电路如图 2-47（a）所示。其逻辑功能分析如下：

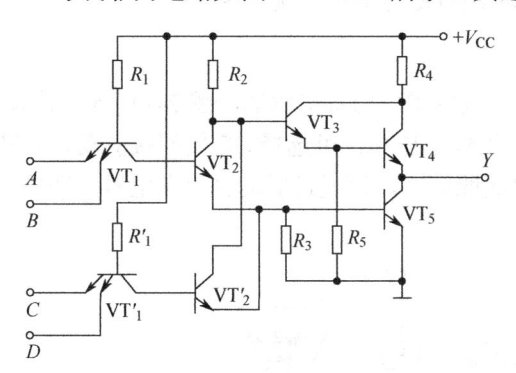

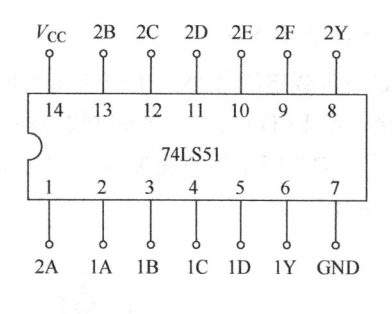

(a) TTL 与或非门电路　　　　(b) 74LS51 的引脚排列图

图 2-47　TTL 与或非门电路和 74LS51 引脚排列图

当 A 和 B 都为高电平（VT_2 导通）或 C 和 D 都为高电平（VT'_2 导通）时，VT_5 饱和导通、VT_4 截止，输出 $Y=0$；当 A 和 B 不全为高电平，并且 C 和 D 也不全为高电平（VT_2 和 VT'_2 同时截止）时，VT_5 截止、VT_4 饱和导通，输出 $Y=1$。

综上所述，可得逻辑功能表达式为：$Y = \overline{AB+CD}$。

常用的 TTL 与或非门集成电路有 74LS51（二-二-二输入与或非门），其引脚排列图如图 2-47（b）所示。

4. OC 门

将两个或两个以上门电路的输出端直接相连，实现逻辑"与"的关系称为线与。**OC 门是集电极开路门的简称，是专门为解决一般 TTL 门电路不能线与的问题而设计的**。OC 门除了与非门之外，还有反相器、或非门、与门、或门等。

OC 与非门电路如图 2-48（a）所示。由于 VT_3 集电极开路，**使用时必须在输出端与电源之间串接上拉电阻 R_L。只有选择的 R_L 阻值合适，输出端才能实现线与**。其逻辑功能分析如下：

接入外接电阻 R_L 后：当 A、B 不全为 1 时，$V_{b1}=1V$，VT_2、VT_3 截止，$Y=1$；当 A、B 全为 1 时，$V_{b1}=2.1V$，VT_2、VT_3 饱和导通，$Y=0$。综上所述，可得逻辑功能表达式为：$Y = \overline{AB}$。

图 2-48（b）所示为两个 OC 与非门输出端直接相连以实现线与功能。当任一 OC 与非门输出低电平时，输出 Y 为低电平，只有两个 OC 与非门输出都是高电平时，输出 Y 才为高电平，即

$$Y = Y_1 \cdot Y_2 = \overline{AB} \cdot \overline{CD} \quad \Rightarrow \quad 实现线与功能$$

$$Y = \overline{\overline{AB} \cdot \overline{CD}} = \overline{AB + CD} \quad \Rightarrow \quad 实现与或非的功能$$

(a) OC 与非门电路

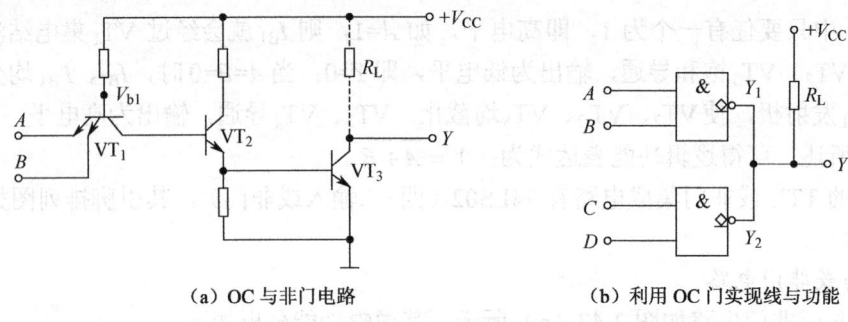

(b) 利用 OC 门实现线与功能

图 2-48　OC 与非门电路和 OC 与非门线与原理图

OC 门应用实例：

如果负载电流较小，工作电压较低，可选择 OC 门直接驱动，图 2-49（a）所示为 OC 门直接驱动 LED 电路；如果负载电流大，工作电压高，可选择 OC 门间接驱动，如图 2-49（b）所示，OC 门不能直接驱动高电压大电流照明灯，可通过驱动直流继电器，间接实现对照明灯的控制。

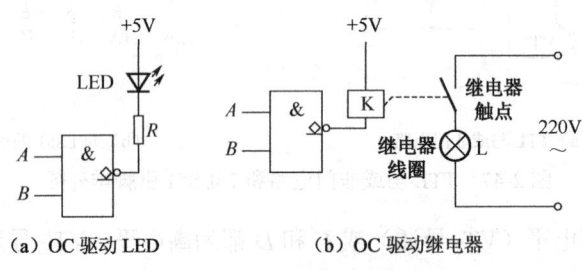

(a) OC 驱动 LED

(b) OC 驱动继电器

图 2-49　OC 与非门典型应用电路

5. 三态门

三态门又称 TS 门或 3S 门。前述各类门电路均只有 0 和 1 两种状态，均为低阻输出。三态门除了 0 和 1 两种状态外，还有第三种状态即高阻态，在此状态下，输出端相当于开路。

三态输出非门电路结构如图 2-50（a）所示。电路增加了一个控制端（也称使能端）EN，其逻辑功能分析如下：

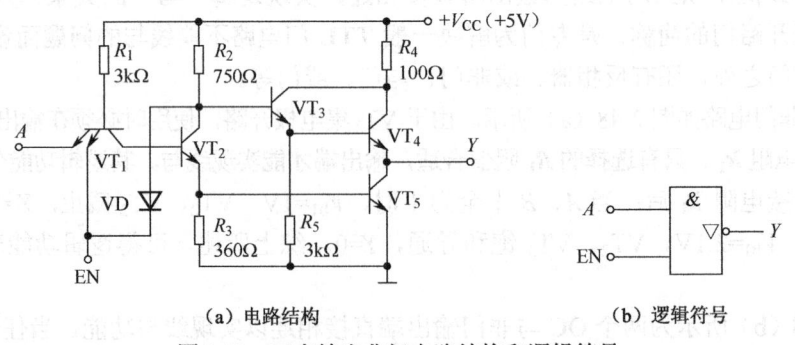

(a) 电路结构

(b) 逻辑符号

图 2-50　三态输出非门电路结构和逻辑符号

（1）当 EN=0 时，二极管 VD 导通，VT_1 基极和 VT_2 基极均被钳制在低电平，因而 $VT_2 \sim VT_5$ 均截止，输出端开路，电路处于高阻状态。

（2）当 EN=1 时，二极管 VD 截止，此时三态门的输出状态完全取决于输入信号 A 的状态，电路输出与输入的逻辑关系和一般反相器相同。即：当 $Y=\overline{A}$、$A=0$ 时，$Y=1$，为高电平；当 $A=1$ 时，$Y=0$，为低电平。

综上所述，可得逻辑功能表达式为：$Y=\overline{A}$。电路的输出有高阻态、高电平和低电平三种状态。由于当 EN=0 时输出为高阻态，而当 EN=1 时实现非的功能，因此称之为高电平有效的三态输出非门。图 2-50（b）所示是其逻辑符号。

三态输出门除了非门之外，还有与非门、或非门、与门等。图 2-51 所示为三态输出与非门逻辑符号，其使用说明如下：

如图 2-51（a）所示为 EN 端高电平有效，即当 EN=1 时，$Y=\overline{AB}$；当 EN=0 时，输出高阻态。

如图 2-51（b）所示为 $\overline{EN}$ 端低电平有效，即当 $\overline{EN}=0$ 时，$Y=\overline{AB}$；当 $\overline{EN}=1$ 时，输出高阻态。由于使能端低电平有效，所以在逻辑符号使能端上加小圆圈表示，控制信号 EN 上加"—"表示。

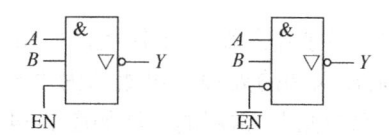

（a）控制端高电平有效　（b）控制端低电平有效

图 2-51　三态输出与非门逻辑符号

三态门应用实例：

三态门的典型应用有多路数据选择开关控制、双向数据传输控制、数据总线控制等。应用实例电路如图 2-52 所示。

（1）实现多路数据选择开关控制。如图 2-52（a）所示，工作原理分析：

当 $\overline{EN}=0$ 时，G_1 工作，G_2 禁止，$Y=\overline{A}$；$\overline{EN}=1$ 时，G_2 工作，G_1 禁止，$Y=\overline{B}$。

（2）实现双向数据传输控制。如图 2-52（b）所示，工作原理分析：

当 $\overline{EN}=0$ 时，信号向右传送，$B=A$；$\overline{EN}=1$ 时，信号向左传送，$A=\overline{B}$。

（3）实现数据总线控制。如图 2-52（c）所示，工作原理分析：

让各门的控制端轮流处于低电平，即任何时刻只让一个 TS 门处于工作状态，而其余 TS 门均处于高阻状态，这样总线就会轮流接收各 TS 门传送的数据。

（a）多路数据选择开关　（b）双向数据传输　（c）单向数据总线控制

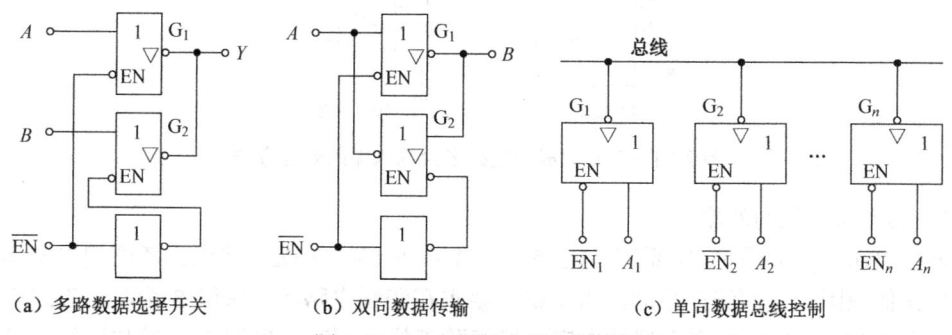

图 2-52　三态门的典型应用实例

6. 肖特基 TTL 门电路

肖特基 TTL 门电路是围绕着提高工作速度和降低功耗两个方面进行不断改进的。由于三极管在进行状态转换时存在转换时间，尤其是由饱和转向截止。由于饱和程度越深，所需的转换时间越长，所以要提高工作速度就不能使三极管饱和过深。肖特基TTL门电路采用了肖特基三极管（抗饱和三极管），如图 2-53 所示，它在普通三极管的集电结并接了肖特基二极管，肖特基二极管导通电压为 0.4～0.5V，开关速度比普通二极管快了一万倍。在完全不影响三极管截止的情况下，利用肖特基二极管的钳位，限制了三极管的饱和深度（U_{CES} 仅为 0.4～0.5V），减少了转换时间，提高了开关速度。

图 2-53　肖特基三极管

2.7.3　TTL 集成门电路的使用注意事项

1. 多余输入端的处理

使用 TTL 集成门电路时，多余输入端一般不悬空，为的是防止干扰信号从悬空端窜入，引起错误运算。对于多余输入端的处理，可概括为"与门、与非门，多余输入端接高；或门、或非门，多余输入端接低"。常用的方法如图 2-54 所示。

（1）与门、与非门多余输入端可直接接电源+V_{CC}，或通过 1～2kΩ 电阻接电源+V_{CC}，如图 2-54（a）、（b）所示。

（2）在前级驱动能力的许可时，可将多余输入端并联使用，如图 2-54（c）所示。

（3）在外界干扰很小时，与门、与非门多余输入端可以悬空，如图 2-54（d）所示。

（4）或门、或非门，多余输入端应接地，如图 2-54（e）所示。当然也可以将多余输入端并接或通过小电阻接地（$R<700Ω$）。

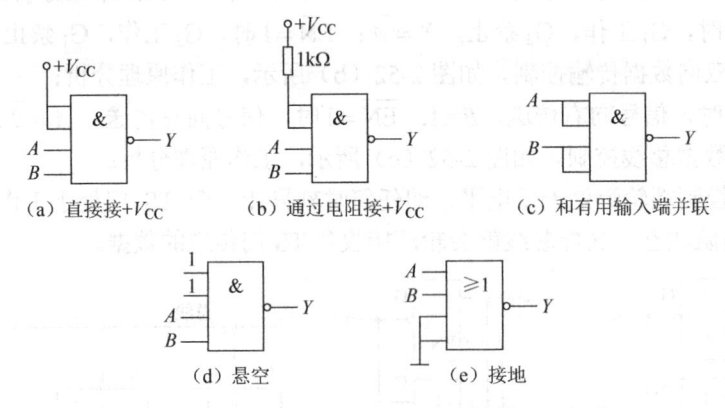

（a）直接接+V_{CC}　　（b）通过电阻接+V_{CC}　　（c）和有用输入端并联

（d）悬空　　（e）接地

图 2-54　TTL 集成门电路多余输入端的处理方法

2. 电源及干扰的滤除

电源电压 V_{CC} 应满足 74 系列 5V±5%、54 系列 5V±10% 的要求。考虑到电源通断电瞬间和其他原因对电源线产生的冲击干扰，要求在印制电路板上每隔 5 块左右集成电路，加接一个 0.01～0.1μF 的高频滤波电容，以滤除干扰。同时，电源 V_{CC} 线与地线一定不能颠倒，否则会引起大电流，造成集成电路损坏。

2.7.4　TTL 集成门电路解题实例

【例 25】如图 2-55 所示为用 TTL 反相器 74LS04 来驱动发光二极管的电路，设

74LS04 输出高电平 U_{OH}=3.6V、输出低电平 U_{OL}=0.5V，试求：(1) 各接法电路流过 LED 中的电流；(2) 说明哪些电路图的接法是正确的。（设 LED 的正向压降为 1.7V，电流大于 1mA 时发光。）

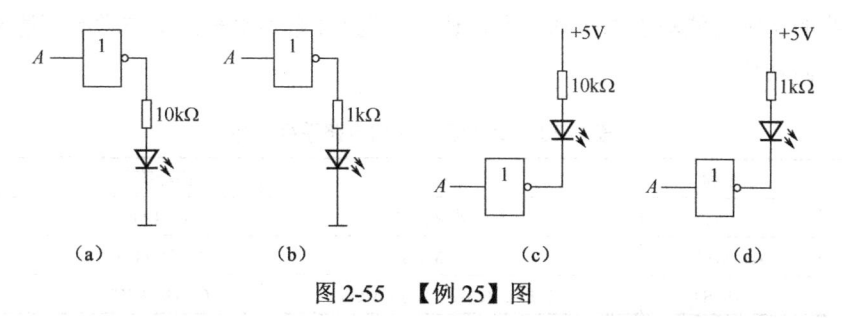

图 2-55 【例 25】图

【解答】：(1) 根据电路结构可知：图 2-55（a）、图 2-55（b）所示电路由高电平输出来驱动 LED 发光；图 2-55（c）、图 2-55（d）所示电路由低电平输出来驱动 LED 发光。流过各 LED 中的电流为：

图 2-55（a）：$I_a = \dfrac{3.6-1.7}{10} = 0.19\text{mA} < 1\text{mA}$；

图 2-55（b）：$I_b = \dfrac{3.6-1.7}{1} = 1.9\text{mA} > 1\text{mA}$；

图 2-55（c）：$I_c = \dfrac{5-1.7-0.5}{10} = 0.28\text{mA} < 1\text{mA}$；

图 2-55（d）：$I_d = \dfrac{5-1.7-0.5}{1} = 2.8\text{mA} > 1\text{mA}$。

(2) 由计算结果可以看出，图 2-55（b）、图 2-55（d）的接法是正确的，其他两种接法的工作电流不满足要求。

2.8 CMOS 集成门电路

单极型 MOS 数字集成电路是数字集成电路的重要组成部分。因它具有功耗低、抗干扰性能强、制造工艺简单、容易实现大规模集成等优点，在大规模集成电路中得到了广泛应用。其不足之处是工作速度不及 TTL，因而在高速系统场合使用受限。

MOS 集成电路按照所用管子的不同，分为三种类型：

(1) PMOS 门电路。它是由 PMOS 管构成的集成电路。它的制造工艺简单，工作速度低。

(2) NMOS 门电路。它是由 NMOS 管构成的集成电路。它的制造工艺相对复杂，工作速度也比 PMOS 管更胜一筹。

(3) CMOS 门电路。它是由 PMOS 管和 NMOS 管构成的互补 MOS 集成电路。它的制造工艺复杂，工作速度较快，抗干扰性能强，功耗低，适用电源电压范围宽，是目前应用最为广泛的集成电路。本节将着重介绍 CMOS 集成门电路。

CMOS 集成门电路的主要产品系列如表 2-20 所示。CC4000 系列具有微功耗、高抗干扰性、适用电源电压范围宽（3～18V）等优点，但速度低于 TTL，只能用于 5 MHz 以下的低速系统。其余子系列均为高速 CMOS 集成门电路：CT54/74HC 系列；CT54/74HCT 系列。HC 系列的电源电压 2~6V，电平与 4000 系列兼容；HCT 系列的电平与 TTL 兼容，电源电压 4.5~5.5V，可与 54/74LS 系列互换使用。高速 CMOS 集成门电路与同一代号 TTL 集成门电路的逻辑功能与引脚排列一致，速度达到 LS 系列水平，工作频率可达 50 MHz，静态功耗为微功耗。

表 2-20 CMOS 集成门电路系列产品

系列	子系列	名称	国标符号	部标符号
MOS	CMOS	互补场效晶体管型	CC4000	C00
	HCMOS	高速 CMOS	CT54/74HC	
	HCMOST	与 TTL 兼容的高速 CMOS	CT54/74HCT	

2.8.1 CMOS 集成门电路的种类与工作原理

1. CMOS 反相器

CMOS 反相器电路结构如图 2-56（a）所示，它由 NMOS 管 T_N 和 PMOS 管 T_P 串接组成。其逻辑功能分析如下：

当 U_A=0V 时，等效电路如图 2-56（b）所示，此时 T_N 截止，T_P 导通，输出电压 $U_Y=V_{DD}$=10V；当 U_A=10V 时，等效电路如图 2-56（c）所示，此时 T_N 导通，T_P 截止，输出电压 U_Y=0V。

综上所述，可得逻辑功能表达式为：$Y = \overline{A}$。

（a）CMOS 反相器电路　　　（b）T_N 截止、T_P 导通　　　（c）T_N 导通、T_P 截止

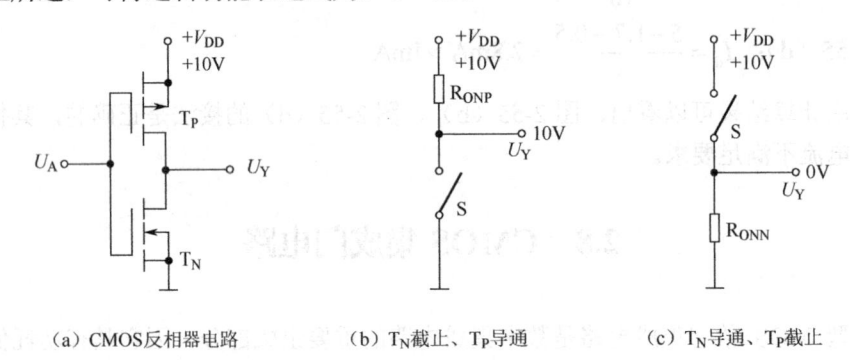

图 2-56 CMOS 反相器电路结构和工作原理示意图

2. CMOS 与非门

CMOS 与非门电路如图 2-57 所示。其逻辑功能分析如下：

当输入 A、B 中有一个或全为低电平时，T_{N1}、T_{N2} 中有一个或全部截止，T_{P1}、T_{P2} 中有一个或全部导通，输出 Y 为高电平；只有当输入 A、B 全为高电平时，T_{N1} 和 T_{N2} 才会都导通，T_{P1} 和 T_{P2} 才会都截止，输出 Y 才会为低电平。

综上所述，可得逻辑功能表达式为：$Y = \overline{AB}$。

3. CMOS 或非门

CMOS 或非门电路如图 2-58 所示。其逻辑功能分析如下：

当输入 A、B 中有一个或全为高电平，T_{P1}、T_{P2} 中有一个或全部截止，T_{N1}、T_{N2} 中有一个或全部导通，输出 Y 为低电平；只有当输入 A、B 全为低电平时，T_{P1} 和 T_{P2} 才会都导

通，TN_1 和 TN_2 才会都截止，输出 Y 才会为高电平。

综上所述，可得逻辑功能表达式为：$Y = \overline{A+B}$。

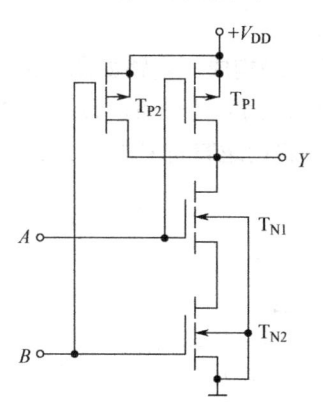

图 2-57　CMOS 与非门电路

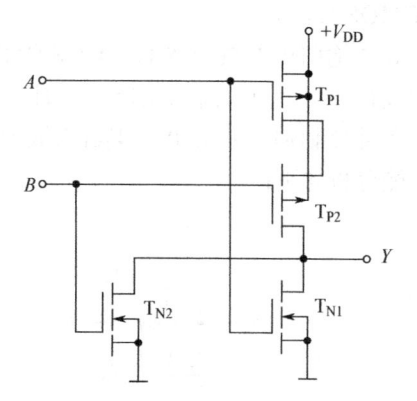

图 2-58　CMOS 或非门电路

4. CMOS 漏极开路 OD 门

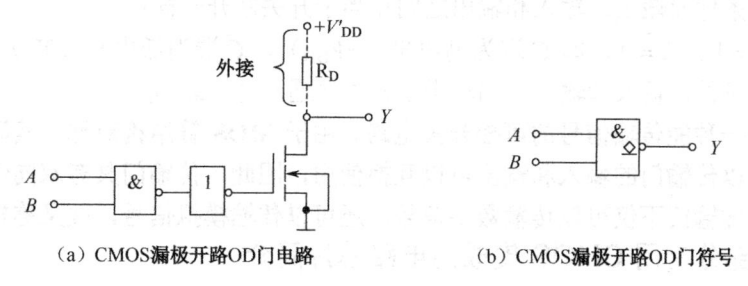

CMOS 漏极开路 OD 门电路和逻辑符号如图 2-59 所示。

其逻辑功能分析：接入外接电阻 R_D 后，可得逻辑功能表达式为：$Y = \overline{\overline{\overline{AB}}} = \overline{AB}$。

（a）CMOS 漏极开路 OD 门电路　　　　（b）CMOS 漏极开路 OD 门符号

图 2-59　CMOS 漏极开路 OD 门电路和逻辑符号

5. CMOS 三态门

CMOS 三态输出非门电路及其逻辑符号如图 2-60 所示。其逻辑功能分析如下：

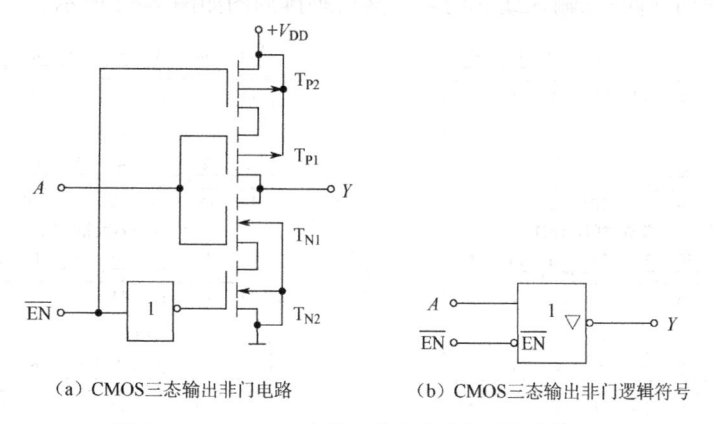

（a）CMOS 三态输出非门电路　　　　（b）CMOS 三态输出非门逻辑符号

图 2-60　CMOS 三态输出非门电路及其逻辑符号

当 $\overline{EN} = 1$ 时，T_{P2}、T_{N2} 均截止，Y 与地和电源都断开了，输出端呈现为高阻态；当

$\overline{EN}=0$ 时，T_{P2}、T_{N2} 均导通，T_{P1}、T_{N1} 构成反相器，$Y=\overline{A}$。可见电路的输出有高阻态、高电平和低电平三种状态，是一种三态输出非门。

6. CMOS 传输门

CMOS 传输门由参数一致的 NMOS 管和 PMOS 管并联构成，电路如图 2-61（a）所示。因两管参数相同，所以 $U_{TN}=|U_{TP}|=U_T$，且满足 $V_{DD} \geq 2U_T$。为方便分析，设 $V_{DD}=2U_T$。C 和 $\overline{C}$ 是一对互补控制端，u_i 在 0V～V_{DD} 内取值。CMOS 传输门逻辑符号如图 2-61（b）所示。其逻辑功能分析如下：

（a）CMOS 传输门电路　　　　（b）CMOS 传输门逻辑符号

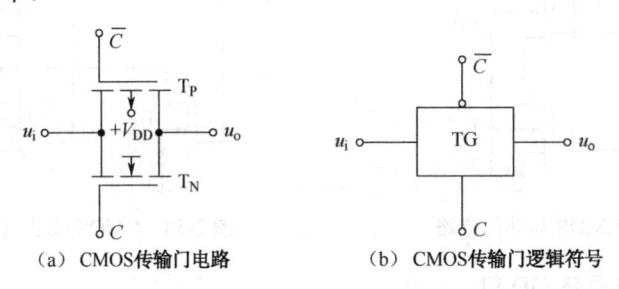

图 2-61　CMOS 传输门电路和逻辑符号

（1）当 $C=0$、$\overline{C}=1$，即 C 端为低电平（0V）、$\overline{C}$ 端为高电平（+V_{DD}）时，T_N 和 T_P 都不具备开启条件而截止，输入和输出之间相当于开关断开一样；

（2）当 $C=1$、$\overline{C}=0$，即 C 端为高电平（+V_{DD}）、$\overline{C}$ 端为低电平（0V）时，T_N 和 T_P 都具备了导通条件，输入和输出之间相当于开关接通一样，$u_o=u_i$。

传输门是一种能传输信号的可控开关电路。由于 MOS 管结构对称，其源极与漏极可对调使用，所以传输门的输入和输出可以互换使用，因此，传输门具有双向性，也称双向开关。另外，传输门不仅可以传输数字信号，还可以传输模拟信号，故又称模拟开关。

2.8.2　部分常用 CMOS 集成门电路芯片简介

常用的 CMOS 集成门电路有 74HC11、CC4069、CC4023、CC4001 等芯片，采用双列直插式封装。其中：74HC11 内含三个三输入与门（三-三输入与门）；CC4069 内含六个非门（六反相器）；CC4023 内含三个三输入与非门（三-三输入与非门）；CC4001 内含四个二输入或非门（四-二输入或非门）。其引脚排列图如图 2-62 所示。

（a）集成与门 74HC11　　　　（b）集成六反相器 CC4069

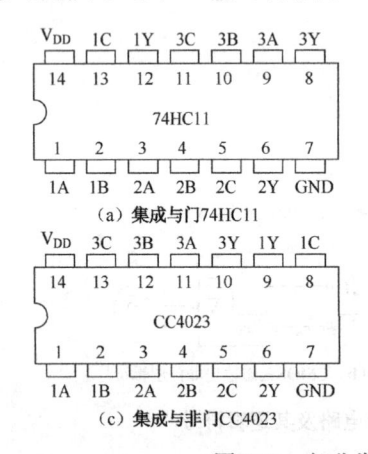

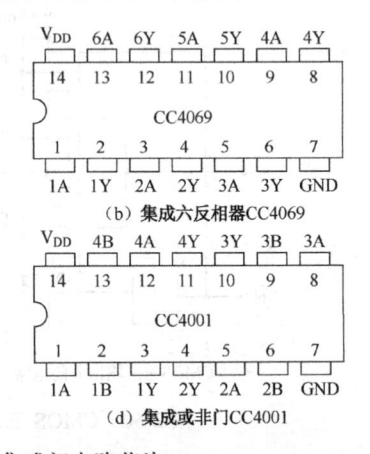

（c）集成与非门 CC4023　　　　（d）集成或非门 CC4001

图 2-62　部分常用 CMOS 集成门电路芯片

2.8.3 CMOS 集成门电路多余输入端的处理办法

CMOS 集成门电路的输入电阻极高，极易受到外界干扰信号的影响，所以，CMOS 集成门电路多余或暂时不用的输入端不能悬空，应根据需要接地或接高电平。

（1）对于与门和与非门，多余输入端应接正电源或高电平；对于或门和或非门，多余输入端应接地或低电平。

（2）多余输入端不宜与使用输入端并联使用，因为这样会增大输入电容，导致电路工作速度下降。但在低速系统的场合，允许与使用输入端并联使用。

2.9 逻辑代数与逻辑门电路同步练习题

一、填空题

1. 逻辑代数中的三种基本逻辑运算是_____、_____、_____。
2. 只有当决定一件事情的所有条件都具备时，这件事情才会发生，这样的逻辑关系称为_____。
3. 与门的逻辑功能是_____，或门的逻辑功能是_____，非门的逻辑功能是_____。
4. 具有"相异出 1，相同出 0"功能的逻辑门是_____门，它的反是_____门。
5. 最简与或表达式是指在表达式中_____最少，且_____也最少。
6. 逻辑函数 $F = A(B+C) \cdot 1$ 的对偶函数是 $F'=$_____，反函数是 $\overline{F}=$_____。
7. 在逻辑电路中，如有 n 个变量，则在真值表中，有_____种情况出现；在函数 $F=AB+CD$ 的真值表中，$F=1$ 的状态共有_____个。
8. 逻辑函数 $Y = \overline{ABC} + ABC$ 的与非-与非表达式为_____。
9. TTL 与非门的逻辑功能是：_____，_____与非门可解决普通与非门不能"线与"的问题，又称为_____门。_____门不但具有高电平、低电平，还具有第三种状态即_____态。
10. 使用_____门可以实现总线结构，使用_____门可实现"线与"逻辑。
11. CMOS 门电路的闲置输入端不能_____，对于与门应当接到_____电平，对于或门应当接到_____电平，用 CMOS 或非门实现反相器功能时，或非门的多余端应接_____。

二、单项选择题

1. 在下列逻辑运算中，错误的是（　　）。
   A．若 $A=B$，则 $AB=A$　　　　　B．若 $1+A=B$，则 $1+A+AB=B$
   C．$A+B=B+C$，则 $A=C$　　　　D．以上选项都正确
2. 逻辑表达式 $Y=AB$ 可以用（　　）实现。
   A．或门　　　　B．非门　　　　C．与门　　　　D．或非门
3. 函数 $F=AB+BC$，使 $F=1$ 的输入 ABC 组合为（　　）。
   A．$ABC=000$　　B．$ABC=010$　　C．$ABC=100$　　D．$ABC=110$

4. 一个二输入端的门电路，当输入为1和0时，输出不是1的门是（　　）。
   A. 与非门　　　　B. 或门　　　　C. 或非门　　　　D. 异或门

5. 逻辑表达式 $\overline{A+B+C}$ =（　　）。
   A. $\overline{A}+\overline{B}+\overline{C}$　　B. $\overline{A}\overline{B}\overline{C}$　　C. $\overline{ABC}$　　D. ABC

6. 若输入变量 A、B 全为1时，输出 $F=0$，则其输入与输出关系不可能是（　　）。
   A. 异或　　　　B. 同或　　　　C. 与非　　　　D. 或非

7. 异或门二输入 M、N 中，若 $N=1$，则输出为（　　）。
   A. 0　　　　B. 1　　　　C. M　　　　D. $\overline{M}$

8. 在下列各组变量取值中，能使逻辑函数 $F(A,B,C,D)=\sum m(0,1,2,4,6,13)$ 的值为1的是（　　）。
   A. 1100　　　　B. 1001　　　　C. 0110　　　　D. 1110

9. 在四变量卡诺图中，逻辑上不相邻的一组最小项为（　　）。
   A. m_1 与 m_3　　B. m_4 与 m_6　　C. m_5 与 m_{13}　　D. m_2 与 m_8

10. $Y=ABC+A\overline{B}C+AB\overline{C}+A\overline{B}\overline{C}$ 的简化式为（　　）。
    A. A　　　　B. B　　　　C. $A+B$　　　　D. AB

11. 由图 2-63 的真值表得到的 F 的表达式是（　　）。
    A. $F=\overline{AB}+BC$　　　　B. $F=\overline{ABC}+BC$
    C. $F=\overline{AC}+BC$　　　　D. $F=ABC$

12. 如图 2-64 所示电路，A、B 和 Y 的逻辑关系是（　　）。
    A. $Y=A\cdot B$　　B. $Y=A+B$　　C. $Y=\overline{A\cdot B}$　　D. $Y=\overline{A+B}$

A	B	C	Y	A	B	C	Y
0	0	0	0	1	0	0	0
0	0	1	1	1	0	1	0
0	1	0	0	1	1	0	0
0	1	1	1	1	1	1	1

图 2-63　单选题 11 图　　　　图 2-64　单选题 12 题

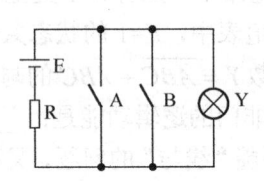

13. 化简 $F=\overline{A}+ABCD+\overline{B}+\overline{C}+\overline{D}$ =（　　）。
    A. $\overline{A}$　　　　B. $\overline{B}$　　　　C. 1　　　　D. $\overline{D}$

14. 函数 $F(A,B,C)=AB+AC+BC$ 的最小项表达式为（　　）。
    A. $F(A,B,C)=\sum m(0,2,4)$　　　　B. $F(A,B,C)=\sum m(3,5,6,7)$
    C. $F(A,B,C)=\sum m(0,2,3,4)$　　　　D. $F(A,B,C)=\sum m(2,4,6,7)$

15. 测得某逻辑门输入 A、B 和输出 F 的波形如图 2-65 所示，则 $F(A,B)$ 的表达式为（　　）。
    A. $F=AB$　　B. $F=\overline{A+B}$　　C. $F=\overline{AB}$　　D. $F=A\oplus B$

16. 图 2-66 所示逻辑电路的逻辑表达式为（　　）。
    A. $F=\overline{\overline{A}+\overline{B}+\overline{C}}$　　　　B. $F=\overline{A+B+C}$
    C. $F=\overline{\overline{A}\cdot\overline{B}\cdot\overline{C}}$　　　　D. $F=ABC$

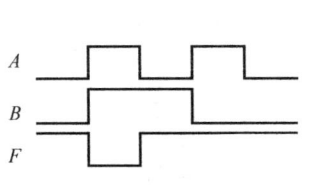

图 2-65　单选题 15 图

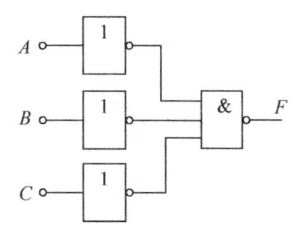

图 2-66　单选题 16 图

17．在图 2-67 中，使输出 F 恒为 0 的电路是（　　）。

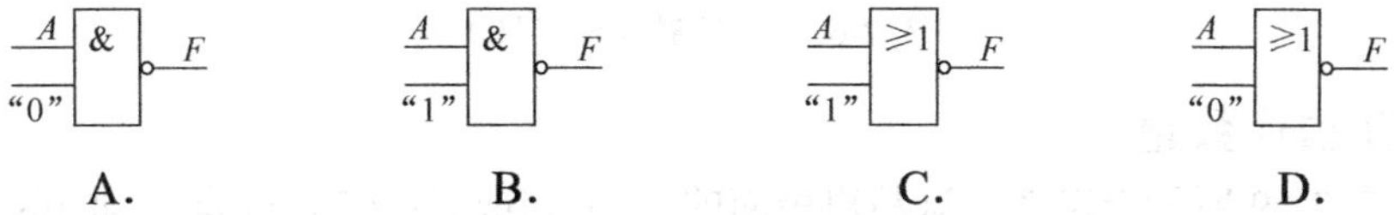

A．　　　　B．　　　　C．　　　　D．

图 2-67　单选题 17 图

18．下列几种 TTL 集成门电路中，输出端可实现线与功能的电路是（　　）。
   A．或非门　　　　　　　　　　B．与非门
   C．异或门　　　　　　　　　　D．OC 门

19．对于 TTL 与非门电路，不用的输入端可用的处理方法是（　　）。
   A．接至与电源的负极　　　　　B．接低电平
   C．与其他的输入端串联使用　　D．悬空或接高电平

20．多余输入端绝不允许悬空使用的门是（　　）。
   A．与门　　　　　　　　　　　B．TTL 与非门
   C．CMOS 与非门　　　　　　　D．或非门

三、简答题

1．逻辑代数与普通代数有何异同？

2．试述卡诺图化简逻辑函数的原则和步骤。

3．为什么 TTL 与非门电路的输入端悬空时，可视为输入高电平？对与非门和或非门而言，不用的输入端有几种处理方法？

4．判断图 2-68 所示电路能否按各图要求的逻辑关系正常工作？若电路的接法有错，则修改电路。

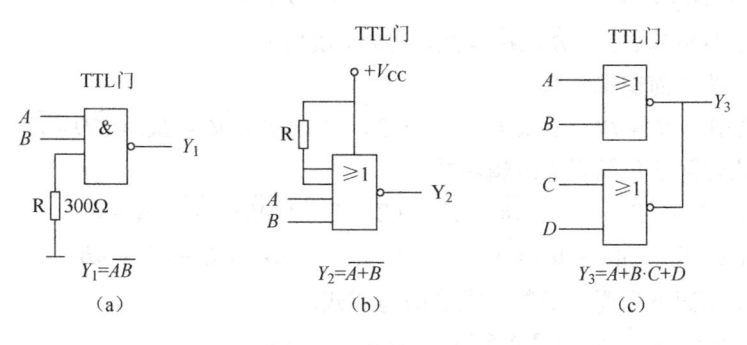

(a) $Y_1 = \overline{AB}$

(b) $Y_2 = \overline{A+B}$

(c) $Y_3 = \overline{A+B \cdot C+D}$

图 2-68　简答题 4 图

CMOS门　　　　TTL OC门　　　　TTL三态门

$Y_4 = \overline{AB} \cdot \overline{A+B}$　　$Y_5 = \overline{AB} \cdot \overline{CD}$　　$Y_6 = (\overline{ABC}) \cdot (\overline{A\overline{B} \cdot C})$

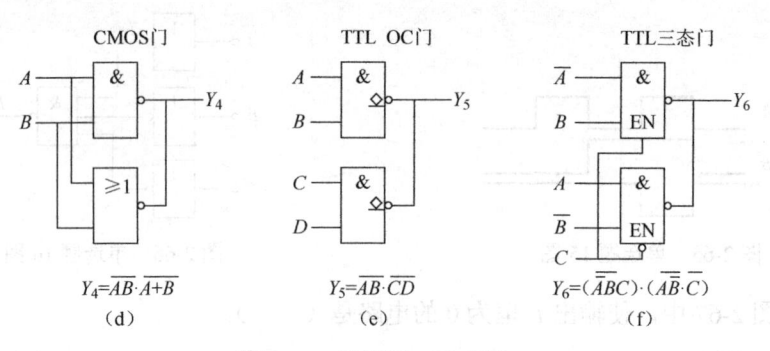

(d)　　　　　　(e)　　　　　　(f)

图 2-68　简答题 4 图（续）

四、逻辑代数题

1. 如图 2-69 所示卡诺图，试写出最简的（1）与或式；（2）与非-与非式；（3）或非-或非式。

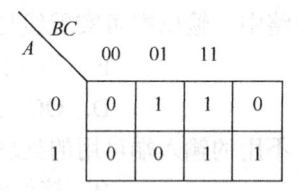

A＼BC	00	01	11	10
0	0	1	1	0
1	0	0	1	1

图 2-69　逻辑代数题 1 图

2. 在下列各个逻辑函数表达式中，变量 A、B、C 为哪几种取值时，函数值等于 1。

（1）$Y = AB + BC + AC$　　（2）$Y = \overline{AB} + \overline{BC} + \overline{AC}$

（3）$Y = (A+B+C)(\overline{A}+B+\overline{C})$　　（4）$Y = ABC + A\overline{B}C + \overline{A}BC + \overline{A}B\overline{C}$

3. 将下列逻辑函数展开为最小项表达式。

（1）$Y(A,B,C) = AB + BC$　　（2）$Y(C,D,G) = \overline{(\overline{C}+\overline{D})} + DG$

（3）$Y = \overline{A}BC + AB\overline{D} + \overline{B}CD$　　（4）$Y = \overline{A}\,\overline{B} + \overline{A}C + \overline{B}C$

4. 用反演规则和对偶规则，写出下列逻辑函数 F 的反函数 $\overline{F}$ 和对偶函数 F'。

$F_1 = \overline{(A+\overline{B})(\overline{A}+C) \cdot AC + BC}$　　$F_2 = \overline{A + C(\overline{BC}+D) \cdot B + AD}$

$F_3 = \overline{(\overline{AD} + A\overline{D})\overline{B} + C}$　　$F_4 = \overline{(\overline{A}+B)\overline{\overline{C}+D}}$

5. 试证明逻辑等式：$A\overline{B} + B\overline{C} + C\overline{A} = \overline{A}B + \overline{B}C + \overline{C}A$。

6. 用公式法化简逻辑函数。

（1）$F = AB + \overline{A}C + BC + \overline{A}BCD$　　（2）$F = AB + \overline{A}C + \overline{B}C + CD + \overline{D}$

7. 用公式化简法化简以下逻辑函数。

（1）$Y = ABC + A\overline{BC} + BC + \overline{B}C + A$　　（2）$Y = M\overline{N}P + \overline{M} + N + \overline{P}$

（3）$Y = (A+B+C)(A+B+\overline{C})$　　（4）$Y = A\overline{B} + B\overline{C} + \overline{B}C + \overline{A}B$

8. 卡诺图化简下列逻辑函数，求最简与或式。

（1）$F_1(A,B,C) = \sum m(0,1,2,4,5,7)$

（2）$F_2(A,B,C,D) = \sum m(4,5,6,7,8,9,10,11,12,13)$

（3）$F_3(A,B,C,D) = \sum m(0,2,4,5,6,7,12) + \sum d(8,10)$

（4）$F_4(A,B,C,D) = \sum m(5,7,13,14) + \sum d(3,9,10,11,15)$

（5）$F_5(A,B,C,D) = \sum m(0,2,4,5,8,9,10,11,12,13,15)$

（6）$F_6(A,B,C,D) = \sum m(4,5,7,13) + \sum d(6,9,14,15)$

9. 用卡诺图化简法将下列逻辑函数化为最简与或式。

（1）$Y = ABC + ABD + \overline{CD} + \overline{ABC} + \overline{ACD} + ACD$

（2）$Y = A\overline{B} + \overline{AC} + BC + \overline{A} + \overline{B} + ABC$

（3）$Y(A,B,C) = \sum(m_1, m_3, m_5, m_7)$

（4）$Y(A,B,C,D) = \sum(m_0, m_1, m_2, m_3, m_4, m_6, m_8, m_9, m_{10}, m_{11}, m_{14})$

（5）$Y(A,B,C,D) = \sum(m_0, m_1, m_2, m_5, m_8, m_9, m_{10}, m_{12}, m_{14})$

（6）$Y(A,B,C) = \sum m(0,2,4,5,6)$　　约束条件：$ABC = 0$

（7）$Y(A,B,C,D) = \sum m(0,2,3,4,11,12) + \sum d(1,5,10,14)$

五、综合题

1. 如图 2-70（a）、(b) 所示二极管门电路。分析输出信号 Y_1、Y_2 和输入信号 A、B、C 之间的逻辑关系。根据图 2-70（c）给出 A、B、C 的波形，对应画出 Y_1、Y_2 的波形。

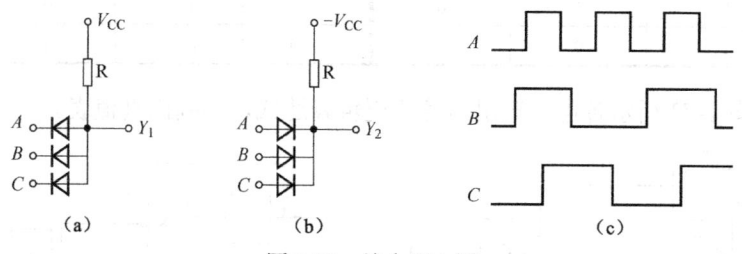

图 2-70　综合题 1 图

2. 已知逻辑图和输入 A、B、C 的波形如图 2-71 所示，试画出输出 F 的波形，并写出逻辑式。

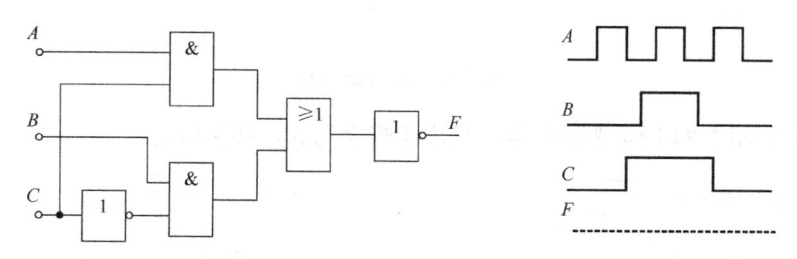

图 2-71　综合题 2 图

3. 已知逻辑电路图和输入 A、B、C、D 的波形如图 2-72 所示，试写出输出 F 的逻辑表达式，并画出其波形。

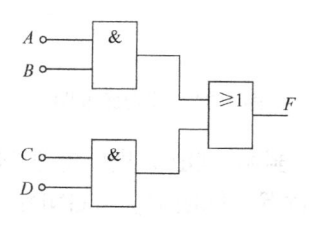

图 2-72　综合题 3 图

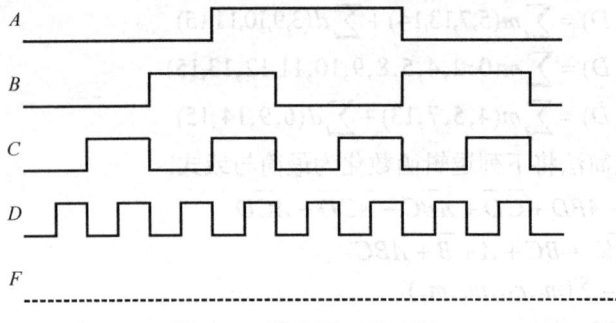

图 2-72 综合题 3 图（续）

4．试根据逻辑函数 Y_1、Y_2 的真值表如表 2-21 所示，分别写出它们的最简与或表达式。

表 2-21 真值表

A	B	C	Y_1	Y_2	A	B	C	Y_1	Y_2
0	0	0	0	1	1	0	0	1	1
0	0	1	0	0	1	0	1	0	0
0	1	0	1	0	1	1	0	0	1
0	1	1	0	1	1	1	1	1	0

5．写出图 2-73 所示各电路输出信号的逻辑表达式，并列出真值表。

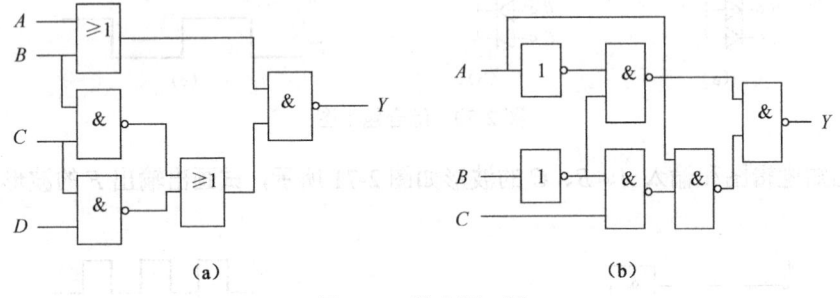

图 2-73 综合题 5 图

6．根据如图 2-74 所示逻辑电路，写出逻辑表达式，并化简之。

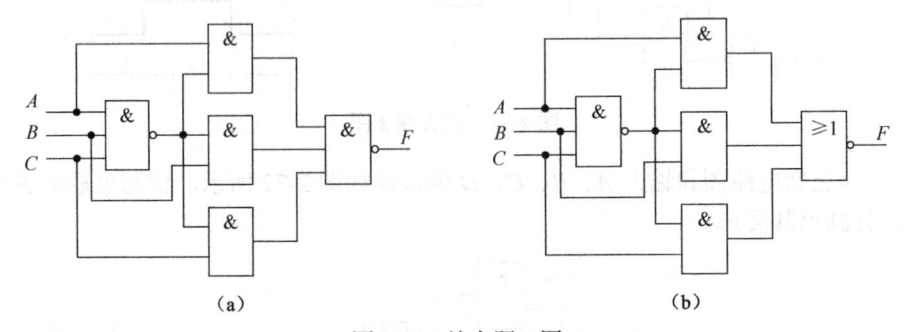

图 2-74 综合题 6 图

7．图 2-75 所示为双列直插式封装（DIP）集成电路 74HC02 的俯视图：（1）试标出每个引脚的编号，并在相应的引脚位置旁标明 V_{CC} 和 GND；（2）说明该电路的名称。

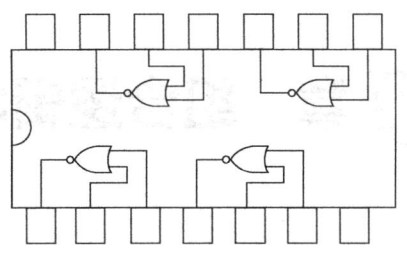

图 2-75　综合题 7 图

8. 为了提高 TTL 与非门的带负载能力，可在其输出端接一个 NPN 型硅三极管，组成如图 2-76 所示的开关电路。当与非门输出高电平 U_{OH}=3.6V 时，三极管能为负载（R_L 足够小）提供的最大电流是多少？

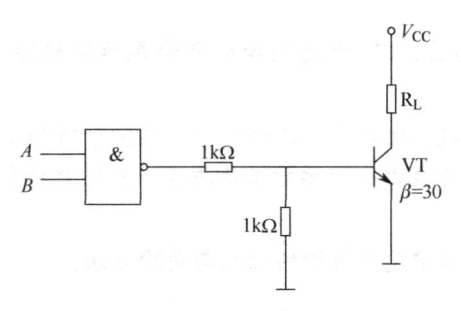

图 2-76　综合题 8 图

第 3 章 组合逻辑电路

✓ 本章学习要求

（1）掌握组合逻辑电路的分析方法和设计方法，熟练运用门电路进行组合逻辑电路的设计。

（2）掌握半加器和全加器的工作原理，熟练分析和应用集成加法器。

（3）掌握二进制编码器、二-十进制编码器和优先编码器的工作原理，熟练分析和应用集成编码器。

（4）掌握二进制译码器、二-十进制译码器和显示译码器的工作原理，熟练分析和应用集成译码器。

（5）掌握同比较器和数值比较器的工作原理，熟练分析和应用集成数值比较器。

（6）掌握数据选择器与数据分配器的工作原理，熟练分析和应用集成数据选择器与数据分配器实现组合逻辑。

（7）掌握组合逻辑电路中竞争冒险的检查与消除方法。

3.1 组合逻辑电路的结构和分析方法

逻辑电路分为两类：一类叫组合逻辑电路，简称组合电路；另一类叫时序逻辑电路，简称时序电路。本章只讨论组合逻辑电路。

3.1.1 组合逻辑电路结构方框图

组合逻辑电路结构方框图如图 3-1 所示。其中 $I_0,I_1,\cdots,I_{n-1}$ 是输入信号，也称输入变量；$Y_0,Y_1,\cdots,Y_{m-1}$ 是输出信号，也称输出函数。组合逻辑电路的输出/输入关系式见式 3-1。

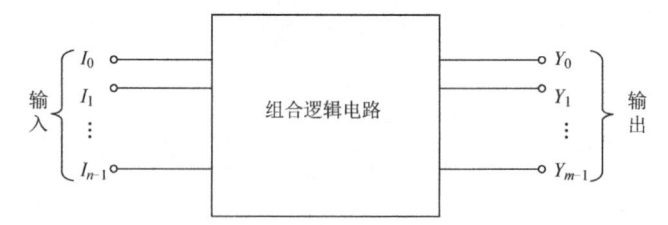

图 3-1 组合逻辑电路结构方框图

$$\begin{cases} Y_0 = f_0(I_0,I_1,\cdots,I_{n-1}) \\ Y_1 = f_1(I_0,I_1,\cdots,I_{n-1}) \\ \quad\vdots \\ Y_{m-1} = f_{m-1}(I_0,I_1,\cdots,I_{n-1}) \end{cases} \quad (3\text{-}1)$$

3.1.2 组合逻辑电路的特点和分析方法

1. 组合逻辑电路的特点

由式（3-1）可知，组合逻辑电路在任一时刻的输出，取决于该时刻的输入，而与电路该时刻之前的输入信号的状态无关，即电路没有记忆功能。从电路结构上也可以解释这一特征：①输出与输入之间无反馈线；②组合逻辑电路中无触发器（记忆元件）。

2. 组合逻辑电路的分析方法

所谓逻辑电路的分析，是指利用已知逻辑电路，找出输出函数与输入变量之间的逻辑关系。组合逻辑电路的分析步骤如下。

（1）根据逻辑电路写出输出函数的表达式，即由输入到输出逐级写出输出表达式；
（2）化简输出函数的表达式；
（3）由化简后的输出函数的表达式，列出输出函数真值表；
（4）由真值表分析电路的逻辑功能。

以上步骤并非必须遵循，应根据具体情况，可以省去其中的一些步骤。

3.1.3 组合逻辑电路分析实例

【例 1】 如图 3-2 所示组合逻辑电路，试分析电路的逻辑功能。

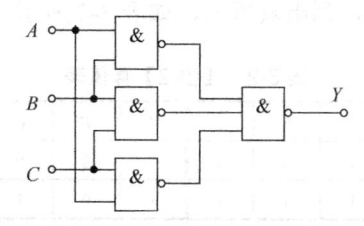

图 3-2 【例 1】组合逻辑电路图

【解答】：（1）根据组合逻辑电路图，写出逻辑函数式为：

$$Y = \overline{\overline{AB} \cdot \overline{BC} \cdot \overline{AC}}$$

（2）化成最简与或表达式：

$$Y = AB + BC + AC$$

（3）根据最简与或表达式，列出真值表，如表 3-1 所示。

表 3-1 【例 1】真值表

A	B	C	Y	A	B	C	Y
0	0	0	0	1	0	0	0
0	0	1	0	1	0	1	1
0	1	0	0	1	1	0	1
0	1	1	1	1	1	1	1

（4）根据真值表，分析电路的逻辑功能。

电路的逻辑功能：当输入 A、B、C 中有两个或三个为 1 时，输出 Y 为 1，否则输出 Y 为 0。所以这个电路实际上是一种三人表决用的组合逻辑电路：只要有两票或三票同意，表决就通过。

【例2】如图3-3（a）所示组合逻辑电路，试分析电路的逻辑功能。

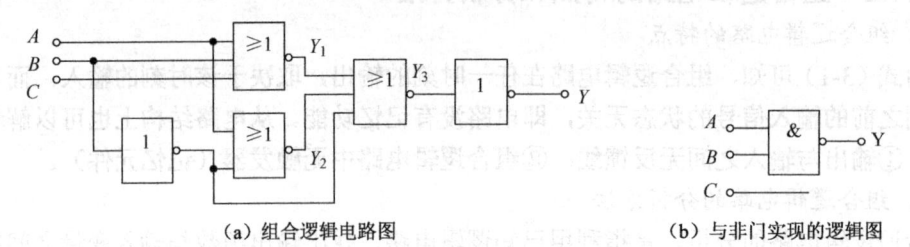

(a) 组合逻辑电路图　　　　　　　　　(b) 与非门实现的逻辑图

图 3-3　【例2】图

【解答】：（1）根据组合逻辑电路图，写出逻辑函数式为：

$$\left.\begin{array}{l} Y_1 = \overline{A+B+C} \\ Y_2 = \overline{A+\overline{B}} \\ Y_3 = \overline{Y_1+Y_2+\overline{B}} \end{array}\right\} \quad Y = \overline{Y_3} = Y_1 + Y_2 + \overline{B} = \overline{A+B+C} + \overline{A+\overline{B}} + \overline{B}$$

（2）化成最简与或表达式：

$$Y = \overline{ABC} + \overline{AB} + \overline{B} = \overline{AB} + \overline{B} = \overline{A} + \overline{B}$$

（3）根据最简与或表达式，列出真值表，如表3-2所示。

表 3-2　【例2】真值表

A	B	C	Y	A	B	C	Y	A	B	C	Y	A	B	C	Y
0	0	0	1	0	1	0	1	1	0	0	1	1	1	0	0
0	0	1	1	0	1	1	1	1	0	1	1	1	1	1	0

（4）根据真值表，分析电路的逻辑功能。

电路的逻辑功能：电路的输出 Y 只与输入 A、B 有关，而与输入 C 无关。Y 和 A、B 的逻辑关系为：A、B 中只要一个为 0，$Y=1$；A、B 全为 1 时，$Y=0$。所以 Y 和 A、B 的逻辑关系为与非运算的关系。故亦可用与非门实现 $Y = \overline{A} + \overline{B} = \overline{AB}$，如图3-3（b）所示。

【例3】已知逻辑电路图如图3-4所示，试分别分析其逻辑功能。

(a)　　　　　　　　　　　　　　(b)

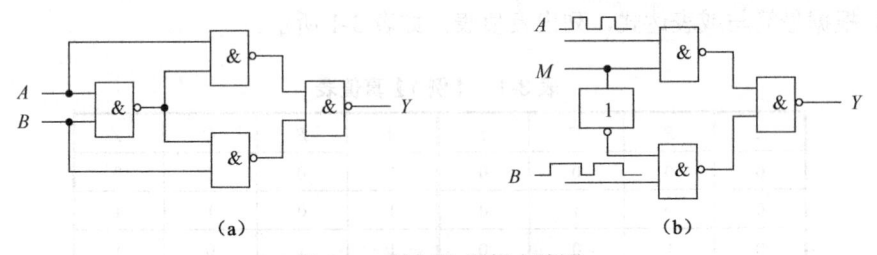

图 3-4　【例3】逻辑电路图

【解答】：图3-4（a）中，$Y = \overline{\overline{AAB} \cdot \overline{BAB}} = \overline{A}B + A\overline{B} = A \oplus B$，即完成异或的逻辑功能。图3-4（b）中，$Y = \overline{\overline{AM} \cdot \overline{BM}} = AM + B\overline{M}$，当 $M=0$ 时，$Y=B$；当 $M=1$ 时，$Y=A$，即完成二选一数据选择器的逻辑功能。

【例4】由与非门构成的某表决电路逻辑图如图3-5（a）所示。其中 A、B、C、D 表示四个人，当 $L=1$ 时表示决议通过。

(1) 试分析电路，说明决议通过的情况有几种；
(2) 分析 A、B、C、D 四个人中，谁的权力最大，谁的权力最小。

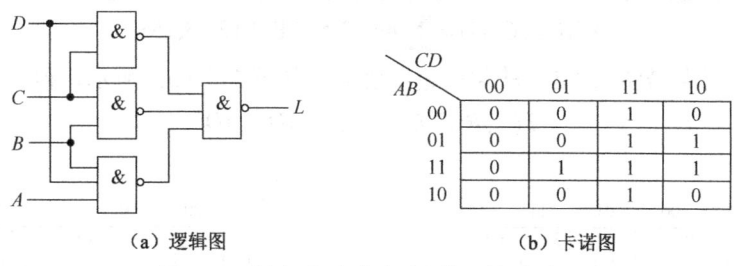

(a) 逻辑图　　　　　　　　　　(b) 卡诺图

图 3-5　【例 4】表决电路逻辑图与卡诺图

【解答】：（1）$L = \overline{\overline{CD} \cdot \overline{BC} \cdot \overline{ABD}} = CD + BC + ABD$，即在 CD 同意或 BC 同意或 ABD 同意三种情况下，决议通过。

（2）将 $L = CD + BC + ABD$ 填入卡诺图，由图（b）可知，在 16 种排列组合中：$A=1$ 即 A 同意则通过的概率为 $\frac{4}{16}$；$B=1$ 即 B 同意则通过的概率为 $\frac{5}{16}$；$C=1$ 即 C 同意则通过的概率为 $\frac{6}{16}$；$D=1$ 即 D 同意则通过的概率为 $\frac{5}{16}$。故 C 的权力最大，A 的权力最小。

3.2　小规模集成电路实现组合逻辑电路的设计

根据对电路逻辑功能的要求，设计出满足该逻辑功能的电路，这一过程，称为逻辑设计，也叫逻辑综合。传统的逻辑设计，仍以各种小规模集成门电路作为基本单元，在符合既定逻辑功能的前提下，以使用最少的门器件和最少的连线为最佳方案。

3.2.1　小规模集成电路设计组合逻辑电路的六种方案

（1）与门-或门方案。
（2）与非-与非门方案。
（3）与或非门方案。
（4）与非门-与门方案。
（5）或门-与门方案。
（6）或非-或非门方案。

以上方案可根据要求或现有的集成门电路情况，进行合理选择。

3.2.2　小规模集成电路设计组合逻辑电路的步骤

（1）根据实际问题的逻辑关系，列出相应的真值表。
（2）由真值表写出逻辑函数的表达式。
（3）化简逻辑函数式。
（4）根据化简得到的最简表达式，画出逻辑电路图。

以上步骤并不一定非得全盘照做，根据具体情况可以省略若干。但必须强调关键的第一步，若真值表错了，一切就全错了。

3.2.3 小规模集成电路设计组合逻辑电路实例

【例5】用小规模集成电路设计组合逻辑电路的六种方案实现逻辑函数。

$$Y(A,B,C,D) = \sum m(1,3,5,7,8,9,12,13,15)$$

【解答】：用卡诺图圈"1"法化简逻辑函数，如图3-6（a）所示，得

$$Y(A,B,C,D) = A\overline{C} + \overline{A}D + BD$$

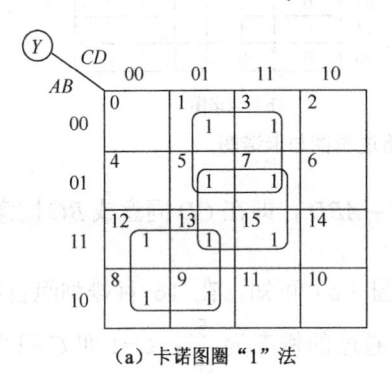

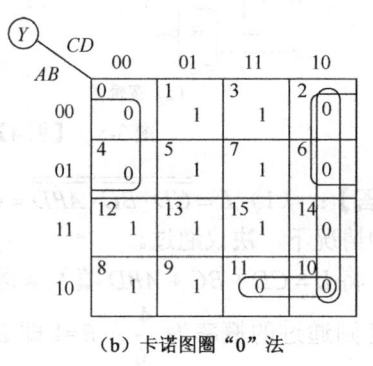

(a) 卡诺图圈"1"法 　　　(b) 卡诺图圈"0"法

图 3-6 【例5】图

（1）与门-或门方案。

$Y(A,B,C,D) = A\overline{C} + \overline{A}D + BD$，逻辑设计如图3-7（a）所示。

（2）与非-与非门方案。

$Y(A,B,C,D) = A\overline{C} + \overline{A}D + BD = \overline{\overline{A\overline{C}} \cdot \overline{\overline{A}D} \cdot \overline{BD}}$，逻辑设计如图3-7（b）所示。

（3）与或非门方案。

用卡诺图圈"0"法化简逻辑函数，如图3-6（b）所示，得

$\overline{Y} = \overline{A} \cdot \overline{D} + C\overline{D} + A\overline{B}C \Rightarrow Y = \overline{\overline{A} \cdot \overline{D} + C\overline{D} + A\overline{B}C}$，逻辑设计如图3-7（c）所示。

（4）与非门-与门方案。

$Y = \overline{\overline{A} \cdot \overline{D} + C\overline{D} + A\overline{B}C} \Rightarrow Y = \overline{\overline{\overline{A} \cdot \overline{D}} \cdot \overline{C\overline{D}} \cdot \overline{A\overline{B}C}}$，逻辑设计如图3-7（d）所示。

（5）或门-与门方案。

$Y = \overline{\overline{A} \cdot \overline{D}} \cdot \overline{C\overline{D}} \cdot \overline{A\overline{B}C} \Rightarrow Y = (A+D)(\overline{C}+D)(\overline{A}+B+\overline{C})$，逻辑设计如图3-7（e）所示。

（6）或非-或非门方案。

$Y = \overline{\overline{A} \cdot \overline{D} + C\overline{D} + A\overline{B}C} \Rightarrow Y = \overline{\overline{A+D} + \overline{\overline{C}+D} + \overline{\overline{A}+B+\overline{C}}}$，逻辑设计如图3-7（f）所示。

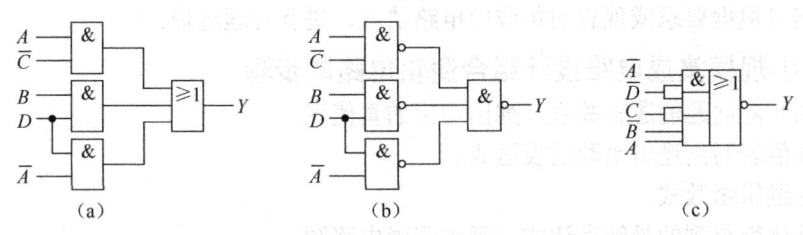

图 3-7 小规模集成电路设计组合逻辑电路的六种方案

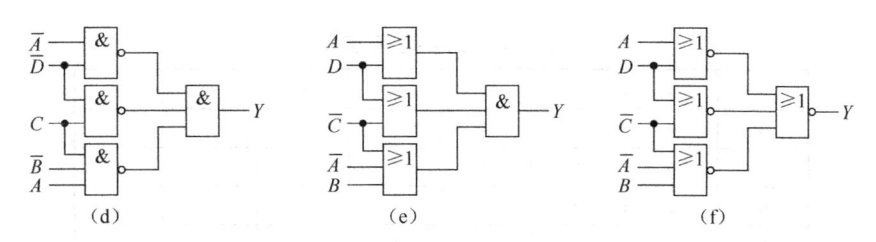

图 3-7 小规模集成电路设计组合逻辑电路的六种方案（续）

【例6】设计一个由楼上、楼下开关来控制楼梯间路灯的逻辑电路，使之在上楼前，用楼下开关打开电灯，上楼后，用楼上开关关灭电灯；或者在下楼前，用楼上开关打开电灯，下楼后，用楼下开关关灭电灯。

【解答】：（1）设计说明：设楼上开关为 A，楼下开关为 B，灯泡为 Y。并设 A、B 闭合时为1，断开时为0；灯亮时 Y 为1，灯灭时 Y 为0。

（2）根据逻辑要求列出真值表，见表3-3。

表 3-3 【例6】真值表

A	B	Y
0	0	0
0	1	1
1	0	1
1	1	0

（3）写逻辑表达式为

$$Y = \bar{A}B + A\bar{B}$$

经逻辑变换为 $Y = \overline{\overline{\bar{A}B} \cdot \overline{A\bar{B}}} = \overline{\overline{A \cdot \bar{A}B} \cdot \overline{B \cdot A\bar{B}}}$

（4）画出相应逻辑电路图：可用异或门实现，如图 3-8（a）所示；也可用与非门实现，如图 3-8（b）所示。

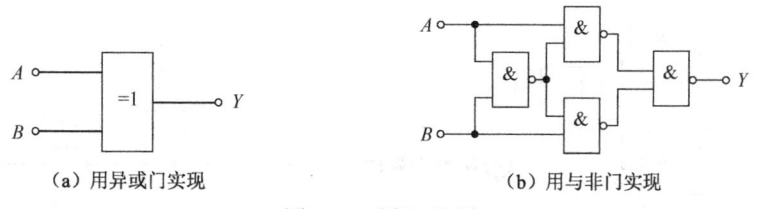

(a) 用异或门实现　　　　　(b) 用与非门实现

图 3-8 【例6】图

【例7】用与非门设计一个举重裁判表决电路。设举重比赛有三个裁判，一个主裁判和两个副裁判。杠铃完全举起的裁决由每一个裁判按一下自己面前的按钮来确定。只有当两个或两个以上裁判判定成功，并且其中有一个为主裁判时，表明成功的灯才亮。

【解答】：（1）设主裁判为 A，副裁判分别为 B 和 C，裁判判定成功相应输入为1，否则为0；表示成功与否的灯为 Y，成功时 $Y=1$，否则为0，根据逻辑要求列出真值表。

（2）列出真值表如表3-4所示。

表 3-4 【例 7】真值表

A	B	C	Y	A	B	C	Y
0	0	0	0	1	0	0	0
0	0	1	0	1	0	1	1
0	1	0	0	1	1	0	1
0	1	1	0	1	1	1	1

（3）根据真值表写逻辑表达式为

$$Y = m_5 + m_6 + m_7 = A\bar{B}C + AB\bar{C} + ABC$$

$$\Rightarrow Y = AB + AC \quad 化为与非-与非式 \Rightarrow Y = \overline{\overline{AB} \cdot \overline{AC}}$$

（4）用与非门实现，画出逻辑电路，如图 3-9 所示。

思考：在图 3-9 中，与非门输入端为什么对地接一个 1kΩ 电阻？所接电阻的阻值是否受限？

【例 8】 设计一个 4 输入、4 输出逻辑电路。当控制信号 $C=0$ 时，输出状态与输入状态相反；当 $C=1$ 时，输出状态与输入状态相同。

【解答】：设 A_0、A_1、A_2、A_3 为输入变量，L_0、L_1、L_2、L_3 为对应的输出变量，C 为控制信号。

根据已知条件：当 $C=0$ 时，$L_i = \bar{A}_i$；当 $C=1$ 时，$L_i = A_i (i=0,1,2,3)$，可得：

$$\begin{cases} L_i = \bar{A}_i & C = 0 \\ L_i = A_i & C = 1 \end{cases} (i=0,1,2,3)$$

则有

$$L_i = \bar{A}_i \cdot \bar{C} + A_i \cdot C = A_i \odot C \quad (i=0,1,2,3)$$

厂家不生产同或门，故只能用异或门实现，所以改写上式 $L_i = A_i \oplus \bar{C}$ $(i=0,1,2,3)$，于是可以得到逻辑电路图，如图 3-10 所示。

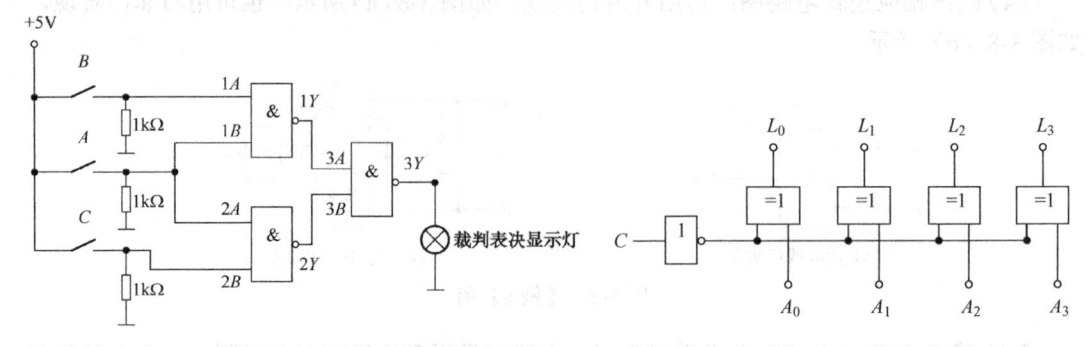

图 3-9 用与非-与非门实现逻辑电路图

图 3-10 【例 8】图

说明：该电路巧妙地运用了异或门的特点，亦称原码/反码输出控制电路。当 $C=0$ 时，反码输出；当 $C=1$ 时，原码输出。若将非门用短路线替代，而其他不变，电路功能就变成了当 $C=0$ 时，原码输出；当 $C=1$ 时，反码输出。

【例 9】 有一水箱由大、小两台水泵 M_L 和 M_S 供水，如图 3-11（a）所示，箱中设置了三个水位检测元件 A、B、C。当水面低于检测元件时，检测元件给出高电平；当水面高于检测元件时，检测元件给出低电平。现要求当水位超过 C 点时水泵停止工作；当水位低于

C 点而高于 B 点时 M_S 单独工作；当水位低于 B 点而高于 A 点时 M_L 单独工作；当水位低于 A 点时 M_L 和 M_S 同时工作。试用门电路设计一个控制两台水泵的逻辑电路，要求电路尽量简单。

【解答】：（1）列出满足逻辑要求的真值表如表 3-5 所示，并对其化简。（可自选化简方法）

表 3-5 【例 9】真值表

A	B	C	M_S	M_L	A	B	C	M_S	M_L
0	0	0	0	0	1	0	0	×	×
0	0	1	1	0	1	0	1	×	×
0	1	0	×	×	1	1	0	×	×
0	1	1	0	1	1	1	1	1	1

（2）化简得：$M_S = A + \overline{B}C$；$M_L = B$。

（3）画出逻辑电路图，如图 3-11（b）所示。

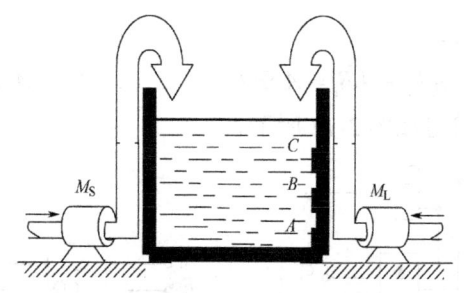

（a）水泵 M_L 和 M_S 供水示意图

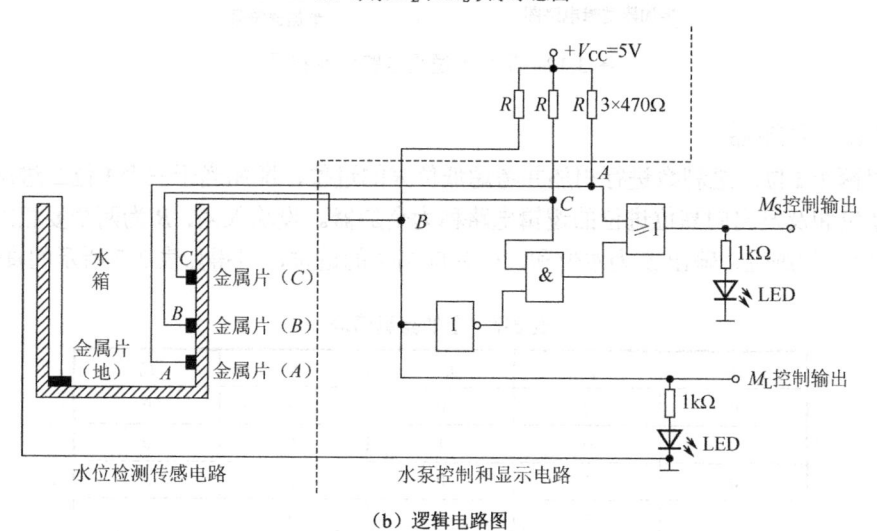

（b）逻辑电路图

图 3-11 【例 9】图

3.3 半加器和全加器

3.3.1 半加器

能完成两个 1 位二进制数相加并得到本位和及发出向高位进位的逻辑电路称为半加器。设输入 A_i、B_i 为两个要相加的数,输出 S_i 为本位和,C_i 为向高位的进位,可得如表 3-6 所示的真值表。

表 3-6 半加器真值表

A_i	B_i	S_i	C_i
0	0	0	0
0	1	1	0
1	0	1	0
1	1	0	1

写出输出函数表达式为:

$$S_i = \overline{A_i}B_i + A_i\overline{B_i} = A_i \oplus B_i \qquad C_i = A_iB_i$$

半加器逻辑电路图及符号如图 3-12 所示。

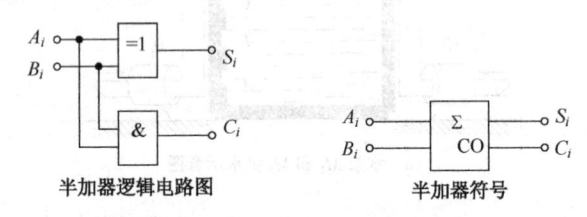

图 3-12 半加器逻辑电路图及符号

3.3.2 全加器

能对两个 1 位二进制数进行相加并考虑低位来的进位,即相当于三个 1 位二进制数相加并得到本位和及发出向高位进位的逻辑电路称为全加器。设输入 A_i、B_i 为两个要相加的数,C_{i-1} 为低位来的进位,输出 S_i 为本位和,C_i 为向高位的进位,可得如表 3-7 所示的真值表。

表 3-7 全加器真值表

A_i	B_i	C_{i-1}	S_i	C_i
0	0	0	0	0
0	0	1	1	0
0	1	0	1	0
0	1	1	0	1
1	0	0	1	0
1	0	1	0	1
1	1	0	0	1
1	1	1	1	1

写出输出函数表达式并运用卡诺图化简可得:

本位和信息：$S_i(A_i, B_i, C_{i-1}) = \sum m(1,2,4,7) = A_i \oplus B_i \oplus C_{i-1}$。

向高位的进位信息：$C_i(A_i, B_i, C_{i-1}) = \sum m(3,5,6,7) = (A_i \oplus B_i)C_{i-1} + A_i B_i$。

画出全加器逻辑电路图及符号如图 3-13 所示。

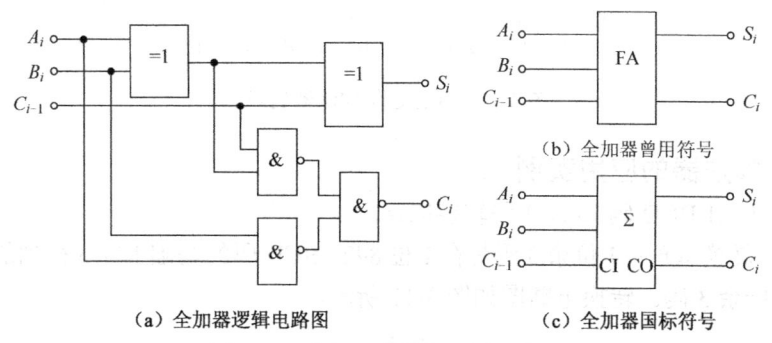

（a）全加器逻辑电路图　　（b）全加器曾用符号　　（c）全加器国标符号

图 3-13　全加器逻辑电路图及符号

3.3.3　加法器

能实现多位二进制数相加的电路称为加法器。

1. 串行进位加法器

（1）电路结构。

把 n 位全加器串联起来，低位全加器的进位输出连接到相邻的高位全加器的进位输入，如图 3-14 所示。

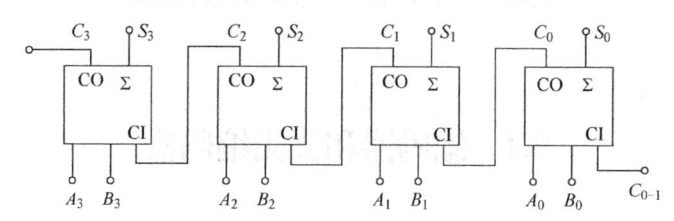

图 3-14　串行进位加法器逻辑电路

（2）电路特点。

进位信号是由低位向高位逐级传递的串行方式，故速度不快。

2. 并行进位加法器（超前进位加法器）简介

集成二进制 4 位超前进位加法器 74LS283 和 CC4008 的引脚如图 3-15 所示。注意：在运用时，两个相加的数的高低位必须严格一一对应，如图 3-16 所示。

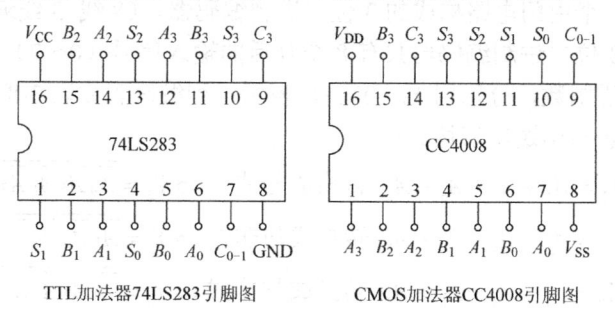

TTL加法器74LS283引脚图　　CMOS加法器CC4008引脚图

图 3-15　集成二进制 4 位超前进位加法器

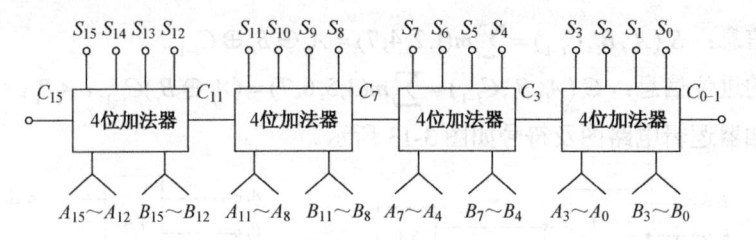

图 3-16 并行进位加法器的级联

3.3.4 加法器的应用实例

【例 10】8421 BCD 码 ⇒ 余 3 码转换电路。

【解答】：转换原理：1 位余 3 码是在 1 位 8421 BCD 码的基础上加 3 得到的，即：8421 BCD 码+0011=余 3 码。转换电路图如图 3-17 所示。

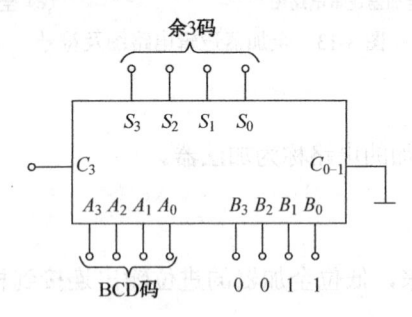

图 3-17 8421 BCD 码 ⇒ 余 3 码转换电路图

3.4 编码器和优先编码器

编码就是将一定位数的二进制代码赋予某种特定的含义。

由于数字电路只能处理二进制信息，因此需要一种电路，能将十进制数或字符文字转换成二进制代码，能完成此功能的电路称为编码器。按照编码工作的不同特点，可将编码器分为二进制编码器、二-十进制编码器和优先编码器等种类。

3.4.1 二进制编码器

用 n 位二进制代码对 2^n 个信号进行编码的电路，称为二进制编码器。

【例 11】设计一个由门电路构成的 3 位二进制编码器。（8 线-3 线编码器）

【解答】：（1）3 位二进制编码器共有 8 个互斥的输入信号（0~7），分别用 A_0~A_7 表示，输出为 3 位二进制数，分别用 Y_2、Y_1、Y_0 表示，列编码表如表 3-8 所示。

（2）根据编码表写出逻辑表达式：

$$Y_2 = A_4 + A_5 + A_6 + A_7 \ \text{转换成与非式} \Rightarrow Y_2 = \overline{\overline{A_4}\,\overline{A_5}\,\overline{A_6}\,\overline{A_7}}$$

$$Y_1 = A_2 + A_3 + A_6 + A_7 \ \text{转换成与非式} \Rightarrow Y_1 = \overline{\overline{A_2}\,\overline{A_3}\,\overline{A_6}\,\overline{A_7}}$$

$$Y_0 = A_1 + A_3 + A_5 + A_7 \ \text{转换成与非式} \Rightarrow Y_0 = \overline{\overline{A_1}\,\overline{A_3}\,\overline{A_5}\,\overline{A_7}}$$

表3-8 8线-3线编码表

输入	输出		
	Y_2	Y_1	Y_0
A_0	0	0	0
A_1	0	0	1
A_2	0	1	0
A_3	0	1	1
A_4	1	0	0
A_5	1	0	1
A_6	1	1	0
A_7	1	1	1

（3）画出3位二进制编码器逻辑电路图如图3-18所示。

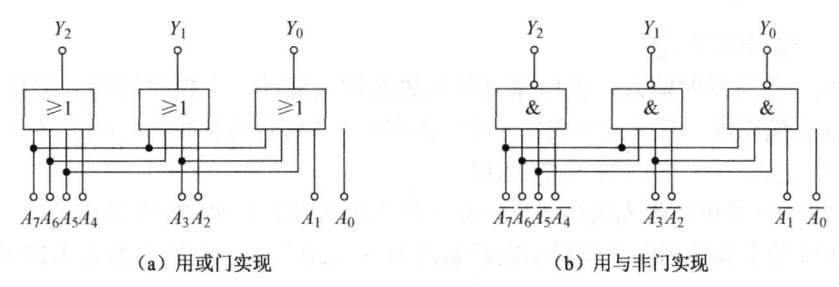

（a）用或门实现　　　　　　　　　　（b）用与非门实现

图3-18 8线-3线编码器逻辑电路图

3.4.2 二-十进制编码器（8421 BCD码编码器）

将十进制数的十个数（0～9）编成4位二进制代码的电路，称为二-十进制编码器。

【例12】设计一个由门电路构成的二-十进制编码器。

【解答】：（1）二-十进制编码器共有10个互斥的输入信号（0～9）分别用 I_0～I_9 表示，输出为4位8421 BCD代码，分别用 Y_3、Y_2、Y_1、Y_0 表示，列编码表如表3-9所示。

表3-9 二-十进制编码表

输入	输出	输入	输出
I	$Y_3\ Y_2\ Y_1\ Y_0$	I	$Y_3\ Y_2\ Y_1\ Y_0$
0(I_0)	0　0　0　0	5(I_5)	0　1　0　1
1(I_1)	0　0　0　1	6(I_6)	0　1　1　0
2(I_2)	0　0　1　0	7(I_7)	0　1　1　1
3(I_3)	0　0　1　1	8(I_8)	1　0　0　0
4(I_4)	0　1　0　0	9(I_9)	1　0　0　1

（2）根据编码表写出逻辑表达式：

$$Y_3 = I_8 + I_9 \text{ 转换成与非式} \Rightarrow Y_3 = \overline{\overline{I_8}\,\overline{I_9}}$$

$$Y_2 = I_4 + I_5 + I_6 + I_7 \text{ 转换成与非式} \Rightarrow Y_2 = \overline{\overline{I_4}\,\overline{I_5}\,\overline{I_6}\,\overline{I_7}}$$

$$Y_1 = I_2 + I_3 + I_6 + I_7 \text{ 转换成与非式} \Rightarrow Y_1 = \overline{\overline{I_2}\,\overline{I_3}\,\overline{I_6}\,\overline{I_7}}$$

$$Y_0 = I_1 + I_3 + I_5 + I_7 + I_9 \text{转换成与非式} \Rightarrow Y_0 = \overline{\overline{I_1}\,\overline{I_3}\,\overline{I_5}\,\overline{I_7}\,\overline{I_9}}$$

（3）画出二-十进制编码器逻辑电路图如图 3-19 所示。

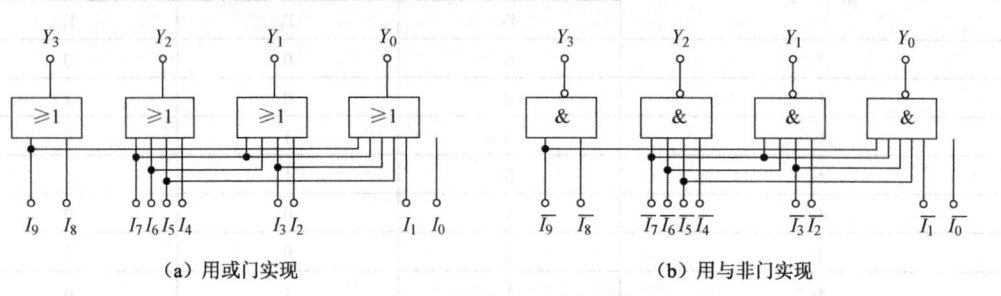

（a）用或门实现　　　　　　　　（b）用与非门实现

图 3-19　二-十进制编码器逻辑电路图

强调：二进制编码器和二-十进制编码器在同一时刻只允许有一个输入信号，即输入信号是互相排斥的。

3.4.3　优先编码器

允许几个信号同时输入，但电路只对优先级别最高的一个信号编码，这种功能的编码器称为优先编码器。常见的集成优先编码器有 8 线-3 线优先编码器（74 148 和 74LS148）、10 线-4 线优先编码器（74 147 和 74LS147）。

1. 集成 3 位二进制优先编码器（8 线-3 线优先编码器）74LS148 简介

74LS148 的引脚排列图和逻辑功能示意图如图 3-20 所示，功能表如表 3-10 所示。

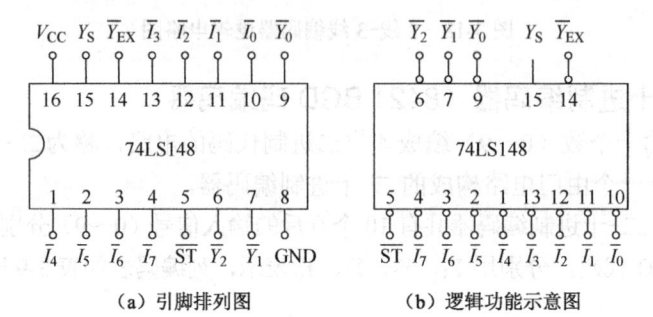

（a）引脚排列图　　　　　　　　（b）逻辑功能示意图

图 3-20　3 位二进制优先编码器 74LS148

表 3-10　3 位二进制优先编码器 74LS148 功能表

			输		入						输		出	
$\overline{ST}$	$\overline{I_7}$	$\overline{I_6}$	$\overline{I_5}$	$\overline{I_4}$	$\overline{I_3}$	$\overline{I_2}$	$\overline{I_1}$	$\overline{I_0}$	$\overline{Y_2}$	$\overline{Y_1}$	$\overline{Y_0}$	$\overline{Y_{EX}}$	Y_S
1	×	×	×	×	×	×	×	×	1	1	1	1	1
0	1	1	1	1	1	1	1	1	1	1	1	1	0
0	0	×	×	×	×	×	×	×	0	0	0	0	1
0	1	0	×	×	×	×	×	×	0	0	1	0	1
0	1	1	0	×	×	×	×	×	0	1	0	0	1
0	1	1	1	0	×	×	×	×	0	1	1	0	1
0	1	1	1	1	0	×	×	×	1	0	0	0	1
0	1	1	1	1	1	0	×	×	1	0	1	0	1
0	1	1	1	1	1	1	0	×	1	1	0	0	1
0	1	1	1	1	1	1	1	0	1	1	1	0	1

功能表解读：

由功能表和逻辑符号可知，74LS148 具有低电平输入有效、大数优先编码、反码输出的功能。$\overline{ST}$ 为使能输入端（低电平有效），Y_S 为使能输出端（高电平有效），通常接至低位芯片的 $\overline{ST}$ 端。Y_S 和 $\overline{ST}$ 配合可以实现多级编码器之间的优先级别的控制。$\overline{Y_{EX}}$ 为扩展输出端，是优先编码标志输出端（低电平有效）。$\overline{Y_{EX}}=0$ 表示是编码输出；$\overline{Y_{EX}}=1$ 表示不是编码输出。

【例 13】试用两片 8 线-3 线优先编码器 74LS148 实现 16 线-4 线优先编码，画出连接图。

【解答】连接图如图 3-21 所示，电路优先级别从 $\overline{I}_{15}$ 至 $\overline{I}_0$ 递降，请读者自行分析工作原理。

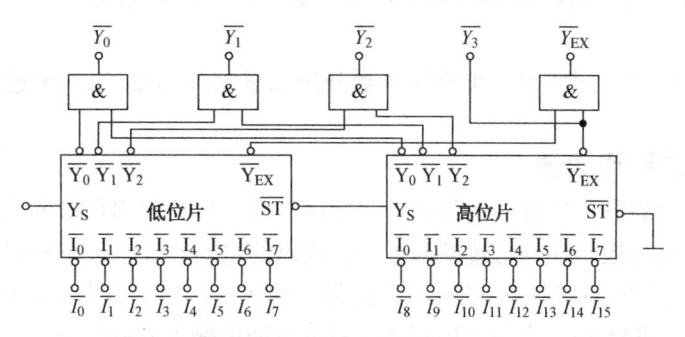

图 3-21 两片 74LS148 实现 16 线-4 线优先编码

2. 集成 10 线-4 线优先编码器（8421BCD 码优先编码器）74LS147 简介

74LS147 的引脚功能图如图 3-22 所示，功能表如表 3-11 所示。

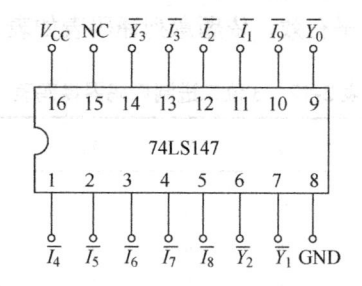

图 3-22 74LS147 引脚功能图

表 3-11 10 线-4 线优先编码器 74LS147 功能表

$\overline{I}_9$	$\overline{I}_8$	$\overline{I}_7$	$\overline{I}_6$	$\overline{I}_5$	$\overline{I}_4$	$\overline{I}_3$	$\overline{I}_2$	$\overline{I}_1$	$\overline{I}_0$	$\overline{Y}_3$	$\overline{Y}_2$	$\overline{Y}_1$	$\overline{Y}_0$
0	×	×	×	×	×	×	×	×	×	0	1	1	0
1	0	×	×	×	×	×	×	×	×	0	1	1	1
1	1	0	×	×	×	×	×	×	×	1	0	0	0
1	1	1	0	×	×	×	×	×	×	1	0	0	1
1	1	1	1	0	×	×	×	×	×	1	0	1	0
1	1	1	1	1	0	×	×	×	×	1	0	1	1
1	1	1	1	1	1	0	×	×	×	1	1	0	0
1	1	1	1	1	1	1	0	×	×	1	1	0	1
1	1	1	1	1	1	1	1	0	×	1	1	1	0
1	1	1	1	1	1	1	1	1	0	1	1	1	1

由功能表和逻辑符号可知，74LS147 输入端和输出端都具有低电平有效、优先级别从 $\overline{I}_9$ 至 $\overline{I}_0$ 递降、大数优先编码、反码输出的功能。

3.5 译码器、数码显示器

译码是编码的逆过程，把赋予某种特定含义的二进制代码翻译出来的过程称为译码，实现译码操作的电路称为译码器。和编码器一样，译码器也是一个多输入、多输出的电路。

按照译码工作的不同特点，可将译码器分为二进制译码器、二-十进制译码器和显示译码器等种类。

3.5.1 二进制译码器

将二进制代码的各种状态，按其原意"翻译"成对应的输出信号的电路，称为二进制译码器。译码器就是把一种代码转换为另一种代码的电路。设二进制译码器的输入端为 n 个，则输出端为 2^n 个，且对应于输入代码的每一种状态，2^n 个输出中只有一个为 1（或为 0），其余全为 0（或为 1）。由于二进制译码器可以译出输入变量的全部状态，故又称为完全译码器。

【例 14】 设计一个由门电路构成的 3 位二进制译码器（3 线-8 线译码器）。

【解答】：（1）3 位二进制译码器输入为 3 位二进制代码（A_2、A_1、A_0），输出为 8 个互斥的信号（$Y_7 \sim Y_0$），输出高电平有效，依题意列译码表如表 3-12 所示。

表 3-12　3 位二进制译码器译码表

A_2	A_1	A_0	Y_7	Y_6	Y_5	Y_4	Y_3	Y_2	Y_1	Y_0
0	0	0	0	0	0	0	0	0	0	1
0	0	1	0	0	0	0	0	0	1	0
0	1	0	0	0	0	0	0	1	0	0
0	1	1	0	0	0	0	1	0	0	0
1	0	0	0	0	0	1	0	0	0	0
1	0	1	0	0	1	0	0	0	0	0
1	1	0	0	1	0	0	0	0	0	0
1	1	1	1	0	0	0	0	0	0	0

（2）根据译码表写出逻辑表达式：

$Y_7 = A_2 A_1 A_0$，$Y_6 = A_2 A_1 \overline{A}_0$，$Y_5 = A_2 \overline{A}_1 A_0$，$Y_4 = A_2 \overline{A}_1 \overline{A}_0$，$Y_3 = \overline{A}_2 A_1 A_0$，$Y_2 = \overline{A}_2 A_1 \overline{A}_0$，$Y_1 = \overline{A}_2 \overline{A}_1 A_0$，$Y_0 = \overline{A}_2 \overline{A}_1 \overline{A}_0$。

（3）画出 3 位二进制译码器逻辑电路图，如图 3-23 所示。

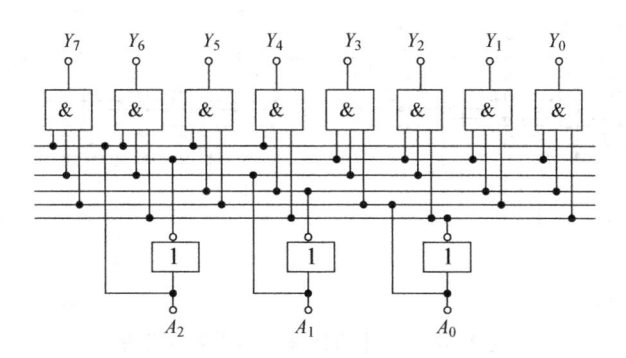

图 3-23 3 位二进制译码器逻辑电路图

3.5.2 二-十进制译码器（8421 BCD 译码器）

能把二-十进制代码翻译成 10 个十进制数字信号的电路，称为二-十进制译码器。由于二-十进制译码器有 4 根输入线，10 根输出线，所以又称为 4 线-10 线译码器，因为 $2^4>10$，所以二-十进制译码器属于不完全译码器。

【例 15】 设计一个由门电路构成的二-十进制译码器。

【解答】：（1）二-十进制译码器的输入是十进制数的 4 位二进制代码（BCD 码），分别用 A_3、A_2、A_1、A_0 表示；输出的是与 10 个十进制数相对应的 10 个信号，用 $Y_9 \sim Y_0$ 表示。本例设计中采用完全译码方案（当输入为 1010～1111 六个在 8421 BCD 码中不应该出现的编码时，得不到译码输出，这种功能称为"拒绝伪码"），输出高电平有效，依题意列译码表，如表 3-13 所示。

表 3-13 二-十进制译码器译码表

A_3	A_2	A_1	A_0	Y_9	Y_8	Y_7	Y_6	Y_5	Y_4	Y_3	Y_2	Y_1	Y_0
0	0	0	0	0	0	0	0	0	0	0	0	0	1
0	0	0	1	0	0	0	0	0	0	0	0	1	0
0	0	1	0	0	0	0	0	0	0	0	1	0	0
0	0	1	1	0	0	0	0	0	0	1	0	0	0
0	1	0	0	0	0	0	0	0	1	0	0	0	0
0	1	0	1	0	0	0	0	1	0	0	0	0	0
0	1	1	0	0	0	0	1	0	0	0	0	0	0
0	1	1	1	0	0	1	0	0	0	0	0	0	0
1	0	0	0	0	1	0	0	0	0	0	0	0	0
1	0	0	1	1	0	0	0	0	0	0	0	0	0

（2）根据译码表写出逻辑表达式：

$Y_9 = A_3\overline{A_2}\overline{A_1}A_0$，$Y_8 = A_3\overline{A_2}\overline{A_1}\overline{A_0}$，$Y_7 = \overline{A_3}A_2A_1A_0$，$Y_6 = \overline{A_3}A_2A_1\overline{A_0}$，$Y_5 = \overline{A_3}A_2\overline{A_1}A_0$，$Y_4 = \overline{A_3}A_2\overline{A_1}\overline{A_0}$，$Y_3 = \overline{A_3}\overline{A_2}A_1A_0$，$Y_2 = \overline{A_3}\overline{A_2}A_1\overline{A_0}$，$Y_1 = \overline{A_3}\overline{A_2}\overline{A_1}A_0$，$Y_0 = \overline{A_3}\overline{A_2}\overline{A_1}\overline{A_0}$。

（3）画出二-十进制译码器逻辑电路图，如图 3-24（a）所示。

本例中输出为高电平有效，若要求输出为低电平有效，只需将与门换成与非门即可，如图 3-24（b）所示。

(a)   (b)

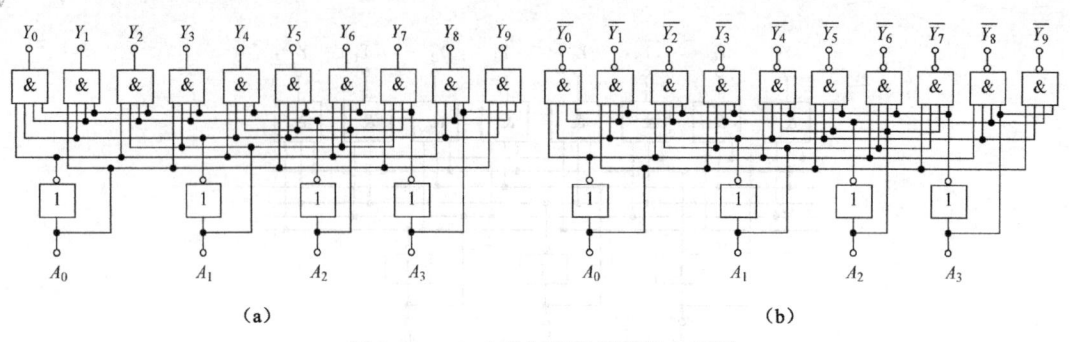

图 3-24 二-十进制译码器逻辑电路图

3.5.3 显示译码器

用来驱动各种显示器件,从而将用二进制代码表示的数字、文字、符号翻译成人们习惯的形式直观地显示出来的电路,称为显示译码器。

在数字系统中,常常需要将测量和运算的结果以十进制数或者字符显示出来,这就需要用到显示译码器。显示译码器能将输入的代码译成相应的高低电平,并用此电平去驱动数码显示器件,所以显示译码器一般应和计数器、译码器、驱动器等配合使用。如图 3-25 所示为译码显示电路框图。

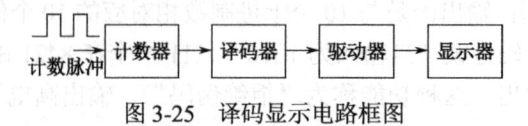

图 3-25 译码显示电路框图

目前,常用的数码显示器大多采用分段式,它由多条能独自发光的线段按照一定的方式组合而成,如半导体显示器、液晶显示器、荧光数码管、辉光数码管等。下面介绍最常用的两种。

1. 半导体显示器（LED）

七段半导体显示器（LED）,由 a、b、c、d、e、f、g 七个发光二极管做成条状,如图 3-26（a）所示（如果考虑小数点 h,实际为八段显示）。其中,二极管连接方式有共阴极和共阳极两种,如图 3-26（b）、（c）所示。LED 的优点：亮度高、字形清晰、工作电压低（1.5~3V）、体积小、可靠性高、寿命长、响应速度极快。

驱动方式：对于共阴极半导体显示器,为高电平驱动有效,若要显示数字"0", $abcdefg$ 应等于 1111110；对于共阳极半导体显示器,为低电平驱动有效,若要显示数字"0", $abcdefg$ 应等于 0000001。

连接方式：采用共阴极接法,公共端须接地,各输入端须串接阻值相同的限流电阻后,再接前级对应该段的驱动输出；采用共阳极接法,公共端须接电源端,各输入端须串接阻值相同的限流电阻后,再接前级对应该段的驱动输出。

2. 液晶显示器（LCD）

液晶显示器是利用液态晶体的光学特性做成的显示器。

液态晶体简称液晶,属于有机化合物。它在一定的温度范围内,既具有液体的流动性,又具有晶体的某些光学特性,其透明度和颜色会随着外界电场、磁场、光和温度的变化而变化。液晶显示器是一种被动显示器,本身不发光,故在黑暗环境下无法显示字符,只有受到外界光线照射时,才能通过调制外界光线使液晶的不同部位呈现出或明或暗、或透光与不透光来达到显示的目的。

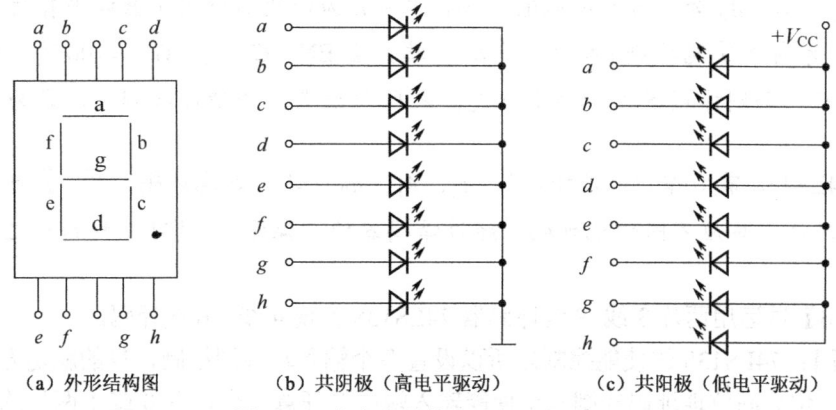

(a) 外形结构图　　(b) 共阴极（高电平驱动）　　(c) 共阳极（低电平驱动）

图 3-26　七段半导体显示器（LED）

利用液晶的这一特点，可做成电场控制的液晶分段数码显示器。如图 3-27 所示为液晶显示器示意图，在涂有导电层的基片上，按七段图形灌注液晶并封装好，然后将译码器输出端与各引脚对应相连。被加上控制电压的各段液晶，由于电场变化引起光学性能变化从而呈现反差，以显示相应的数字。液晶显示器体积小、功耗极低且制作工艺简单、成本低廉，但显示清晰度不如半导体数码管。

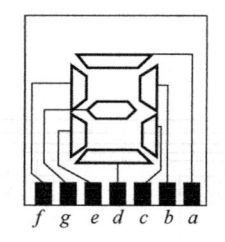

图 3-27　液晶显示器示意图

3.5.4　集成译码器简介与应用实例

在中规模集成电路中，译码器是使用最多的一种器件。

1. 集成二进制译码器 74LS138

74LS138 引脚排列和逻辑功能如图 3-28 所示。

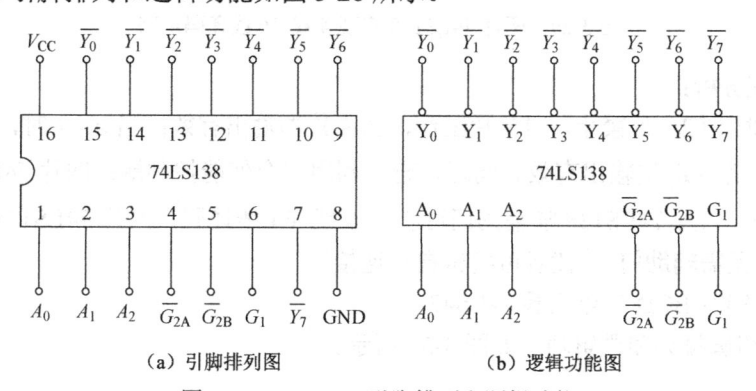

(a) 引脚排列图　　(b) 逻辑功能图

图 3-28　74LS138 引脚排列和逻辑功能

使用说明：

① A_2、A_1、A_0 为二进制译码输入端，$\overline{Y}_0 \sim \overline{Y}_7$ 为译码输出端（低电平有效）。G_1、$\overline{G}_{2A}$、$\overline{G}_{2B}$ 为内部使能控制 EN 的三个输入端，当 $EN = G_1 \cdot \overline{G}_{2A} \cdot \overline{G}_{2B} = 100$ 时，译码器处于工作状态，否则译码器处于禁止状态。之所以设置三个使能控制端，是为功能扩展之用。

② 74LS138 常用作"地址译码"。A_2、A_1、A_0 可认为是地址码，$\overline{Y}_0 \sim \overline{Y}_7$ 可看作八条不同的地址线，对应不同的地址码，经过译码器的"翻译"，就可以找到与之对应的地址线。

【例 16】 试运用两片 3 线-8 线译码器 74LS138 实现 4 线-16 线译码。

【解析】：74LS138 的使能控制之所以设置多个输入端共同控制，目的就是方便译码拓展：利用一位更高位地址码控制三个使能输入端中的任意一个，有 0 或 1 两种选择，两片 74LS138 便可实现 4 线-16 线译码；利用两位更高位地址码控制三个使能输入端中的任意两个，有 00、01、10、11 四种选择，四片 74LS138 便可实现 5 线-32 线译码；利用三位更高位地址码控制三个使能输入端中的三个，便有了 000~111 八种选择，八片 74LS138 便可实现 6 线-64 线译码。

【解答】：连接电路如图 3-29 所示。

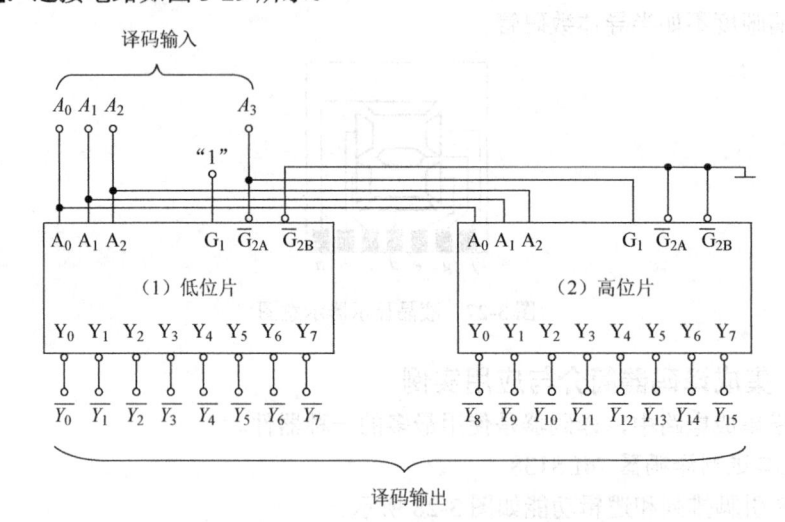

图 3-29 两片 74LS138 实现 4 线-16 线译码电路

工作原理分析：

当 $A_3=0$ 时，（2）片禁止，（1）片工作，$\overline{Y}_0 \sim \overline{Y}_7$ 端输出有效；当 $A_3=1$ 时，（1）片禁止，（2）片工作，$\overline{Y}_8 \sim \overline{Y}_{15}$ 端输出有效。同理，充分利用三个使能控制端：四片 74LS138 实现 5 线-32 线译码；八片 74LS138 加辅助门可实现 6 线-64 线译码，九片 74LS138 可实现 6 线-64 线译码（无需辅助门）。读者可尝试自行连接。

2. 集成 8421 BCD 码译码器 74LS42

74LS42 引脚排列和逻辑功能如图 3-30 所示。

(a) 引脚排列图　　　　　　　　　(b) 逻辑功能图

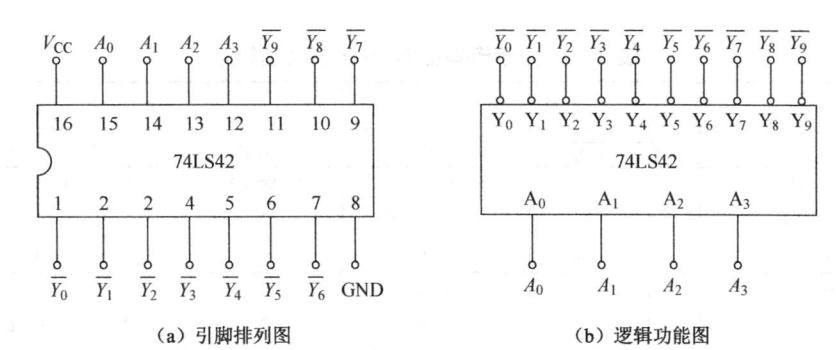

图 3-30　74LS42 引脚排列和逻辑功能

使用说明：输出为反变量，即为低电平有效，采用完全译码方案。

【例 17】运用 4 位二进制译码器 74LS154 实现如下码制转换。

（1）8421BCD 码→十进制代码。

（2）余 3 码→十进制代码。

（3）2421BCD 码→十进制代码。

【解答】：连接电路如图 3-31 所示，读者可自主分析转换原理。

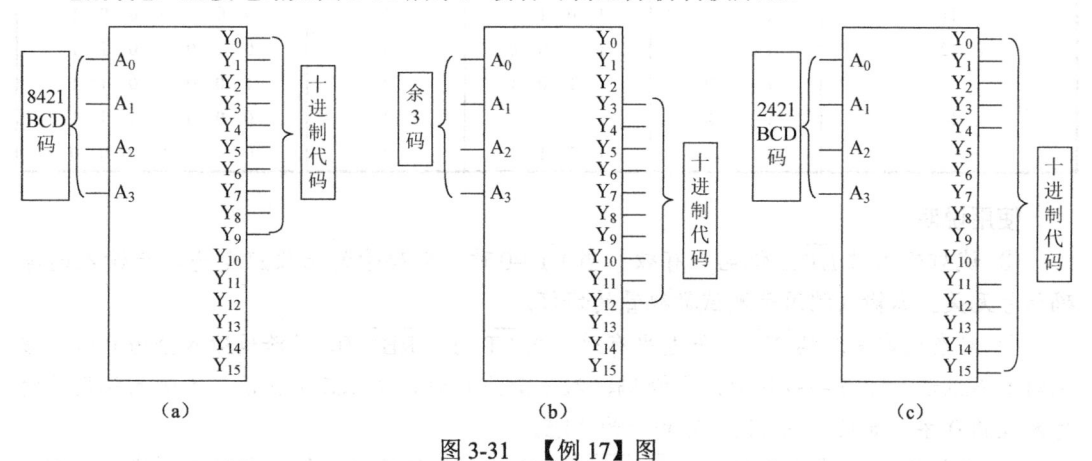

图 3-31　【例 17】图

3. 集成显示译码器 74LS48

74LS48 引脚排列如图 3-32 所示，逻辑功能表如表 3-14 所示。

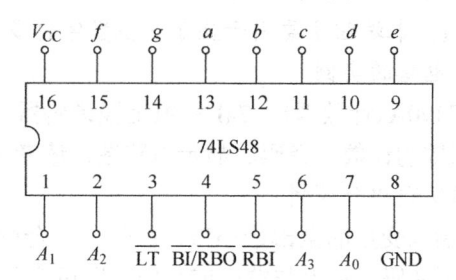

图 3-32　显示译码器 74LS48 引脚排列图

表 3-14　显示译码器 74LS48 逻辑功能表

功能或十进制数	输　入			输　出
	$\overline{LT}$　$\overline{RBI}$	$A_3\ A_2\ A_1\ A_0$	$\overline{BI/RBO}$	$a\ b\ c\ d\ e\ f\ g$
$\overline{BI/RBO}$（灭灯）	×　×	×　×　×　×	0（输入）	0　0　0　0　0　0　0
$\overline{LT}$（试灯）	0　×	×　×　×　×	1	1　1　1　1　1　1　1
$\overline{RBI}$（动态灭零）	1　0	0　0　0　0	0	0　0　0　0　0　0　0
0	1　1	0　0　0　0	1	1　1　1　1　1　1　0
1	1　×	0　0　0　1	1	0　1　1　0　0　0　0
2	1　×	0　0　1　0	1	1　1　0　1　1　0　1
3	1　×	0　0　1　1	1	1　1　1　1　0　0　1
4	1　×	0　1　0　0	1	0　1　1　0　0　1　1
5	1　×	0　1　0　1	1	1　0　1　1　0　1　1
6	1　×	0　1　1　0	1	0　0　1　1　1　1　1
7	1　×	0　1　1　1	1	1　1　1　0　0　0　0
8	1　×	1　0　0　0	1	1　1　1　1　1　1　1
9	1　×	1　0　0　1	1	1　1　1　0　0　1　1
10	1　×	1　0　1　0	1	0　0　0　1　1　0　1
11	1　×	1　0　1　1	1	0　0　1　1　0　0　1
12	1　×	1　1　0　0	1	0　1　0　0　0　1　1
13	1　×	1　1　0　1	1	1　0　0　1　0　1　1
14	1　×	1　1　1　0	1	0　0　0　1　1　1　1
15	1　×	1　1　1　1	1	0　0　0　0　0　0　0

使用说明：

① 试灯输入端 $\overline{LT}$：低电平有效。当 $\overline{LT}$=0 时，数码管的七段应全亮，与输入的译码信号无关。本输入端用于测试数码管的好坏。

② 动态灭零输入端 $\overline{RBI}$：低电平有效。当 $\overline{LT}$=1、$\overline{RBI}$=0，且译码输入全为 0 时，该位输出不显示，即 0 字被熄灭；当译码输入不全为 0 时，该位正常显示。本输入端用于消隐无效的 0 字，如数据 0034.50 可显示为 34.5。

③ 灭灯输入/动态灭零输出端 $\overline{BI/RBO}$：这是一个特殊的端钮，有时用作输入，有时用作输出。当 $\overline{BI/RBO}$ 作为输入使用，且 $\overline{BI/RBO}$=0 时，数码管七段全灭，与译码输入无关。当 $\overline{BI/RBO}$ 作为输出使用时，受控于 $\overline{LT}$ 和 $\overline{RBI}$：当 $\overline{LT}$=1 且 $\overline{RBI}$=0 时，$\overline{BI/RBO}$=0；在其他情况下，$\overline{BI/RBO}$=1。本端钮主要用于显示多位数字时多个译码器之间的连接。

4. 计数、译码、显示电路的实例

图 3-33 所示是由 SN7490A（计数器）、74LS49（七段译码器）、BS205（共阴极七段数码管）连接组成的一位十进制数的计数、译码、显示电路图，读者可自主分析连接原理。

5. 运用二进制译码器实现组合逻辑

二进制译码器能产生输入变量的全部最小项，而任一组合逻辑函数总能表示成最小项之和的形式，所以，二进制译码器加上与非门或与门，即可实现任何组合逻辑函数。

【例 18】已知一位全加器输出：$S_i(A_i,B_i,C_{i-1}) = \sum m(1,2,4,7)$、$C_i(A_i,B_i,C_{i-1}) = \sum m(3,5,6,7)$。试用 3 线–8 线译码器 74LS138 实现该逻辑功能。

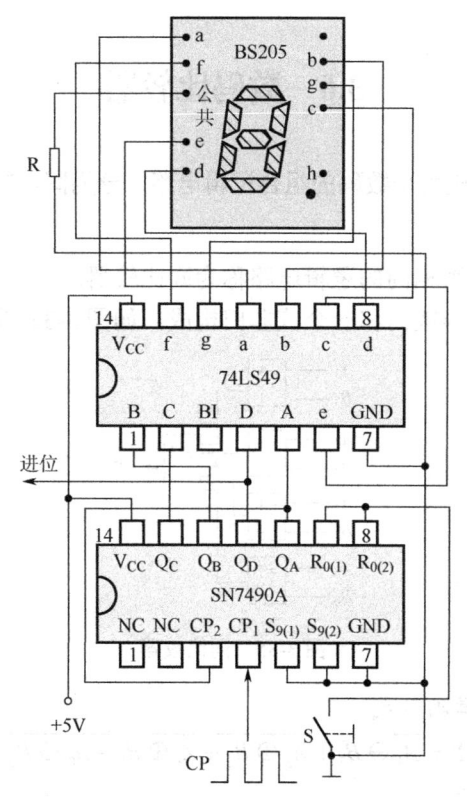

图 3-33 计数、译码、显示电路图

【解答】：方式一：通过辅助与非门实现。

（1）写出函数的标准与或表达式，并变换为与非-与非形式。

本位和：$S_i(A_i,B_i,C_{i-1}) = \sum m(1,2,4,7) = \overline{m}_1\overline{m}_2\overline{m}_4\overline{m}_7 = \overline{\overline{Y}_1\overline{Y}_2\overline{Y}_4\overline{Y}_7}$

向更高位的进位：$C_i(A_i,B_i,C_{i-1}) = \sum m(3,5,6,7) = \overline{m}_3\overline{m}_5\overline{m}_6\overline{m}_7 = \overline{\overline{Y}_3\overline{Y}_5\overline{Y}_6\overline{Y}_7}$

（2）画出用 74LS138 和与非门实现这些函数的接线图，如图 3-34 所示。

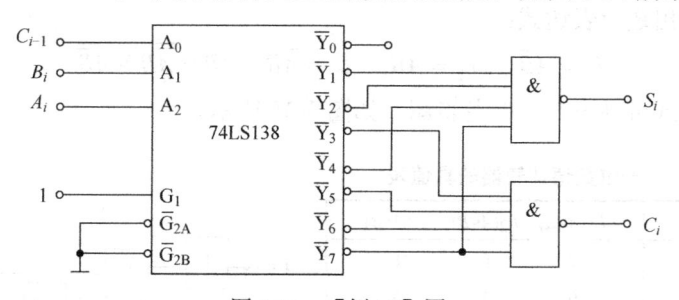

图 3-34 【例 18】图

方式二：通过辅助与门实现（接线图略）。

本位和：$S_i(A_i,B_i,C_{i-1}) = \sum m(1,2,4,7) = \overline{m}_1\overline{m}_2\overline{m}_4\overline{m}_7 = \overline{m}_0\overline{m}_3\overline{m}_5\overline{m}_6 = \overline{Y}_0\overline{Y}_3\overline{Y}_5\overline{Y}_6$

向更高位的进位：$C_i(A_i,B_i,C_{i-1}) = \sum m(3,5,6,7) = \overline{m}_3\overline{m}_5\overline{m}_6\overline{m}_7 = \overline{m}_0\overline{m}_1\overline{m}_2\overline{m}_4 = \overline{Y}_0\overline{Y}_1\overline{Y}_2\overline{Y}_4$

3.6 数码比较器

数码比较器是能够比较两个数码的组合逻辑电路，分为**同比较器**和**数值比较器**两类。

3.6.1 同比较器

用来比较两个数码是否相同的逻辑电路称为同比较器。

同比较器电路由四个异或门和一个或非门构成，如图 3-35 所示。

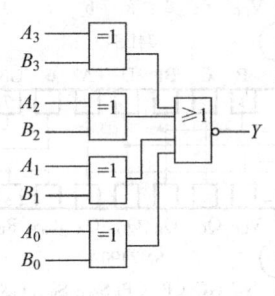

图 3-35 同比较器

1. 同比较器输出逻辑函数式

$$Y = \overline{A_3 \oplus B_3 + A_2 \oplus B_2 + A_1 \oplus B_1 + A_0 \oplus B_0}$$

2. 同比较器工作原理

由输出逻辑函数式可知，当两个数相等时，$Y=1$；当两个数不等时，$Y=0$。

3.6.2 数值比较器

用来完成两个二进制数的数值大小比较的逻辑电路称为数值比较器。

1. 一位数值比较器

两个一位二进制数 A 和 B 进行比较的结果有三种：$A>B$；$A<B$；$A=B$。设 $A>B$ 时 $L_1=1$、$A<B$ 时 $L_2=1$、$A=B$ 时 $L_3=1$，可得到如表 3-15 所示一位数值比较器的真值表。

由真值表写出逻辑表达式：

$$L_1 = A\overline{B} \quad L_2 = \overline{A}B \quad L_3 = \overline{A}\overline{B} + AB = \overline{\overline{A}B + A\overline{B}}$$

由逻辑表达式可画出对应的逻辑图，如图 3-36 所示。

表 3-15 一位数值比较器的真值表

A	B	$L_1(A>B)$	$L_2(A<B)$	$L_3(A=B)$
0	0	0	0	1
0	1	0	1	0
1	0	1	0	0
1	1	0	0	1

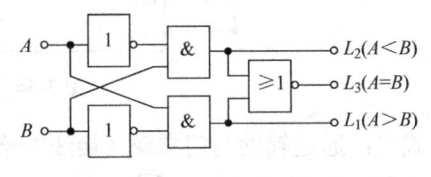

图 3-36 一位数值比较器逻辑图

2. 四位数值比较器

设 $A=A_3A_2A_1A_0$，$B=B_3B_2B_1B_0$，列出 A 和 B 进行比较的真值表如表 3-16 所示。

真值表中的输入变量包括 A_3 与 B_3、A_2 与 B_2、A_1 与 B_1、A_0 与 B_0 和 A' 与 B' 的比较结

果，$A'>B'$、$A'<B'$ 和 $A'=B'$。A' 与 B' 是另外两个低位数，设置低位数比较结果输入端（联级输入），是为了能与其他数值比较器连接，以便组成更多位数的数值比较器；三个输出信号 $L_1(A>B)$、$L_2(A<B)$ 和 $L_3(A=B)$ 分别表示本级的比较结果。

表 3-16 四位数值比较器真值表

比较输入				级联输入			输出		
$A_3\ B_3$	$A_2\ B_2$	$A_1\ B_1$	$A_0\ B_0$	$A'>B'$	$A'<B'$	$A'=B'$	$A>B$	$A<B$	$A=B$
$A_3>B_3$	×	×	×	×	×	×	1	0	0
$A_3<B_3$	×	×	×	×	×	×	0	1	0
$A_3=B_3$	$A_2>B_2$	×	×	×	×	×	1	0	0
$A_3=B_3$	$A_2<B_2$	×	×	×	×	×	0	1	0
$A_3=B_3$	$A_2=B_2$	$A_1>B_1$	×	×	×	×	1	0	0
$A_3=B_3$	$A_2=B_2$	$A_1<B_1$	×	×	×	×	0	1	0
$A_3=B_3$	$A_2=B_2$	$A_1=B_1$	$A_0>B_0$	×	×	×	1	0	0
$A_3=B_3$	$A_2=B_2$	$A_1=B_1$	$A_0<B_0$	×	×	×	0	1	0
$A_3=B_3$	$A_2=B_2$	$A_1=B_1$	$A_0=B_0$	1	0	0	1	0	0
$A_3=B_3$	$A_2=B_2$	$A_1=B_1$	$A_0=B_0$	0	1	0	0	1	0
$A_3=B_3$	$A_2=B_2$	$A_1=B_1$	$A_0=B_0$	0	0	1	0	0	1

3.6.3 集成数值比较器简介与应用实例

1. 四位集成数值比较器

四位集成数值比较器 74LS85、CC4585 的引脚功能如图 3-37 所示。

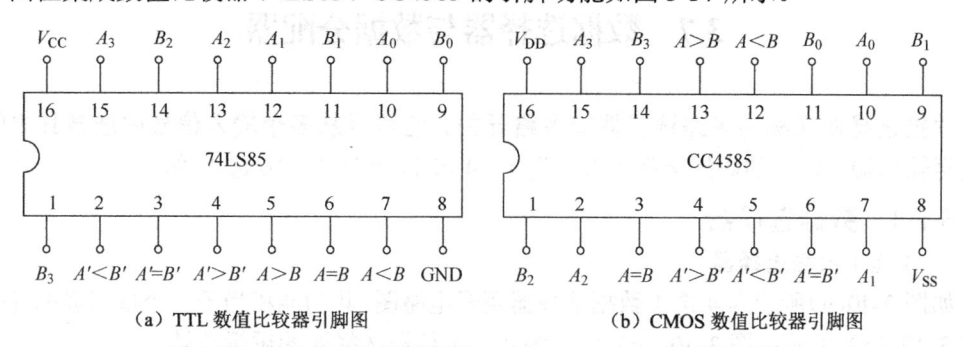

（a）TTL 数值比较器引脚图　　（b）CMOS 数值比较器引脚图

图 3-37　四位集成数值比较器 74LS85、CC4585 的引脚功能图

2. 比较器的级联应用

（1）三片 74LS85 串联扩展应用电路如图 3-38 所示。

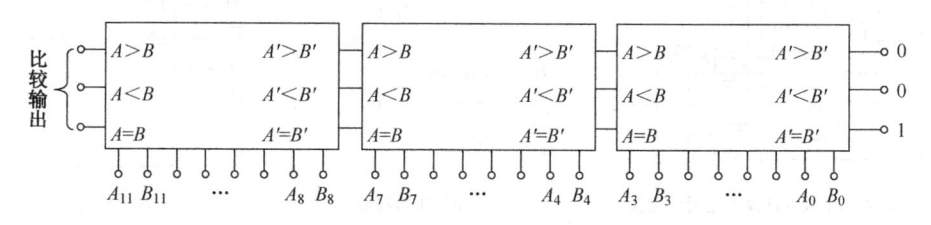

图 3-38　三片 74LS85 串联扩展应用电路

强调：最低位的级联输入端必须预先设置为 001。

（2）并联扩展应用电路如图 3-39 所示。

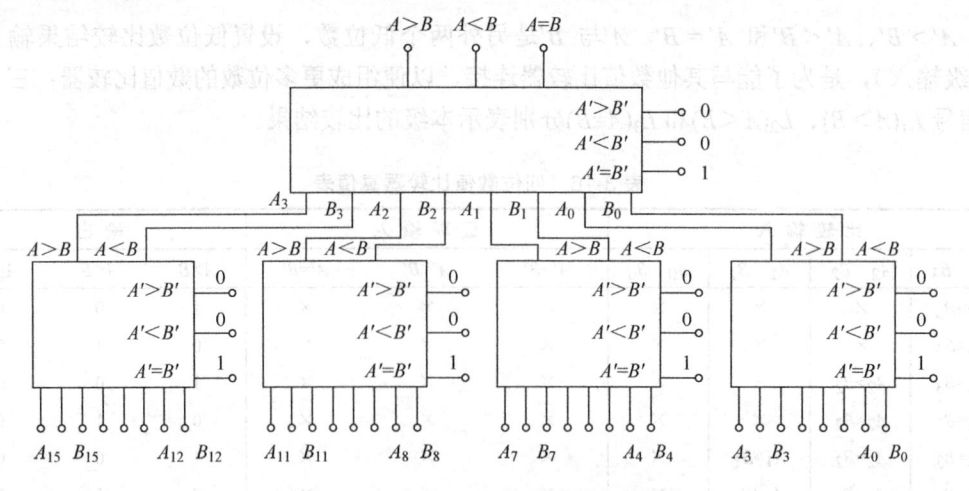

图 3-39 多片 74LS85 并联扩展应用电路

【例 19】 对应图 3-38，对 A 和 B 进行数值比较，在以下情况下电路该如何连接？
（1）A 和 B 的位数不相等，比如 A 是 12 位二进制数，B 是 11 位二进制数。
（2）A 和 B 的位数不到 12 位，比如都是 10 位二进制数。

【解答】：（1）将 B 的最高位接地，相当于 $B_{11}=0$，再将 A 和 B 高低位对应接入即可比较；（2）令 A 和 B 高、低位数的相同的任意两位数等值，如 $A_{11}A_{10}=B_{11}B_{10}=00$ 或 01 或 10 或 11 均可，再将 A 和 B 高低位对应接入即可比较。

3.7 数据选择器与数据分配器

数据选择器又称为多路选择器或多路开关。它可以从多个输入信号中选择其中的一个送至输出端。常用的数据选择器有 2 选 1、4 选 1、8 选 1、16 选 1 等。

3.7.1 数据选择器

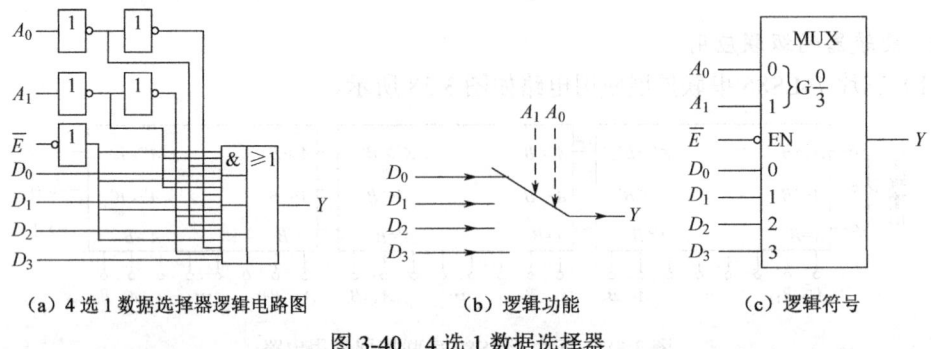

1. 4 选 1 数据选择器

如图 3-40（a）所示为 4 选 1 数据选择器逻辑电路图；其功能相当于一个单刀多掷开关，如图 3-40（b）所示；图 3-40（c）所示为 4 选 1 数据选择器的逻辑符号。

(a) 4 选 1 数据选择器逻辑电路图　　(b) 逻辑功能　　(c) 逻辑符号

图 3-40　4 选 1 数据选择器

$D_0 \sim D_3$ 为数据输入端，其个数也称通道数，A_1、A_0 是地址控制输入端（也称地址码），通道数 N 与地址控制输入端数 G 应满足 $N=2^G$。根据 A_1、A_0 的取值组合，选取 $D_0 \sim$

D_3 中的 1 路数据输出到 Y 端；$\overline{E}$ 又称使能端或选通端，低电平有效。4 选 1 数据选择器功能表如表 3-17 所示。

由逻辑电路图和功能表可知：

$$Y = \overline{\overline{E}}(\overline{A}_1\overline{A}_0 D_0 + \overline{A}_1 A_0 D_1 + A_1 \overline{A}_0 D_2 + A_1 A_0 D_3)$$

当 $\overline{E}=1$ 时，$Y=0$，数据选择器禁止数据传输；当 $\overline{E}=0$ 时，$Y = \overline{A}_1\overline{A}_0 D_0 + \overline{A}_1 A_0 D_1 + A_1 \overline{A}_0 D_2 + A_1 A_0 D_3$，数据选择器进行正常数据传输。

2. 集成数据选择器

（1）集成双 4 选 1 数据选择器 74LS153 简介。

集成双 4 选 1 数据选择器 74LS153 的引脚功能如图 3-41 所示。

表 3-17 4 选 1 数据选择器功能表

输入				输出
$\overline{E}$	D	A_1	A_0	Y
1	×	×	×	0
0	D_0	0	0	D_0
0	D_1	0	1	D_1
0	D_2	1	0	D_2
0	D_3	1	1	D_3

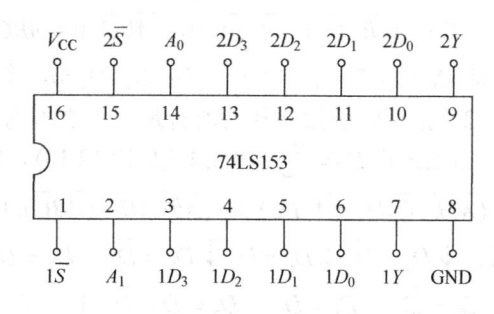

图 3-41 双 4 选 1 数据选择器 74LS153 引脚功能

使用说明：

① 双 4 选 1 数据选择器的地址控制输入端 A_1、A_0 是共用的，功能相当于两个同步的单刀多掷开关；

② 使能控制端 $1\overline{S}$、$2\overline{S}$ 均为低电平有效，即当 $\overline{S}=0$ 时相应 4 选 1 数据选择器进行正常数据传输；当 $\overline{S}=1$ 时被禁止，输出 $Y=0$。

（2）集成 8 选 1 数据选择器 74LS251/151 简介。

集成 8 选 1 数据选择器 74LS251/151 的引脚功能如图 3-42 所示，功能表如表 3-18 所示。

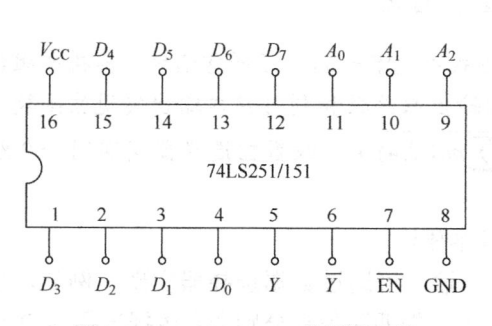

图 3-42 74LS251/151 的引脚功能

表 3-18 74LS251/151 功能表

输入					输出	
D	A_2	A_1	A_0	$\overline{EN}$	Y	$\overline{Y}$
×	×	×	×	1	0	1
D_0	0	0	0	0	D_0	$\overline{D}_0$
D_1	0	0	1	0	D_1	$\overline{D}_1$
D_2	0	1	0	0	D_2	$\overline{D}_2$
D_3	0	1	1	0	D_3	$\overline{D}_3$
D_4	1	0	0	0	D_4	$\overline{D}_4$
D_5	1	0	1	0	D_5	$\overline{D}_5$
D_6	1	1	0	0	D_6	$\overline{D}_6$
D_7	1	1	1	0	D_7	$\overline{D}_7$

3.7.2 数据选择器应用实例

1. 实现组合逻辑

因为任何组合逻辑函数总可以用最小项之和的标准形式构成，所以利用数据选择器的输入 D_i 来选择地址变量组成的最小项 m_i，可以实现任何所需的组合逻辑函数。一般，4选1数据选择器可实现任何3变量的组合逻辑函数，8选1数据选择器可实现任何4变量的组合逻辑函数，以此类推。

【例20】 运用8选1数据选择器74LS251分别实现以下组合逻辑函数：

（1）$F_1 = \overline{A} \cdot \overline{B} \cdot \overline{C} + \overline{A}BC + A\overline{B}C + AB\overline{C} + ABC$；

（2）$F_2 = B\overline{C} + \overline{A} \cdot \overline{B} \cdot \overline{C} \cdot \overline{D} + \overline{A} \cdot BCD + A\overline{B} \cdot CD + AB\overline{C}\overline{D}$。

【解答】：（1）$F_1(A,B,C) = \sum m(0,3,5,6,7)$，将 A、B、C 作为地址输入，D 作为数据输入，可得：$F_1 = \overline{A} \cdot \overline{B} \cdot \overline{C} \cdot 1 + \overline{A} \cdot \overline{B}C \cdot 0 + \overline{A}B\overline{C} \cdot 0 + \overline{A}BC \cdot 1 + A\overline{B} \cdot \overline{C} \cdot 0 + A\overline{B}C \cdot 1 + AB\overline{C} \cdot 1 + ABC \cdot 1$

即 $D_0 = D_3 = D_5 = D_6 = D_7 = 1$、$D_1 = D_2 = D_4 = 0$，实现 F_1 的逻辑电路图如图3-43（a）所示。

（2）把逻辑函数展开为所有最小项之和的标准形式如下：

$F_2(A,B,C,D) = \sum m(0,3,4,5,9,10,12,13)$，将 A、B、C 作为地址输入，D 作为数据输入：

$F_2 = (\overline{A} \cdot \overline{B} \cdot \overline{C})\overline{D} + (\overline{A} \cdot BC)D + (\overline{A}B\overline{C})\overline{D} + (\overline{A}B\overline{C})D + (A\overline{B} \cdot \overline{C})D + (A\overline{B}C)\overline{D} + (AB\overline{C})\overline{D} + (AB\overline{C})D$，

可得：$\downarrow D_0 = \overline{D} \quad \downarrow D_1 = D \quad \downarrow D_2 = \overline{D} \quad \downarrow D_2 = D \quad \downarrow D_4 = D \quad \downarrow D_5 = \overline{D} \quad \downarrow D_6 = \overline{D} \quad \downarrow D_6 = D$，

即：$D_0 = \overline{D}$，$D_1 = D$，$D_2 = D + \overline{D} = 1$，$D_3 = 0$，$D_4 = D$，$D_5 = \overline{D}$，$D_6 = D + \overline{D} = 1$，$D_7 = 0$。实现 F_2 的逻辑电路图如图3-43（b）所示。

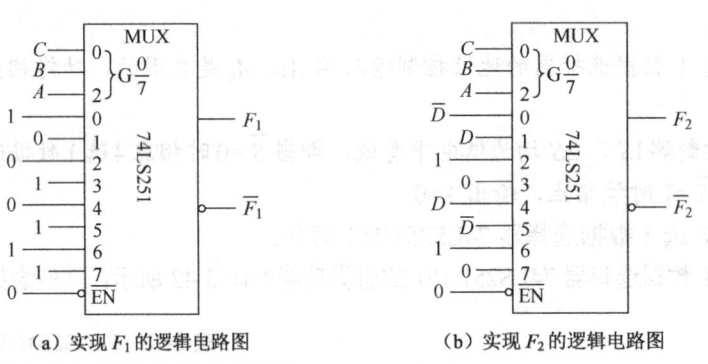

（a）实现 F_1 的逻辑电路图　　　　　（b）实现 F_2 的逻辑电路图

图3-43　【例20】图

强调：地址输入端和数据输入端的选择方式不是唯一的，可任意选择，其排列组合的方式多种多样；在输出端的选择也存在 F 端输出原函数和利用 $\overline{F}$ 端输出实现原函数（例如：$F_1(A,B,C) = \sum m(0,3,5,6,7) \Rightarrow \overline{F_1}(A,B,C) = \overline{\sum m(1,2,4)}$）。故数据选择器实现同一个组合逻辑的方式有很多种。

2. 实现数据并行-串行转换（也称分时多路传输）

将多路数据按一定规律汇聚成一路进行传输，可通过数据选择器实现。例如，传输 A、B、C、D 四路信息，可用4选1数据选择器，把四路信息分别加到数据选择器 $D_0 \sim D_3$ 端；地址输入低位端加时钟信号 C_0，地址输入高位端加二分频时钟信号 C_1。这样，输出端将周而复始地输出信息 $A,B,C,D\cdots$。数据并行-串行转换原理如图3-44所示。

3. 用于产生序列信号

在数字系统中，常常需要用周期性的序列信号作为标识或控制信号，如重复产生序列信号 01011100，由于数码个数为 8，故可选择 8 选 1 数据选择器实现。

序列信号产生电路和工作原理如图 3-45 所示。

将数据选择器 $D_0 \sim D_7$ 端预置数码 01011100，地址输入 $A_0 \sim A_2$ 端分别加时钟信号 C_0、二分频时钟信号 C_1 和四分频时钟信号 C_2，这样输出端 F 便将重复输出 01011100。

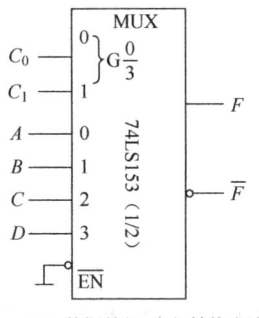

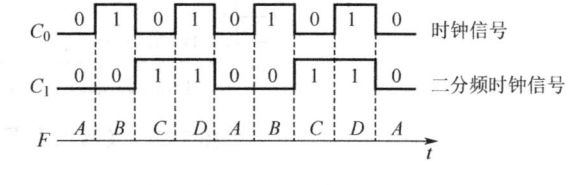

图 3-44 数据并行-串行转换原理

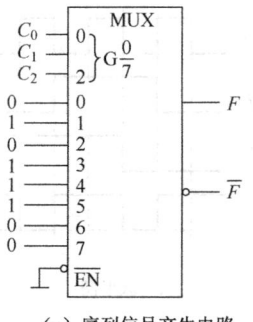

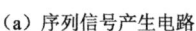

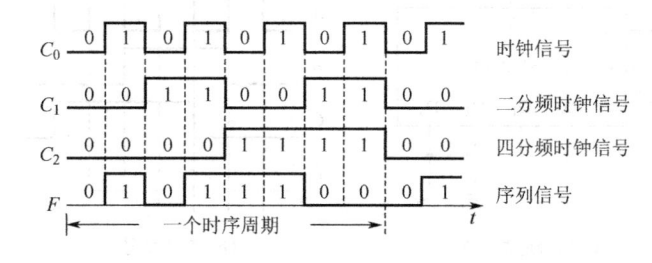

图 3-45 序列信号产生电路和工作原理

4. 数据选择器典型应用和分析实例

【例 21】 试运用两片 8 选 1 数据选择器 74LS251 实现 16 选 1 的功能。

【解答】：通过更高位的地址码来控制使能端，便可实现 16 选 1、32 选 1 的数据通道拓展。连接电路如图 3-46 所示。

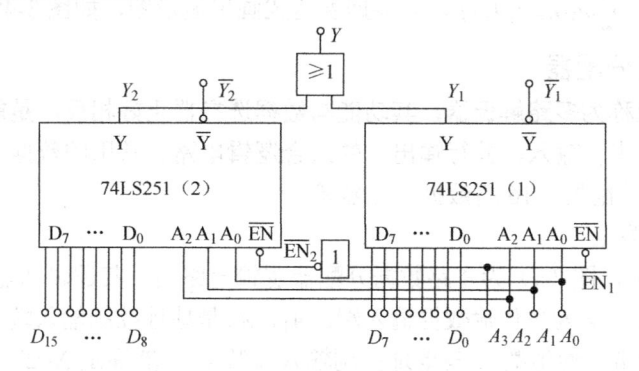

图 3-46 两片 74LS251 实现 16 选 1 数据选择功能的连接电路

工作原理：当 $A_3=0$ 时，$\overline{EN_1}=0$，$\overline{EN_2}=1$，（2）片禁止、（1）片工作，输出选通为 $D_0 \sim D_7$ 通道；当 $A_3=1$ 时，$\overline{EN_1}=1$、$\overline{EN_2}=0$，（1）片禁止、（2）片工作，输出选通为 $D_8 \sim D_{15}$ 通道。

【例22】试用 8 选 1 数据选择器 74LS151 实现逻辑函数 $F=AB+AC$。

【解答】：$F = AB + AC = AB\overline{C} + ABC + A\overline{B}C + ABC = \sum m(5,6,7)$，连接电路如图 3-47 所示。

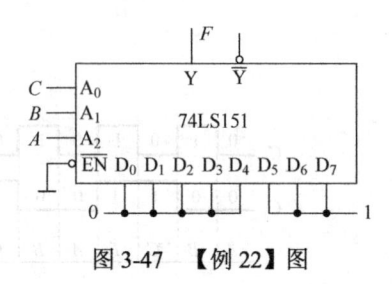

图 3-47 【例22】图

【例23】由 4 选 1 数据选择器构成的组合逻辑电路如图 3-48（a）所示，请画出在图 3-48（b）所示输入信号作用下，L 的输出波形。

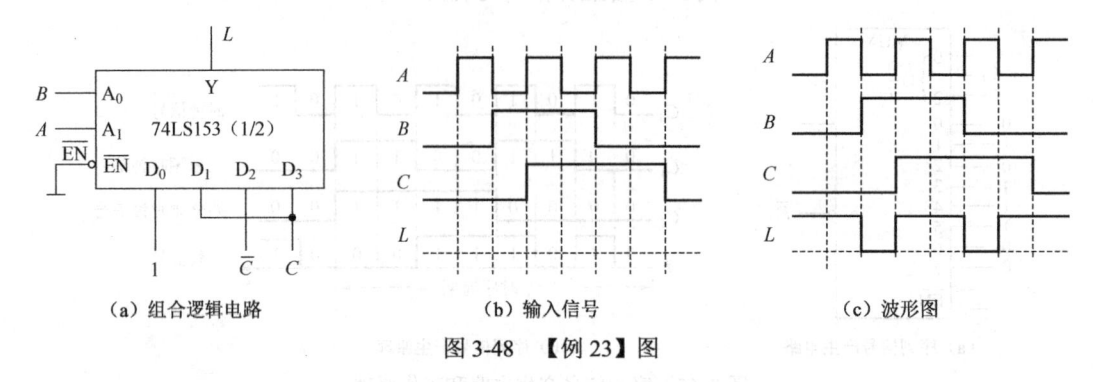

(a) 组合逻辑电路　(b) 输入信号　(c) 波形图

图 3-48 【例23】图

【解答】：4 选 1 数据选择器的逻辑表达式为：
$$L = \overline{A_1}\,\overline{A_0}D_0 + \overline{A_1}A_0D_1 + A_1\overline{A_0}D_2 + A_1A_0D_3$$

将 $A_1=A$，$A_0=B$，$D_0=1$，$D_1=C$，$D_2=\overline{C}$，$D_3=C$ 代入上式得：
$$L = \overline{A}\,\overline{B} + \overline{A}BC + A\overline{B}\,\overline{C} + ABC = \overline{A}\,\overline{B}\,\overline{C} + \overline{A}\,\overline{B}C + \overline{A}BC + A\overline{B}\,\overline{C} + ABC$$

即 $L(A,B,C) = \sum m(0,1,3,4,7)$，可根据表达式画出波形图，如图 3-48（c）所示。

3.7.3 数据分配器

数据分配器也称为多路解调器，其功能与数据选择器正好相反，是能将 1 路输入信号转换成多路输出（串行输入，并行输出）的组合逻辑电路。常用的数据分配器有 4 路数据分配器、8 路数据分配器、16 路数据分配器等。

4 路数据分配器

如图 3-49 所示，图（a）为 4 路数据分配器逻辑电路图，其逻辑功能相当于图（b）所示的单刀四掷开关，D 为被传输数据输入端；A_1、A_0 是地址控制输入端（也称地址码）；$Y_0 \sim Y_3$ 是数据输出端，通道数 N 与地址控制输入端数 G 仍然满足 $N=2^G$。图（c）所示为 4 路数据分配器的逻辑符号。根据 A_1、A_0 的取值组合，分配数据 D 由 $Y_0 \sim Y_3$ 端输出，其真值表如表 3-19 所示。

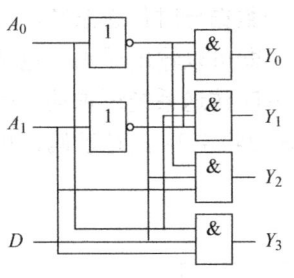

(a) 4 路数据分配器逻辑电路图　　　　(b) 逻辑功能　　　　(c) 逻辑符号

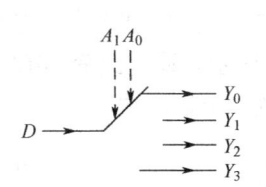

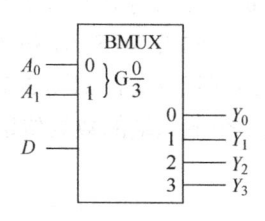

图 3-49　电路数据分配器

表 3-19　4 路数据分配器真值表

输入			输出			
	A_1	A_0	Y_0	Y_1	Y_2	Y_3
D	0	0	D	0	0	0
	0	1	0	D	0	0
	1	0	0	0	D	0
	1	1	0	0	0	D

由真值表可写出 4 路数据分配器输出逻辑表达式为：

$Y_0 = D\bar{A_1}\bar{A_0}$；　　$Y_1 = D\bar{A_1}A_0$；　　$Y_2 = DA_1\bar{A_0}$；　　$Y_3 = DA_1A_0$。

把二进制译码器的使能端作为数据输入端，二进制代码输入端作为地址控制输入端，则任何带使能端的二进制译码器就是数据分配器。数据分配器实际上是二进制译码器的特殊应用，如 8 路分配器就是一个 3 线-8 线译码器。

3.7.4　数据分配器应用实例

1. 实现组合逻辑

前面已经提及，此处不再重复。

2. 实现数据串行输入-并行输出转换

如图 3-50 所示，A_2、A_1、A_0 为地址控制输入端，$\bar{Y_7} \sim \bar{Y_0}$ 为并行数据输出端，在使能控制 G_1、$\bar{G_{2A}}$、$\bar{G_{2B}}$ 三端中任意选择一个作为数据串行输入端。如 $\bar{G_{2A}}$、$\bar{G_{2B}}$ 之一作为数据输入端时，相应选通端输出为原码，接法如图 3-50（a）所示；如 G_1 作为数据输入端时，相应选通端输出为反码，接法如图 3-50（b）所示。

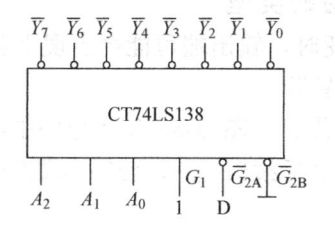

(a) 原码输出逻辑电路图　　　　　　　(b) 反码输出逻辑电路图

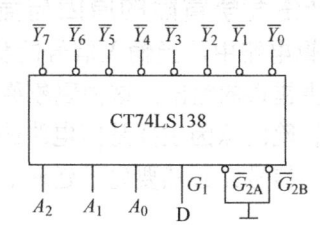

图 3-50　数据串-并行转换原理图

3. 数据分配器和数据选择器一起构成数据分时传送系统

图 3-51（a）所示为由数据分配器和数据选择器共同构成的数据分时传送系统，其主要特点是：可以用很少的几根线实现多路数字信息的分时传送，既可以输出原码，也可以输出反码。如果 74LS251 和 74LS138 连接相同的地址控制码，分时传送系统逻辑功能就相当于 8 路同步开关，如图 3-51（b）所示。通过改变 74LS251 和 74LS138 的地址码，可以将任意一个输入端的数据传送到任意一个输出端。

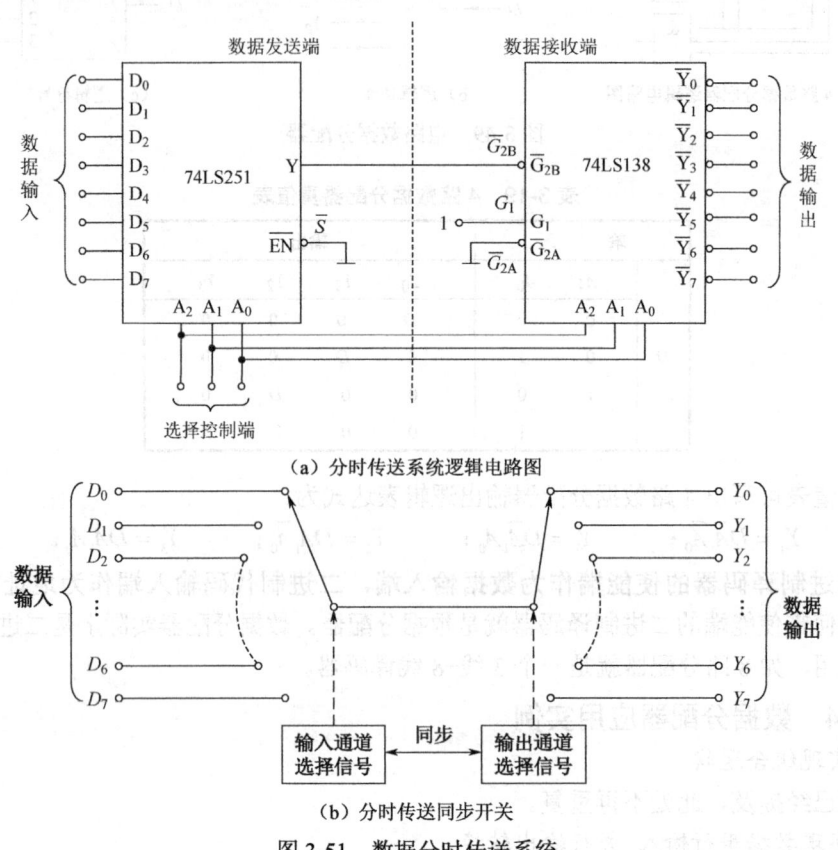

（a）分时传送系统逻辑电路图

（b）分时传送同步开关

图 3-51　数据分时传送系统

3.8　组合逻辑电路中的竞争与冒险

3.8.1　产生竞争冒险的原因与竞争冒险的类型

在组合逻辑电路中，当输入信号的状态改变时，输出端可能会出现不正常的干扰信号，使电路产生错误的输出，这种现象称为竞争冒险。

产生竞争冒险的原因主要是门电路的传输延迟。在图 3-52 所示电路中，由于传输路径的差异，直通信号 A 必然要先于延迟信号 $\bar{A}$ 到达后续门电路，使输出端产生了不应有的窄脉冲。

冒险的类型有 1 型冒险和 0 型冒险：在图 3-52（a）中，Y_1 本来恒为 0，却在输出端出现了错误的 1（正向干扰脉冲），这种冒险称为 1 型冒险；在图 3-52（b）中，Y_2 本来恒为 1，却在输出端出现了错误的 0（负向干扰脉冲），这种冒险称为 0 型冒险。

(a) $Y_1 = A\overline{A} = 0$

(b) $Y_2 = A + \overline{A} = 1$

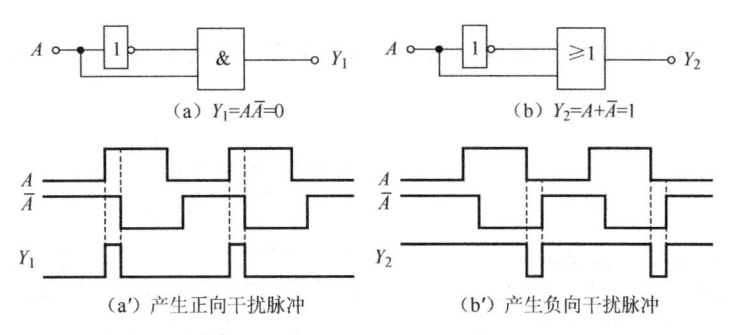

(a′) 产生正向干扰脉冲

(b′) 产生负向干扰脉冲

图 3-52　1 型冒险和 0 型冒险

3.8.2　组合逻辑电路竞争冒险的检查与消除实例

竞争冒险的检查方法有代数法、卡诺图法（圈"1"或圈"0"均可）。

1. 代数法判别

如果一个组合逻辑函数的表达式在一定条件下能简化成 $A \cdot \overline{A}$ 或 $A + \overline{A}$ 的形式，就有可能产生冒险。

【例 24】判别以下逻辑函数是否存在冒险？如存在，试问是何种类型的冒险？

（1）$Y_1 = AC + \overline{A}B$；（2）$Y_2 = \overline{\overline{AB} \cdot \overline{AC}}$；（3）$Y_3 = \overline{\overline{A+B} + \overline{A+C}}$。

【解答】：（1）当 $B=C=1$ 时，$Y_1 = A + \overline{A}$，因而存在 0 型冒险；

（2）$Y_2 = \overline{\overline{AB} \cdot \overline{AC}} = \overline{A}B + AC$，当 $B=C=1$ 时，$Y_2 = \overline{A} + A$，因而存在 0 型冒险；

（3）$Y_3 = \overline{\overline{A+B} + \overline{A+C}} = \overline{\overline{A}\overline{B} + \overline{A}\cdot\overline{C}}$，当 $B=C=0$ 时，$Y_3 = \overline{A + \overline{A}} = A \cdot \overline{A}$，因而存在 1 型冒险。

2. 卡诺图法（圈"1"或圈"0"均可）判别

在圈"1"或圈"0"的卡诺图中，若两个大卡诺圈（至少包含两个最小项）相切不相交，即彼此之间又有相邻最小项时，则对应的逻辑函数存在冒险。

【例 25】判别图 3-53（a）所示电路的逻辑函数是否存在冒险？如存在，试问是何种类型的冒险？

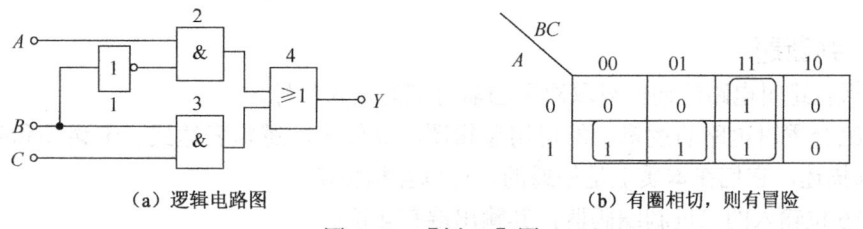

(a) 逻辑电路图

(b) 有圈相切，则有冒险

图 3-53　【例 25】图

【解答】：由图 3-53（a）可得表达式为 $Y = A\overline{B} + BC$，画出相应卡诺圈如图 3-53（b）所示，由卡诺圈圈"1"法可知，存在 0 型冒险。

冒险的消除方法有：加 RC 高频滤波器、加取样脉冲、加冗余项。

加 RC 高频滤波器消除冒险，是利用电容电压不能突变的原理来吸收冒险（干扰脉冲）的，因而只能用于低频且对信号边沿有破坏。加取样脉冲的方法也不易掌握，故广泛运用加冗余项来消除冒险。在【例 25】中，可增加冗余项 AC 的卡诺圈[见图 3-54（a）]，改进后的电路如图 3-54（b）所示。这样，在任何情况下都不能化成 $A \cdot \overline{A}$ 或 $A + \overline{A}$ 的形式，就能彻底消除冒险现象。

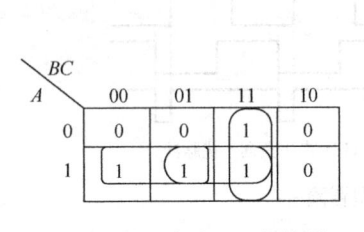

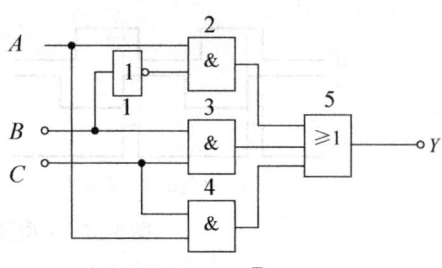

（a）增加冗余项 AC，消除冒险 （b）电路改进后，$Y = A\overline{B} + BC + AC$

图 3-54 【例 25】冒险的消除方法

3.9　组合逻辑电路同步练习题

一、填空题

1．根据逻辑功能的不同特点，逻辑电路可分为两大类：_____ 和 _____。

2．组合逻辑电路的状态仅由 _____，而与 _____ 无关，所以没有 _____ 功能。

3．能完成两个一位二进制数相加，并考虑到低位进位的器件称为 _____。

4．二进制编码器是由 n 位二进制数表示 _____ 个信号的编码电路。

5．给 42 个字符编码，至少需要 _____ 位二进制数。

6．8 路输出的译码器至少有 _____ 位地址控制输入信号。

7．译码是 _____ 的逆过程，它将 _____ 转换成 _____。

8．3 线-8 线译码器 74LS138 处于译码状态时，当输入 $A_2A_1A_0$=011 时，输出 $\overline{Y}_7 \sim \overline{Y}_0$ = _____。

9．一个 8 选 1 的数据选择器，应具有 _____ 个地址控制端，_____ 个数据输入端。

二、判断题

1．组合逻辑电路的输出只取决于当前时刻的输入信号。　　　　　　　　（　　）

2．组合逻辑电路的逻辑功能可用逻辑图、真值表、逻辑表达式、卡诺图和时序图五种方法来描述，它们在本质上是相通的，可以互相转换。　　　　　　　　（　　）

3．16 位输入的二进制编码器，其输出端有 4 位。　　　　　　　　　　　（　　）

4．寄存器、编码器、译码器、加法器都是组合逻辑电路的逻辑部件。　　（　　）

5．电子手表常采用分段式数码显示器。　　　　　　　　　　　　　　　（　　）

6．半导体数码显示器的工作电流大，约 10mA 左右，因此，需要考虑电流驱动能力问题。　　　　　　　　　　　　　　　　　　　　　　　　　　　　　　（　　）

7．能够根据需要，将一个数据传送到多个输出端中的任何一个输出端的电路，称为数据选择器。　　　　　　　　　　　　　　　　　　　　　　　　　　　　（　　）

8．有冒险必然存在竞争，有竞争就一定引起冒险。　　　　　　　　　　（　　）

三、单项选择题

1. 组合逻辑电路是由（　　）构成的。
   A．门电路　　　　B．触发器　　　　C．既有门电路又有触发器

2. 组合逻辑电路的输出取决于（　　）。
   A．输入信号的现态　　　　　　B．输出信号的现态
   C．输入信号的现态和输出信号变化前的状态

3. 半加器的逻辑功能是（　　）。
   A．两个二进制数相加
   B．两个同位的二进制数相加
   C．两个同位的二进制数及来自低位的进位三者相加
   D．两个二进制数的和的一半

4. 全加器的逻辑功能是（　　）。
   A．两个同位的二进制数相加
   B．不带进位的两个二进制数相加
   C．两个同位的二进制数和来自低位的进位数三者相加
   D．两个二进制数相加

5. 编码器的输入量是（　　）。
   A．二进制代码　　B．八进制代码　　C．十进制代码　　D．某种特定信息

6. 在数字电路中，一般采用（　　）进制数来实现编码。
   A．二　　　　　　B．八　　　　　　C．十　　　　　　D．十六

7. 优先编码器（　　）多个输入端同时有编码请求。
   A．视情况而定　　B．允许　　　　　C．不允许

8. 译码器（　　）。
   A．是一个多输入、多输出的逻辑电路　　B．是一个单输入、单输出的逻辑电路
   C．输出的是数字　　　　　　　　　　　D．通常用于计数

9. 二进制译码器指（　　）。
   A．将二进制代码转换成某个特定的控制信息
   B．将某个特定的控制信息转换成二进制数
   C．具有以上两种功能

10. 一片3位二进制译码器，它的输出函数有（　　）。
    A．4个　　　　　B．8个　　　　　C．10个　　　　　D．16个

11. 3线-8线译码器有（　　）。
    A．3条输入线，8条输出线　　　　B．8条输入线，3条输出线
    C．4条输入线，8条输出线　　　　D．8条输入线，4条输出线

12. 当译码器74LS138的使能端 $G_1 \overline{G}_{2A} \overline{G}_{2B}$ 取值为（　　）时，处于允许译码状态。
    A．011　　　　　B．100　　　　　C．101　　　　　D．010

13. 七段数码显示译码器应有（　　）个输入端。
    A．8　　　　　　B．7　　　　　　C．10　　　　　　D．4

14．七段共阴 LED 数码管显示译码器若要显示字符"5"，则译码器输出 $a \sim g$ 应为（　　）。

  A．0100100　　　B．1100011　　　C．1011011　　　D．0011011

15．一个数据选择器的地址输入端有 4 个时，最多可以有（　　）个数据信号输出端。

  A．4　　　　　　B．6　　　　　　C．8　　　　　　D．16

16．实现多输入、单输出逻辑函数，应选（　　）。

  A．编码器　　　　B．译码器　　　　C．数据选择器　　D．数据分配器

17．不属于组合逻辑电路消除竞争冒险的方法的是（　　）。

  A．修改逻辑设计　　　　　　　　　B．在输出端接入滤波电容

  C．后级加缓冲电路　　　　　　　　D．屏蔽输入信号的尖峰干扰

四、简答题

1．何谓逻辑门？何谓组合逻辑电路？组合逻辑电路的特点是什么？

2．什么叫组合逻辑电路中的竞争冒险现象？消除竞争冒险现象的常用方法有哪些？

五、组合逻辑分析题

1．组合逻辑电路的输入 A、B、C 及输出 F 的波形如图 3-55 所示，试列出真值表，写出逻辑表达式，并画出逻辑图。

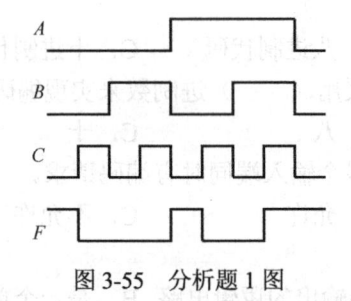

图 3-55　分析题 1 图

2．已知图 3-56 所示电路及输入 A、B 的波形，试画出相应的输出波形 F，不计门的延迟。

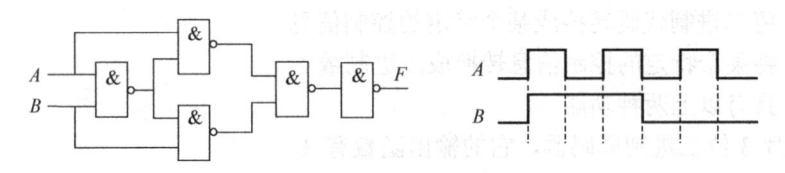

图 3-56　分析题 2 图

3．在图 3-57 所示电路中，C_1 和 C_2 为控制端，列真值表分析 C_1 和 C_2 在不同组合下电路分别具备什么逻辑功能。

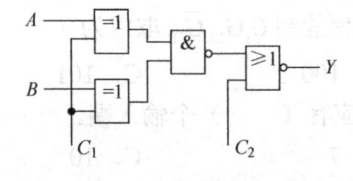

图 3-57　分析题 3 图

4．根据图 3-58 所示逻辑电路：（1）写出逻辑函表达式；（2）列出真值表；（3）分析逻辑功能。

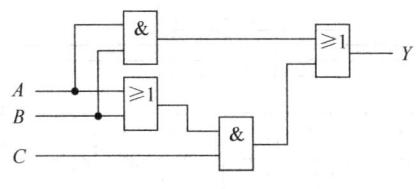

图 3-58　分析题 4 图

5．写出图 3-59 所示各电路输出信号的逻辑表达式，并说明电路的逻辑功能。

(a)　　　　(b)

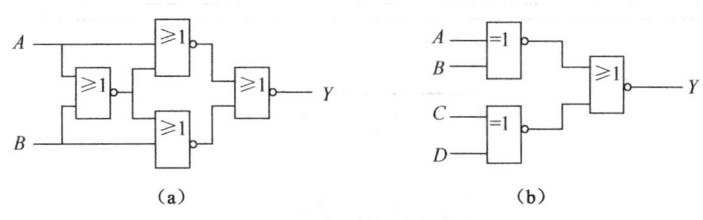

图 3-59　分析题 5 图

6．已知图 3-60 所示为十-二进制编码器的编码表，写出各输出的"与非"逻辑表达式，并画出编码器逻辑图。

输入十进制数	输出			
	A	B	C	D
0	0	0	0	0
1	1	0	0	0
2	0	1	0	0
3	1	1	0	0
4	0	0	1	0
5	1	0	1	0
6	0	1	1	0
7	1	1	1	0
8	0	0	0	1
9	1	0	0	1

图 3-60　分析题 6 图

7．如图 3-61 所示为逻辑电路，当开关 S 拨在 "1" 位时，七段共阴极显示器显示何种字符（未与开关 S 相连的各 "与非" 门输入端均悬空）。

8．根据图 3-62 所示 4 选 1 数据选择器，写出输出 Z 的最简与或表达式。

9．分析图 3-63 所示的逻辑电路中，$Y(A,B,C)$ 的输出逻辑表达式。

(a)

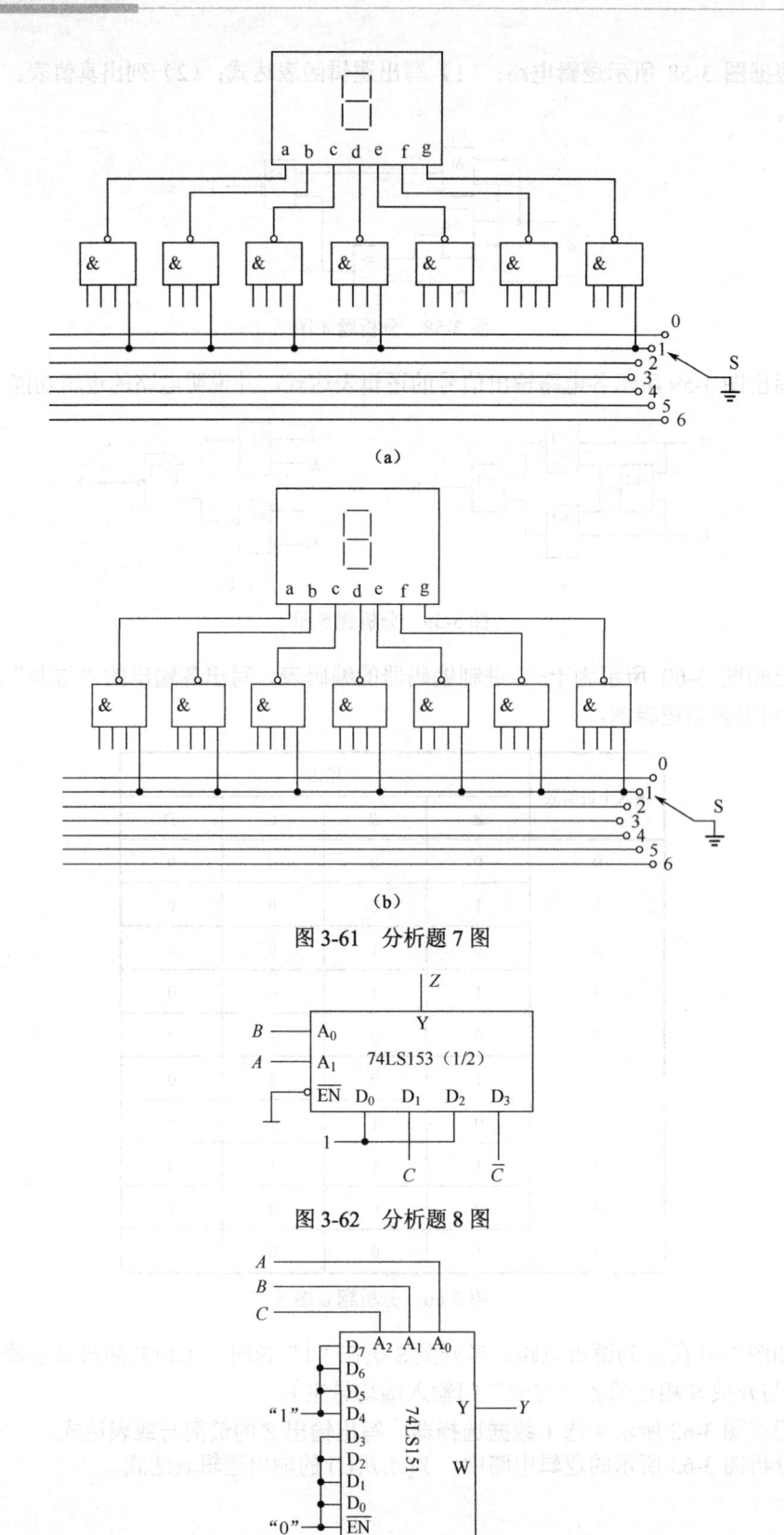

(b)

图 3-61　分析题 7 图

图 3-62　分析题 8 图

图 3-63　分析题 9 图

六、组合逻辑设计、应用题

1. 仿照全加器的设计，设计一个一位二进制数全减器电路，用与非门和异或门实现。

2. 逻辑事件为：四名学生中，A 在教室内从来不讲话，B 和 D 只有 A 在场时才讲话，C 始终讲话。试求教室内无人讲话的条件。设计要求：（1）列出真值表，写逻辑表达式并用卡诺图或逻辑代数化简；（2）画逻辑图。

3. 用与非门设计四变量的多数表决电路。当输入变量 A、B、C、D 有 3 个或 3 个以上为 1 时输出为 1，输入为其他状态时输出为 0，用与非门实现。

4. 用全加器将 8421BCD 码变换为余 3 码，试在图 3-64（b）中画出逻辑电路连线图。[全加器逻辑符号如图 3-64（a）所示，至于用几个全加器，自行决定。变量自行设置]

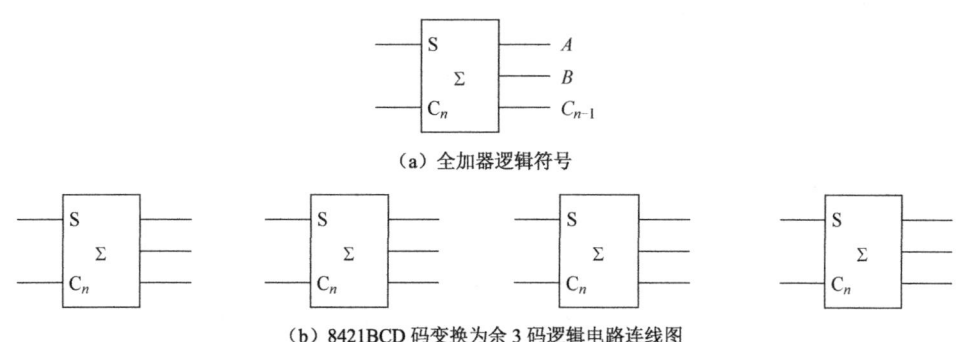

图 3-64 设计、应用题 4 图

5. 现有 4 台设备，由 2 台发电机组供电，每台设备用电均为 10kW，4 台设备的工作情况是：4 台设备不可能同时工作，但可能是任意 3 台或 2 台同时工作，至少是任意 1 台进行工作。若 X 发电机组功率为 10kW，Y 发电机组功率 20kW。试设计一个供电控制电路，以达到节省能源的目的。

6. 已知 $F_0 = BC + \overline{A}\overline{B}\overline{C}$，$F_1 = \overline{AC} + \overline{BC}$，$F_2 = \overline{B}\overline{C} + AB\overline{C}$，要求用一片 74LS138 和必要的与非门来实现该多输出函数，并在图 3-65 中完成电路的连接。

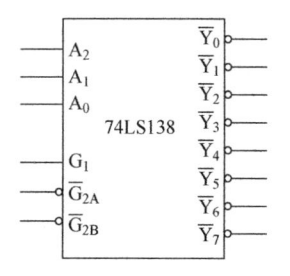

图 3-65 设计、应用题 6 图

7. 试用 3 线-8 线译码器 74HC138 和与非门分别实现下列逻辑函数。
（1）$Z = ABC + \overline{A}(B + C)$　　（2）$Z = AB + BC$

8. 用红、黄、绿三个指示灯表示三台设备的工作情况：绿灯亮表示全部正常；红灯亮表示有一台不正常；黄灯亮表示两台不正常；红灯、黄灯全亮表示三台都不正常。列出控制电路真值表，并选用合适的集成电路来实现。

9. 举重比赛中有 A、B、C 三名裁判，A 为主裁判，当两名或两名以上裁判（必须包括 A 在内）认为运动员上举杠铃合格，才能认为成功。（1）要求列真值表用与非门设计该逻辑电路；（2）用 74LS151 芯片（见图 3-66）设计该逻辑电路。

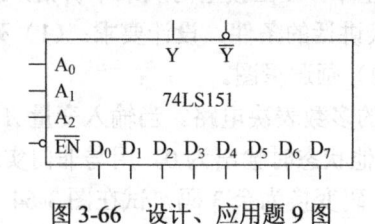

图 3-66　设计、应用题 9 图

第 4 章 集成触发器

本章学习要求

（1）熟知基本 RS 触发器的组成，熟练分析和应用基本 RS 触发器。

（2）理解同步触发器、主从触发器和边沿触发器工作原理，掌握它们的触发特点，熟练分析和应用各类集成触发器。

（3）熟练掌握 RS 触发器、D 触发器、JK 触发器、T 和 T′ 触发器的逻辑功能。

（4）掌握各类触发器之间的相互转换。

第 3 章介绍的组合逻辑电路，其信号传输方向是单向的，因而没有记忆功能。数字系统常需要存储各种数据信息，因此需要具有记忆功能的存储电路。

双稳态电路的特点是从输出端到输入端存在信号反向传输通道（反馈通道），双稳态电路也称双稳态触发器，简称触发器。触发器是具有记忆功能的存储电路，它是构成时序逻辑电路的基本逻辑部件。

触发器有一个或多个输入端，两个互补输出的 Q 端和 $\overline{Q}$ 端。为方便分析，规定 Q 端的状态为触发器的状态：即 $Q=0$，$\overline{Q}=1$ 时为触发器的 0 态；$Q=1$，$\overline{Q}=0$ 时为触发器的 1 态。0 态和 1 态是触发器的两个稳定状态。在外来触发脉冲的作用下，它可以很方便地置成 0 态或 1 态；当输入信号消失后，所置成的状态能够保持不变。所以，一个触发器可以记忆一位二进制数据。因此说，触发器是有记忆功能的存储电路。

根据逻辑功能的不同，触发器可分为 RS 触发器、D 触发器、JK 触发器、T 和 T′ 触发器；根据结构形式的不同，触发器又可分为基本 RS 触发器、同步触发器、主从触发器和边沿触发器；根据触发方式的不同，触发器又可分为电位（也称电平或同步）触发型、主从触发型、边沿触发型。

在分析触发器的工作原理时，大多将结构特点和功能特点结合到一起。本章主要讨论触发器的各种结构特点、不同的逻辑功能、波形变化及常用的集成触发器产品。

4.1 基本 RS 触发器

基本 RS 触发器结构最为简单，它是构成各种复杂结构功能触发器的最基本组成部分，故而称之为"基本"。基本 RS 触发器通常由两个与非门或两个或非门交叉耦合构成。

如图 4-1（a）所示为由两个与非门交叉耦合构成的基本 RS 触发器的逻辑图。它有两个互补输出端 Q 和 $\overline{Q}$ 端，两个输入端，其中：$\overline{S}_D$ 称为置 1 端或置位端；$\overline{R}_D$ 称为置 0 端或复位端。输入端的"–"号表示低电平有效。如图 4-1（b）所示为其逻辑符号，逻辑符号中两输入端处的小圆圈表示低电平有效。

(a) 逻辑图　　　　　(b) 逻辑符号

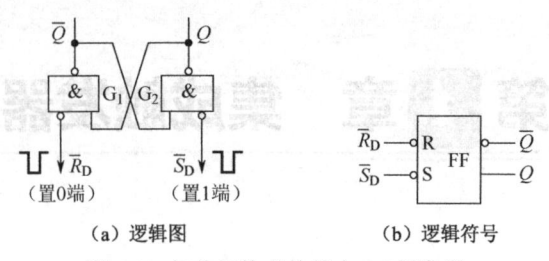

图 4-1　与非门构成的基本 RS 触发器

4.1.1　逻辑功能分析

分析与门、与非门，要从低电平入手。两个输入端，共有四种输入组合。

1. 当 $\bar{R}_D=0$、$\bar{S}_D=1$ 时，触发器置 0

无论原来 Q 为 0 还是为 1，只要 $\bar{R}_D=0$，都有 $\bar{Q}=1$；再由 $\bar{S}_D=1$、$\bar{Q}=1$ 可得 $Q=0$。即无论触发器原来处于什么状态都将变成 0 状态，这种情况称为将触发器置 0 或复位。因此，$\bar{R}_D=0$ 称为置 0 信号，也称复位信号。可见，要使触发器置 0，需满足 $\bar{R}_D=0$、$\bar{S}_D=1$。

2. 当 $\bar{R}_D=1$、$\bar{S}_D=0$ 时，触发器置 1

无论原来 Q 为 0 还是为 1，只要 $\bar{S}_D=0$，都有 $Q=1$；再由 $\bar{R}_D=1$、$Q=1$ 可得 $\bar{Q}=0$。即无论触发器原来处于什么状态都将变成 1 状态，这种情况称为将触发器置 1 或置位。因此，$\bar{S}_D=0$ 称为置 1 信号，也称置位信号。可见，要使触发器置 1，需满足 $\bar{R}_D=1$、$\bar{S}_D=0$。

3. 当 $\bar{R}_D=1$、$\bar{S}_D=1$ 时，触发器保证原状态不变

当 $\bar{R}_D=1$、$\bar{S}_D=1$ 时，根据与非门的逻辑功能不难推知，触发器将保持原有状态不变，即原来的状态被触发器存储起来，这体现了触发器具有记忆能力。

4. 当 $\bar{R}_D=0$、$\bar{S}_D=0$ 时，触发器输出状态不确定，不允许出现此类情况

$\bar{R}_D=0 \to \bar{Q}=1$、$\bar{S}_D=0 \to Q=1$、$\bar{Q}=Q$，不符合触发器的逻辑关系。

由于规定触发器状态的前提是 Q 和 $\bar{Q}$ 必须互补输出，所以此时触发器的状态无法确定。特别是两个输入信号同时由 0 变 1 后，两个门的输出都要由 1 向 0 转变，使两个门出现竞争状态，由于与非门延迟时间既不可能完全相等，也不可能事先预知，故不能确定触发器究竟是处于 1 状态还是 0 状态。所以触发器不允许出现这种情况，工作时需满足 $\bar{R}_D+\bar{S}_D=1$，这就是基本 RS 触发器的约束条件。

如果两个输入信号不是同时由 0 变 1，如 $\bar{R}_D\bar{S}_D$ 由 00 变成 10，这时触发器将被置 1，即由后变的信号决定。

4.1.2　逻辑功能描述

常用状态转换真值表、特征方程（也称特性方程或次态方程）、状态转换图和波形图（也称时序图）来描述触发器的逻辑功能。

1. 状态转换真值表

将如上分析的结果列成真值表的形式，可得与非门构成的基本 RS 触发器状态转换真值表（简称状态表），如表 4-1 所示。表中，Q^n 表示在输入信号到来之前触发器所处的状态，称为现态；Q^{n+1} 表示在输入信号 $\bar{R}_D\bar{S}_D$ 作用后触发器的新状态，称为次态。由表可知，基本 RS 触发器具有置 0、置 1 和状态保持的功能。

表 4-1 与非门构成的基本 RS 触发器状态转换真值表

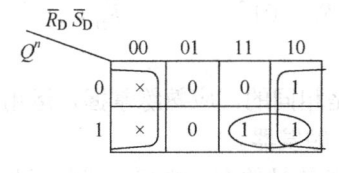

现态（Q^n）	触发信号 $\bar{R}_D$	触发信号 $\bar{S}_D$	次态（Q^{n+1}）	功能说明
0	0	0	不定	不允许
1	0	0	不定	
0	0	1	0	置 0
1	0	1	0	
0	1	0	1	置 1
1	1	0	1	
0	1	1	0	状态保持
1	1	1	1	

2. 特征方程

触发器的特征方程就是触发器次态 Q^{n+1} 与输入及现态 Q^n 之间的逻辑关系式。根据上表可得：$Q^{n+1}(Q^n, \bar{R}_D, \bar{S}_D) = \sum m(2,6,7) + \sum x(0,4)$，画出 Q^{n+1} 的卡诺图，如图 4-2（a）所示。利用约束项化简，可得基本 RS 触发器的特征方程为

$$\begin{cases} Q^{n+1} = \bar{\bar{S}}_D + \bar{R}_D Q^n = S_D + \bar{R}_D Q^n \\ \bar{S}_D + \bar{R}_D = 1 \quad （约束条件） \end{cases}$$

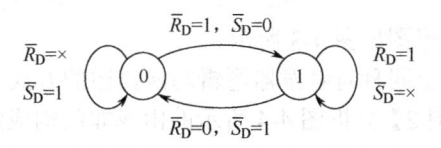

（a）Q^{n+1} 的卡诺图   （b）基本 RS 触发器状态转换图

图 4-2 Q^{n+1} 的卡诺图和基本 RS 触发器状态转换图

3. 状态转换图

状态转换图简称状态图，是描述触发器的状态转换关系及转换条件的图形。由真值表或特征方程均可得到状态图。由特征方程得到状态转换图过程如下：

（1）触发器 $Q^n \to Q^{n+1}$ 为 0→0。

$$\begin{cases} 0 = \bar{\bar{S}}_D + \bar{R}_D \cdot 0 \\ \bar{S}_D + \bar{R}_D = 1 \quad （约束条件） \end{cases} \Rightarrow 转换条件必须服从约束条件 \begin{cases} \bar{R}_D = \times, \ \bar{S}_D = 1 \\ \bar{S}_D + \bar{R}_D = 1 \quad （约束条件） \end{cases}$$

（2）触发器 $Q^n \to Q^{n+1}$ 为 0→1。

$$\begin{cases} 1 = \bar{\bar{S}}_D + \bar{R}_D \cdot 0 \\ \bar{S}_D + \bar{R}_D = 1 \quad （约束条件） \end{cases} \Rightarrow 转换条件必须服从约束条件 \begin{cases} \bar{R}_D = 1, \ \bar{S}_D = 0 \\ \bar{S}_D + \bar{R}_D = 1 \quad （约束条件） \end{cases}$$

（3）触发器 $Q^n \to Q^{n+1}$ 为 1→1。

应考虑 1=1+0、1=1+1、1=0+1 三种情况。

$$\begin{cases} 1 = \bar{\bar{S}}_D + \bar{R}_D \cdot 1 \\ \bar{S}_D + \bar{R}_D = 1 \quad （约束条件） \end{cases} 转换条件必须服从约束条件 \Rightarrow \begin{cases} \bar{R}_D = 1, \ \bar{S}_D = \times \\ \bar{S}_D + \bar{R}_D = 1 \quad （约束条件） \end{cases}$$

(4) 触发器 $Q^n \to Q^{n+1}$ 为 $1 \to 0$。

$$\begin{cases} 0 = \overline{\overline{S}_D + \overline{R}_D \cdot 1} \\ \overline{S}_D + \overline{R}_D = 1 \end{cases} \text{（约束条件）} \quad 转换条件必须服从约束条件 \Rightarrow \begin{cases} \overline{R}_D = 0, \ \overline{S}_D = 1 \\ \overline{S}_D + \overline{R}_D = 1 \end{cases} \text{（约束条件）}$$

画出基本 RS 触发器状态转换图如图 4-2（b）所示。

4. 波形图

反映触发器输入信号取值和输出状态之间对应关系的图形称为波形图。

【例1】 与非门构成的基本 RS 触发器的输入波形图如图 4-3 所示，设触发器的初态为 1，画出触发器 Q 和 $\overline{Q}$ 端的波形。

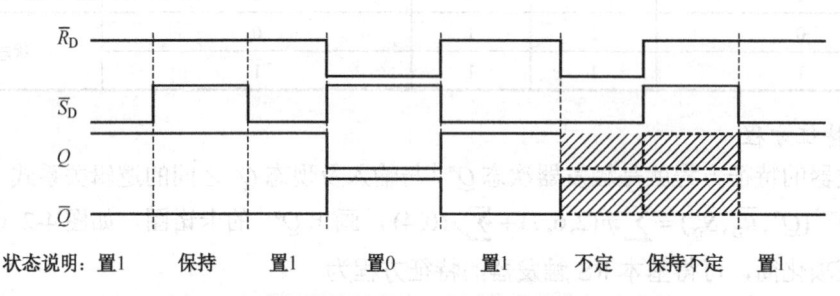

状态说明： 置1　保持　置1　置0　置1　不定　保持不定　置1

图 4-3　与非门构成的基本 RS 触发器的输入波形图

【解答】：根据 $\left.\begin{array}{l}\overline{S}_D=0 \\ \overline{R}_D=0\end{array}\right\} Q^{n+1}$不定，$\left.\begin{array}{l}\overline{S}_D=0 \\ \overline{R}_D=1\end{array}\right\} Q^{n+1}=1$，$\left.\begin{array}{l}\overline{S}_D=1 \\ \overline{R}_D=0\end{array}\right\} Q^{n+1}=0$，$\left.\begin{array}{l}\overline{S}_D=1 \\ \overline{R}_D=1\end{array}\right\} Q^{n+1}=Q^n$，画出波形图如图 4-3 所示。

以上四种对触发器逻辑功能描述的方式实质上都是相同的，应熟练掌握，运用自如。

【例2】 分析图 4-4 所示的由或非门构成的基本 RS 触发器。

（1）完成表 4-2 中 Q^{n+1} 和功能说明；（2）判断触发信号的有效电平，求触发器的特征方程。

【解答】：（1）分析或门、或非门要从高电平入手。基本 RS 触发器状态转换真值表和功能说明如表 4-2 所示。

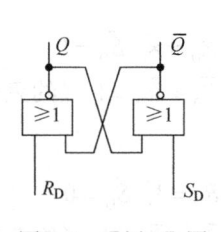

图 4-4　【例2】图

表 4-2　基本 RS 触发器状态转换真值表

Q^n	R_D	S_D	Q^{n+1}	功能说明
0	0	0	0	状态保持
1	0	0	1	状态保持
0	0	1	1	置1
1	0	1	1	置1
0	1	0	0	置0
1	1	0	0	置0
0	1	1	不定	不允许
1	1	1	不定	不允许

（2）由表 4-2 可知，触发信号为高电平有效。

$Q^{n+1}(Q^n, R_D, S_D) = \sum m(1,4,5) + \sum x(3,7)$，利用约束项化简，可得基本 RS 触发器的特征方程为

$$\begin{cases} Q^{n+1} = S_\text{D} + \overline{R}_\text{D} Q^n \\ R_\text{D} \cdot S_\text{D} = 0 \, (约束条件) \end{cases}$$

4.1.3 集成基本 RS 触发器简介与应用实例

1. 集成基本 RS 触发器 74LS279、CC4044 简介

图 4-5 所示为集成基本 RS 触发器 74LS279、CC4044 的引脚排列图。74LS279 为 TTL 集成电路，CC4044 为 CMOS 集成电路。说明：① 两种集成电路均内含四个基本 RS 触发器。② 图 4-5（a）中 $\overline{S}$ 端均为低电平有效，$\overline{1S} = \overline{1S_\text{A}} \cdot \overline{1S_\text{B}}$，$\overline{3S} = \overline{3S_\text{A}} \cdot \overline{3S_\text{B}}$。图 4-5（b）中当 EN=0 时处于禁止状态，输入无效；当 EN=1 时，处于工作状态，输入有效。

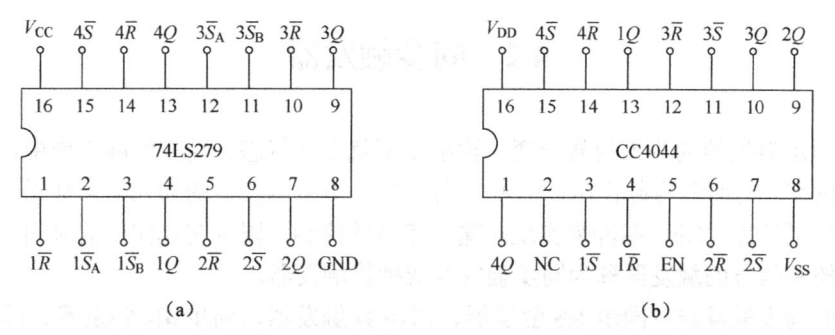

图 4-5　集成基本 RS 触发器 74LS279、C4044 的引脚排列图

2. 集成基本 RS 触发器应用实例

（1）构成防抖动开关电路。

用普通机械开关转接电平信号时，在触点接触瞬间常因接触不良而出现"颤抖"现象，如图 4-6（a）所示。为此，常采用图 4-6（b）所示防抖动开关电路。画出电路的输出波形 Q 和 $\overline{Q}$，如图 4-6（c）所示，从波形图可以看出，"颤抖"现象被彻底消除。

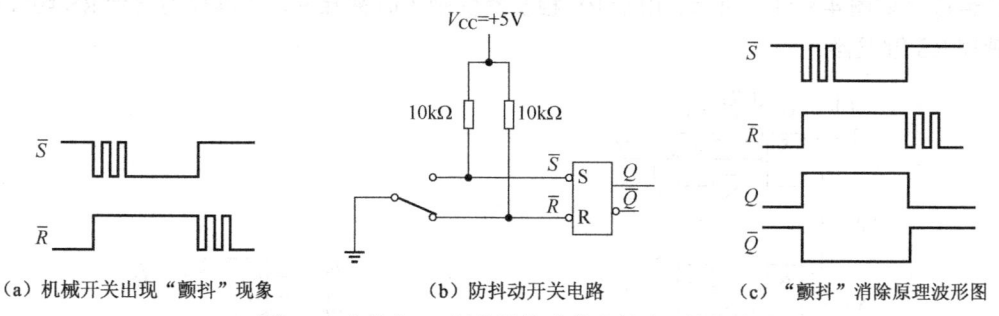

图 4-6　由基本 RS 触发器构成的防抖动开关电路

（2）构成智能电子开关电路。

利用基本 RS 触发器可构成智能电子开关电路，如图 4-7 所示。图 4-7（a）开关 K 只是普通机械开关，如果要求 K 在正常工作时允许接通，一旦出现过载等异常情况能受控于电机控制系统的停机指令而自动停机，显然无法实现。图 4-7（b）中，开关 K 受直流继电器控制，直流继电器受基本 RS 触发器控制，触发器受电机控制系统的开机、停机指令控制，如此一来，触发器构成的电子开关电路让开关 K 有了智能，能根据工况控制开、停机。

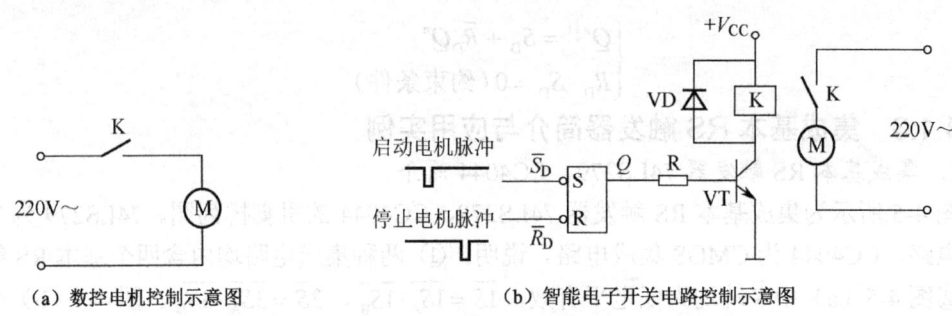

(a) 数控电机控制示意图　　　　　　　　(b) 智能电子开关电路控制示意图

图 4-7　由基本 RS 触发器构成的智能电子开关电路

4.2　同步触发器

基本 RS 触发器的输入信号一变，输出立刻就变化状态。而在实际工作中，常常希望输入信号仅在一定时间内起作用，这就必须对基本 RS 触发器的输入信号加以时间上的控制。通常利用时钟（CP）脉冲来实现对输入信号的控制，限制它起作用的时间。这种用时钟脉冲作控制信号的触发器称为同步触发器或钟控触发器。

常见的同步触发器有同步 RS 触发器、同步 D 触发器、同步 JK 触发器、同步 T 触发器等。

4.2.1　同步 RS 触发器

1. 电路结构

同步 RS 触发器是在基本 RS 触发器 G_1、G_2 的基础上再加了两个电控与非门 G_3、G_4 构成的，如图 4-8（a）所示。时钟脉冲从 CP 端输入，其中：R 为置 0 端；S 为置 1 端；$\overline{R}_D$、$\overline{S}_D$ 是直接置 0、置 1 端，由于它们不受时钟脉冲 CP 的控制，所以称为异步置 0、置 1 端。其逻辑符号如图 4-8（b）所示。由于 RS 触发器受制于时钟脉冲，所以称为同步 RS 触发器或钟控 RS 触发器。

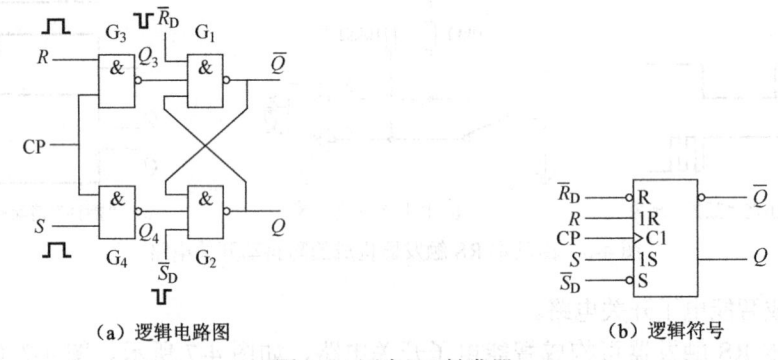

(a) 逻辑电路图　　　　　　　　　　　　(b) 逻辑符号

图 4-8　同步 RS 触发器

关于直接置数端的几点说明：

（1）如果不受时钟脉冲 CP 的控制，称为异步置数方式，只要 $\overline{R}_D$、$\overline{S}_D$（或 R_D、S_D）符合电平要求即完成相应置数功能；如果受时钟脉冲 CP 的控制，则称为同步置数方式，必须在时钟电平符合要求的前提下且 $\overline{R}_D$、$\overline{S}_D$（或 R_D、S_D）也符合电平要求才能完成相应置数功能。

（2）直接置数 $\bar{R}_D$、$\bar{S}_D$ 端的非号和逻辑符号上的小圆圈均表示低电平置数有效，平时应加高电平；反之，非号和逻辑符号上没有小圆圈均表示高电平置数有效，平时应加低电平。

（3）不允许置数 $\bar{R}_D$、$\bar{S}_D$（或 R_D、S_D）同时有效，即不允许同时既置 1 也置 0。

2. 工作原理

当 CP=**0** 时，电控门 G_3、G_4 被封锁，输入信号 R、S 不起作用，触发器维持原状态。

当 CP=**1** 时，电控门 G_3、G_4 被打开，输入信号 R、S 经倒相后被传送到基本 RS 触发器的输入端，可以直接控制基本 RS 触发器。有 CP 作用时，触发器才按存入的信息翻转。由基本 RS 触发器可得到状态转换真值表 4-3。由于 $R=S=1$，将使 $Q_3=Q_4=0$，因此，在 CP=1 期间，不允许 $R=S=1$，即 R、S 须满足约束条件：$RS=0$。

将 $Q_3=\bar{R}$、$Q_4=\bar{S}$ 代入基本 RS 触发器的特征方程，经变换可得同步 RS 触发器的特征方程为

$$\begin{cases} Q^{n+1}=S+\bar{R}Q^n \\ R \cdot S=0（约束条件）\end{cases}$$

表 4-3 同步 RS 触发器状态转换真值表

Q^n	CP	R	S	Q^{n+1}	功能说明
×	0	×	×	Q^n	触发信号不起作用
0	1	0	0	0	状态保持
1	1	0	0	1	
0	1	0	1	1	置 1
1	1	0	1	1	
0	1	1	0	0	置 0
1	1	1	0	0	
0	1	1	1	×	不允许
1	1	1	1	×	

依据表 4-3 画出同步 RS 触发器状态转换图，如图 4-9 所示。

同步触发器采用电平触发方式，一般为高电平触发，即在 CP 高电平期间输入信号起作用，低电平期间状态保持（也有可能在 CP 低电平期间触发，需依实际情况确定），如图 4-10 所示，画同步 RS 触发器波形图时需牢记这一点。

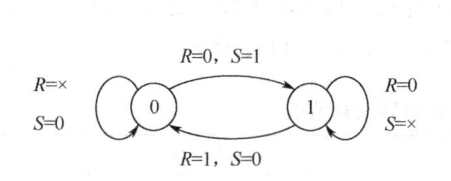

图 4-9 同步 RS 触发器状态转换图

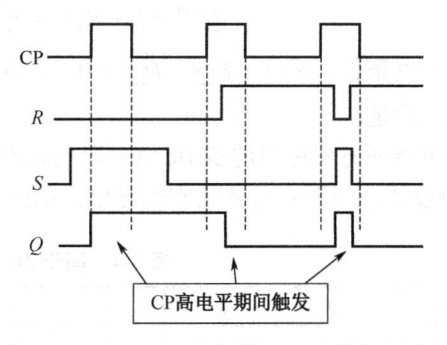

图 4-10 同步 RS 触发器波形图画法示意图

【**例 3**】同步 RS 触发器的输入波形图如图 4-11 所示，设触发器的初态为 0，画出触发

器 Q 和 $\overline{Q}$ 端的波形。

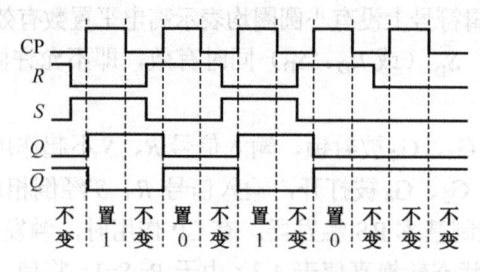

图 4-11 【例 3】同步 RS 触发器波形图

【解答】：CP=0 期间触发器维持原状态，CP=1 期间可依据同步 RS 触发器的特征方程画出波形图，如图 4-11 所示。

4.2.2 同步 JK 触发器

同步 JK 触发器由同步 RS 触发器演变而成，其逻辑电路和符号如图 4-12 所示。

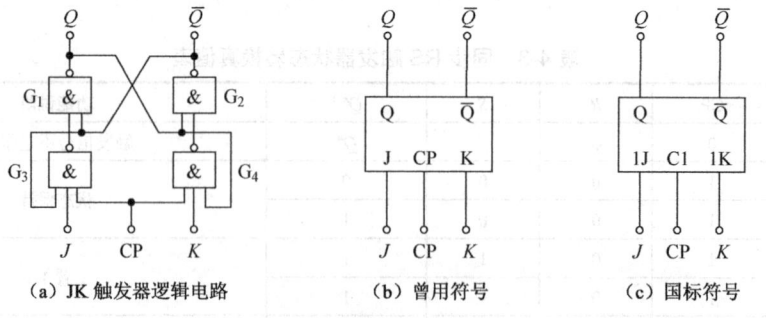

（a）JK 触发器逻辑电路　　（b）曾用符号　　（c）国标符号

图 4-12　同步 JK 触发器

工作原理分析：

由图 4-12（a）和同步 RS 触发器相比较可知，$S = J \cdot \overline{Q}^n$、$R = K \cdot Q^n$。

当 CP=0 时：$G_3 = G_4 = 1$，触发器保持原态不变。

当 CP=1 时：将 $\begin{cases} S = J \cdot \overline{Q}^n \\ R = K \cdot Q^n \end{cases}$ 代入同步 RS 触发器的特征方程，得同步 JK 触发器的特征方程为：

$$Q^{n+1} = S + \overline{R}Q^n = J\overline{Q}^n + \overline{KQ^n}Q^n = J\overline{Q}^n + \overline{K}Q^n$$

约束条件：$R \cdot S = KQ^n \cdot J\overline{Q}^n = 0$，即无论输入信号 J、K 如何变化，该触发器的约束条件自动满足。

由特征方程可得同步 JK 触发器的状态转换真值表和状态转换图，见表 4-4 和图 4-13。JK 触发器波形图也可依状态表画出，如图 4-14 所示，读者可自行分析。

表 4-4　同步 JK 触发器状态转换真值表

CP	J	K	Q^n	Q^{n+1}	功能说明
0	×	×	×	Q^n	$Q^{n+1} = Q^n$（状态保持）
1	0	0	0	0	$Q^{n+1} = Q^n$（状态保持）
1	0	0	1	1	

续表

CP	J	K	Q^n	Q^{n+1}	功能说明
1	0	1	0	0	$Q^{n+1}=0$ （置0）
1	0	1	1	0	
1	1	0	0	1	$Q^{n+1}=1$ （置1）
1	1	0	1	1	
1	1	1	0	1	$Q^{n+1}=\overline{Q}^n$ （翻转或计数）
1	1	1	1	0	

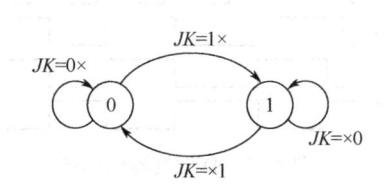

图 4-13 同步 JK 触发器状态转换图

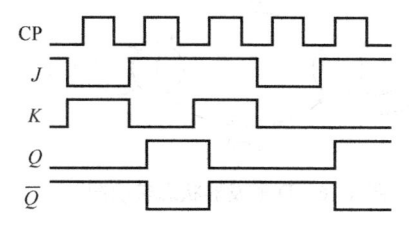

图 4-14 同步 JK 触发器波形图

在数字电路中，凡在 CP 时钟脉冲控制下，根据输入信号 J、K 情况的不同，具有置 0、置 1、保持和翻转功能的电路，都称为 **JK 触发器**。

4.2.3 同步 D 触发器

同步 D 触发器也称 D 锁存器，也是由同步 RS 触发器演变而成的，其逻辑电路和符号如图 4-15 所示。

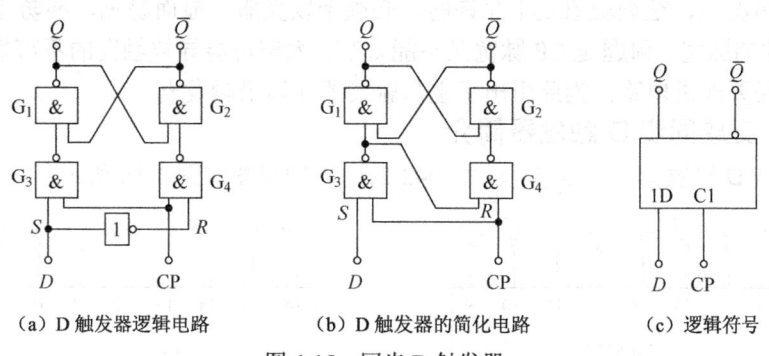

（a）D 触发器逻辑电路　　（b）D 触发器的简化电路　　（c）逻辑符号

图 4-15 同步 D 触发器

工作原理分析：

由图 4-15（a）和同步 RS 触发器相比较可知，$S=D$、$R=\overline{D}$。

当 CP=0 时：$G_3=G_4=1$，触发器保持原态不变。

当 CP=1 时：将 $S=D$、$R=\overline{D}$ 代入同步 RS 触发器的特征方程，得同步 D 触发器的特征方程为：

$$Q^{n+1}=S+\overline{R}Q^n=D+\overline{\overline{D}}Q^n=D$$

约束条件：在 CP=1 期间总能满足 $R\neq S$、$R=\overline{S}$，同步 D 触发器的约束条件自动满足。

由特征方程可得同步 D 触发器的状态转换真值表和状态转换图，见表 4-5 和图 4-16。同步 D 触发器的波形图也可依状态表画出，如图 4-17 所示，读者可自行分析。

表 4-5　同步 D 触发器状态转换真值表

CP	D	Q^n	Q^{n+1}	功能说明
0	×	×	Q^n	状态保持
1	0	0	0	$Q^{n+1} = D$ （输出状态与输入一致，也称透明触发器。）
1	0	1	0	
1	1	0	1	
1	1	1	1	

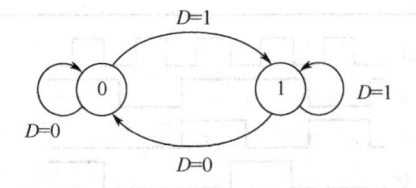

图 4-16　D 触发器状态转换图

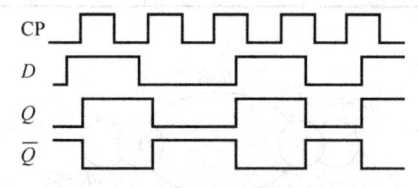

图 4-17　D 触发器波形图

在数字电路中，凡在 CP 时钟脉冲控制下，根据输入信号 D 情况的不同，具有置 0、置 1 功能的电路，都称为 D 触发器。

4.2.4　同步触发器的空翻

同步触发器在 CP 为有效电平的整个期间均能接收触发信号，因此当触发信号多次变化时，触发器的状态也将多次变化。这种在同一个 **CP 脉冲内出现多次翻转的现象称为空翻**。

在多数情况下，空翻现象是不允许的，必须予以克服。显而易见，要防止空翻应尽量减小 CP 脉冲的脉宽。问题是 CP 脉宽又不能太窄，太窄可能导致触发的不可靠，影响实用性。故而有必要改进电路，为此引出了主从触发器和边沿触发器。

4.2.5　集成同步 D 触发器简介

集成同步 D 触发器 74LS375 和 CC4042 的引脚功能图如图 4-18 所示。

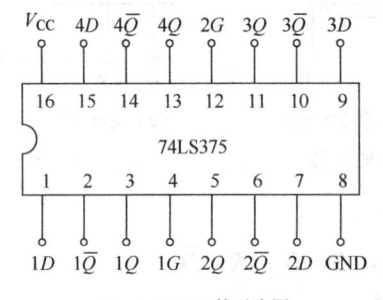

(a) 74LS375 的引脚图

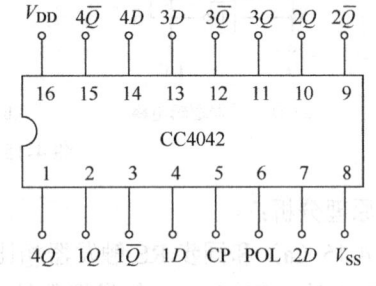

(b) CC4042 的引脚图

图 4-18　集成同步 D 触发器 74LS375 和 CC4042 的引脚功能图

使用说明：

① 74LS375 和 CC4042 均内含四个同步 D 触发器。

② 图（a）：$CP_1 = CP_2 = 1G$、$CP_3 = CP_4 = 2G$，图（b）：当 POL=1 时，CP=1 有效，锁存的内容是 CP 下降沿时刻 D 的输入值；当 POL=0 时，CP=0 有效，锁存的内容是 CP 上升沿时刻 D 的输入值。

4.3 主从触发器

主从触发器的出现使得触发器在一个 CP 周期内避免了空翻现象，满足了实际同步时序电路的要求。主从触发器的类型很多，常用的有主从 RS 触发器，主从 JK 触发器。

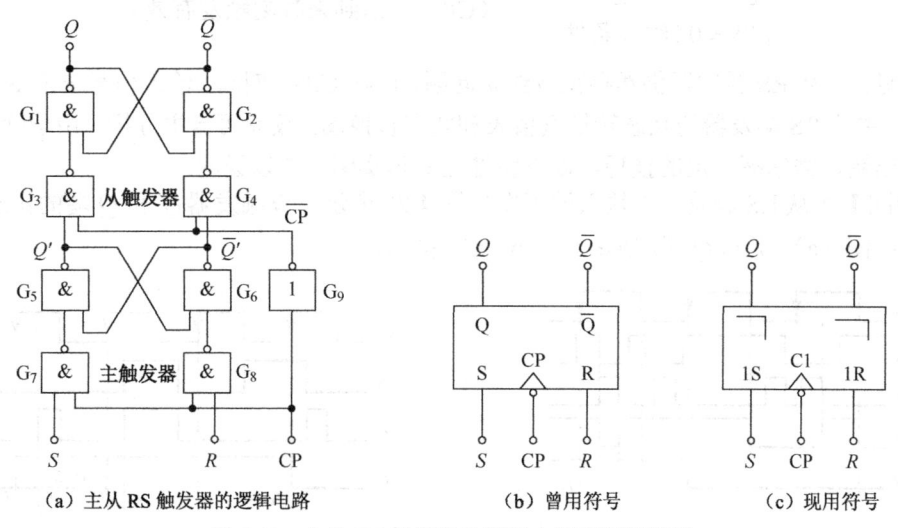

4.3.1 主从 RS 触发器

主从 RS 触发器的逻辑电路和逻辑符号如图 4-19 所示。

（a）主从 RS 触发器的逻辑电路　　（b）曾用符号　　（c）现用符号

图 4-19　主从 RS 触发器的逻辑电路和逻辑符号

1. 电路结构特点

由两个同步 RS 触发器串联而成：$G_5 \sim G_8$ 称为主触发器，它直接接收并存储触发信号；$G_1 \sim G_4$ 称为从触发器，它在 CP 下降沿时刻接收主触发器存储的触发信号并触发和输出信号；G_9 为反相器，它将主触发器的时钟信号反相后作为从触发器的时钟，从而使主、从触发器的翻转分步进行。

2. 电路的工作原理

当 CP=1（CP$_主$=1，CP$_从$=0）时，主触发器开通，从触发器封锁。主触发器接收信号，其状态 Q' 和 $\overline{Q}'$ 由 R、S 输入信号决定，由于 CP$_从$=0，即使主触发器随 R、S 输入信号多次翻转，从触发器的状态仍将保持不变。

当 CP=0（CP$_主$=0，CP$_从$=1）时，主触发器封锁，从触发器开通。此时从触发器接收主触发器 Q' 和 $\overline{Q}'$ 信号，使整个触发器输出状态 Q 发生变化。由于 CP$_主$=0 期间主触发器都不接收输入信号，主触发器状态不变将导致从触发器的状态也保持不变，所以在一个 CP 作用下，输出状态 Q 仅在 CP 的下降沿时刻发生变化，从而克服了空翻。

由上述分析可知，主从结构的触发器在 CP=1 期间接收信号，在 CP 由 1 变 0 的下降沿时刻改变状态。为区别这一特性，在图 4-19（c）所示的逻辑符号中，Q 和 $\overline{Q}$ 加了延迟符号"⌐"。

由图 4-19（a）可得

$$\begin{cases} Q'^{n+1} = S + \overline{R}Q'^n \\ RS = 0 \end{cases}$$

而 $\begin{cases} Q^{n+1} = Q' + \overline{\overline{Q'}}Q^n = Q' \\ Q' \cdot \overline{Q'} = 0 \end{cases}$ $\Rightarrow$ $\begin{cases} Q^{n+1} = Q'^{n+1} \\ Q' \cdot \overline{Q'} = 0 \end{cases}$

从而得到主从 RS 触发器的特征方程为

$$\begin{cases} Q^{n+1} = S + \overline{R}Q^n \\ RS = 0（约束条件） \end{cases}$$ （CP下降沿到来时刻触发有效）

可见，主从 RS 触发器仍然存在着约束问题，即在 CP=1 期间，输入信号 R 和 S 不能同时为 1。主从 RS 触发器的状态转换真值表和状态转换图，读者可自主分析。由于画波形图时容易出错，需掌握一定的技巧，以下将通过具体实例，予以说明。

【例 4】 主从 RS 触发器的输入波形图如图 4-20 所示，设触发器 Q' 和 Q 端的初态为 0，试画出：图（a）Q' 和 Q 端波形；图（b）Q 端波形。

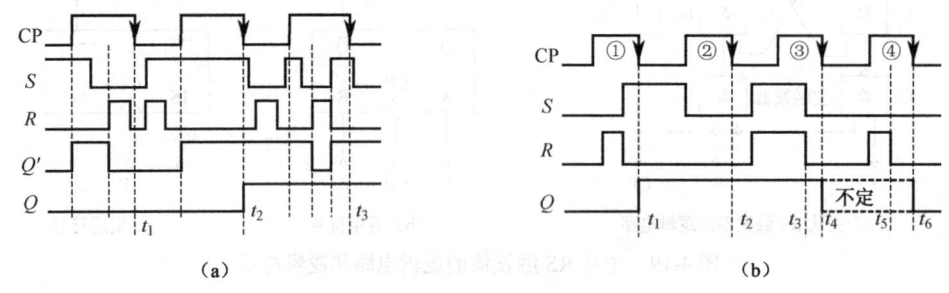

图 4-20 主从 RS 触发器的输入波形图

【解析】：在 CP=0 期间触发器维持原状态，在 CP=1 期间 Q' 的波形可依据同步 RS 触发器的特征方程画出，在 CP 由 1 变 0 的下降沿时刻画出 Q 端波形。

【解答】：如图 4-20（a）所示，在 CP=1 期间，R、S 信号虽有多次变化，但始终满足 RS=0 的约束条件，故 Q' 端的波形不存在不定状态。在画 Q 端波形时：CP 的第一个下降沿 t_1 时刻 RS=00，保持功能；CP 的第二个下降沿 t_2 时刻 RS=01，置 1 功能；CP 的第三个下降沿 t_3 时刻 RS=01，仍然置 1 功能。

如图 4-20（b）所示，在 CP①、CP②和 CP④期间始终满足 RS=0 的约束条件，故 t_1、t_2、t_6 时刻的波形不存在不定状态。但在 CP③期间，输入信号 R、S 同步出现了从 11（不定状态）到 00（保持之前不定状态）的情况，由于主触发器状态的不确定导致 t_4 时刻从触发器 Q 端波形的不确定。

画出波形如图 4-20 所示。

4.3.2 主从 JK 触发器

主从 JK 触发器的逻辑电路和逻辑符号如图 4-21 所示。

1. 电路结构特点和工作原理

主从 JK 触发器仍由两个同步 RS 触发器串联而成：$G_5 \sim G_8$ 称为主触发器；$G_1 \sim G_4$ 称为从触发器；G_9 为反相器，使主、从触发器的翻转分步进行。

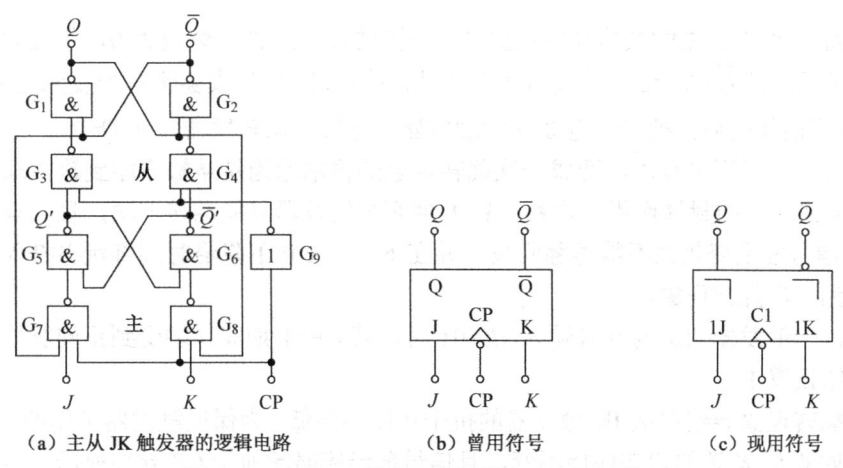

（a）主从 JK 触发器的逻辑电路　　（b）曾用符号　　（c）现用符号

图 4-21　主从 JK 触发器的逻辑电路和逻辑符号

当 CP=1（CP$_{主}$=1，CP$_{从}$=0）时，主触发器开通，从触发器封锁。当 CP=0（CP$_{主}$=0，CP$_{从}$=1）时，主触发器封锁，从触发器开通。此时从触发器接收主触发器 Q' 和 $\overline{Q'}$ 信号，使整个触发器输出状态 Q 发生变化。由于 CP$_{主}$=0 期间主触发器不接收输入信号，主触发器状态不变将导致从触发器的状态也保持不变。所以在一个 CP 作用下，输出状态 Q 仅在 CP 的下降沿时刻发生变化，从而克服了空翻。

对比图 4-19（a）和图 4-21（a），显然有：$S = J\overline{Q^n}$；$R = KQ^n$。

将 R、S 代入 RS 触发器特征方程，可得主从 JK 触发器的特征方程为：

$$Q^{n+1} = S + \overline{R}Q^n = J\overline{Q^n} + \overline{KQ^n}Q^n$$

$$= J\overline{Q^n} + \overline{K}Q^n \quad （\text{CP 下降沿到来时刻触发有效}）$$

考虑到 $RS = KQ^n \cdot J\overline{Q^n} = 0$，总能满足 $RS=0$ 的约束条件，故 J、K 信号不受约束。主从 JK 触发器的状态转换真值表和状态转换图在上节已提及，因此读者完全可以自主分析。

2. 主从 JK 触发器的一次翻转现象及克服

主从 JK 触发器具有置 0、置 1、保持和翻转的强大功能，且 J、K 信号不受约束，因此应用广泛，但也存在硬伤，即存在一次翻转现象。下面将通过分析图 4-22（a）所示 J、K 信号的作用下主从 JK 触发器的工作情况来说明翻转现象。

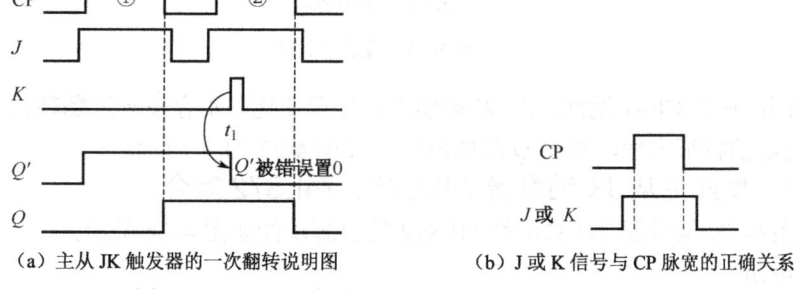

（a）主从 JK 触发器的一次翻转说明图　　（b）J 或 K 信号与 CP 脉宽的正确关系

图 4-22　主从 JK 触发器的一次翻转现象及克服

设触发器的初态 $Q=Q'=0$。在 CP①作用期间，由于 $JK=10$，主触发器状态将变为 $Q'=1$，CP①下降沿作用后，从触发器接收此状态，此时 $Q=Q'=1$。

在 CP②作用期间，开始时 $JK=10$，主触发器保持 $Q'=1$ 不变。在 t_1 时刻，K 信号受到干扰，短暂的 $K=1$ 使主触发器被错误置 0。干扰过后，虽然 K 恢复为 0，但因此时输出端到输入端的反馈线 $\overline{Q}=0$，使主触发器输入信号 J 被封锁，主触发器无法恢复到之前的 1 态。当 CP② 下降沿作用后，被错误置 0 的主触发器状态打入从触发器，使 $Q=0$。

通过以上分析可以看出，造成一次翻转现象的根本原因是从输出端到输入端的反馈线对信号（J 或 K）的封锁作用。这种 CP=1 期间主触发器只能翻转一次，且一旦翻转，即使 J 或 K 信号发生变化也不能再翻回去，并在下一个 CP 下降沿时刻将状态打入从触发器的现象称为一次翻转现象。

同理，当触发器初态为 0 且输入 $JK=01$ 时，若 CP=1 期间 J 端受到正向脉冲干扰，触发器也将错误置 1。

一次翻转现象导致主从 JK 触发器的抗干扰能力降低。为保证触发器工作的可靠性，要求 CP=1 期间 J、K 端的状态保持不变，且信号前沿应略超前于 CP 脉冲前沿，信号后沿应略滞后于 CP 脉冲后沿，如图 4-22（b）所示。

【例 5】 设主从 JK 触发器的初始状态为 0，输入 CP、J、K 信号如图 4-23（a）所示，试画出 Q 端的波形。

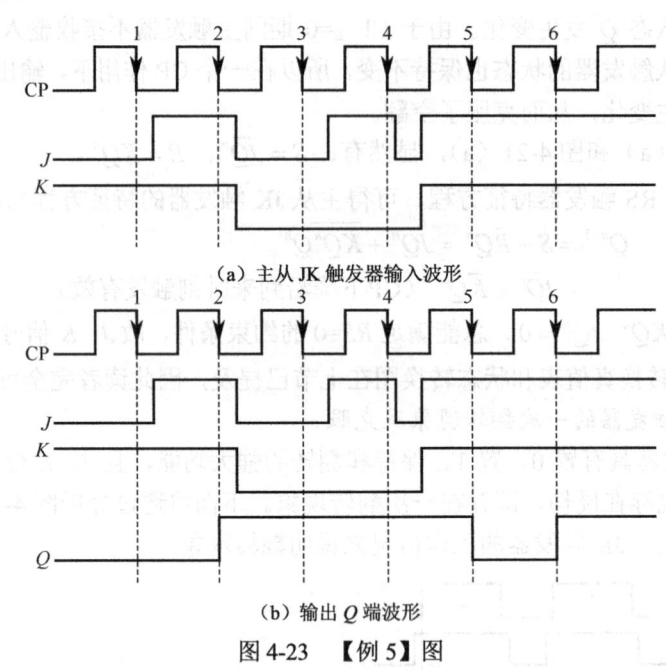

图 4-23 【例 5】图

【解答】：观察 CP=1 期间，J、K 端输入信号无变化，不存在一次翻转问题，可根据主从 JK 触发器的特征方程，画出 Q 端的波形，如图 4-23（b）所示。

4.3.3 集成主从 JK 触发器 74LS76、74LS72 简介

集成主从 JK 触发器 74LS76 和 74LS72 的引脚功能如图 4-24 所示。

使用说明：

① 74LS76 和 74LS72 均为下降沿时刻触发，均带异步清 0 端和置 1 端，均为低电平有效。

② 图 4-24（a）：74LS76 为双主从 JK 触发器。

③ 图 4-24（b）：74LS72 为与输入单主从 JK 触发器，其中，$J=J_1 J_2 J_3$、$K=K_1 K_2 K_3$，

如图 4-24（c）所示。

（a）74LS76 的引脚图　　（b）74LS72 的引脚图　　（c）74LS72 逻辑符号

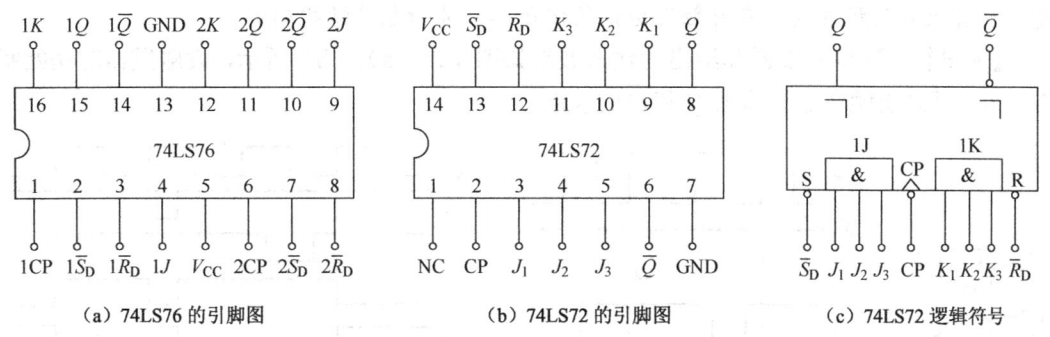

图 4-24　集成主从 JK 触发器 74LS76 和 74LS72 的引脚功能和逻辑符号图

4.4　边沿触发器

边沿触发器是指触发器对输入信号的接收是发生在时钟脉冲的边沿（上升沿或下降沿）时刻，并据此时此刻的输入决定输出的相应状态。也就是说，触发器只有在时钟 CP 的某一规定跳变（正跳变或负跳变）到来时，才接收输入信号，而在 CP=1 和 CP=0 期间以及在 CP 的非规定跳变时间，触发器不再接收输入信号，因而输入信号的变化也就不会引起触发器状态的变化。从而避免了触发器出现不定状态、空翻现象、一次翻转现象，彻底消除了电位触发方式和主从触发方式的弊病。

上述实现触发器状态翻转的方式称为边沿触发方式，以这种方式工作的触发器称为边沿触发器。

实现边沿触发的方法通常有两种：一是利用触发器内部门电路的延迟时间不同来实现。如常见的下降沿触发的 JK 触发器便是利用该原理实现的。二是利用维持阻塞原理来实现，如常见的上升沿触发的 D 触发器。

由于边沿触发器的内部结构复杂，本书将不再对内部工作原理展开分析，重点介绍各类边沿触发器的逻辑符号、逻辑功能及使用。

4.4.1　边沿触发器的触发特性

上升沿触发的 D 触发器对应时钟 CP 的上升沿翻转，其状态仅取决于 CP 上升沿到来时刻触发信号 D 的状态。为表示触发器仅在 CP 上升沿接收信号并立刻翻转，在图 4-25（a）所示的 D 触发器逻辑符号中，时钟输入 C1 端加了动态符号"＞"。

下降沿触发的 JK 触发器对应时钟 CP 的下降沿翻转，为表示这一特性，在图 4-25（b）所示的 JK 触发器逻辑符号中，时钟输入 C1 端除了动态符号"＞"外，还特别加了一个小圆圈。

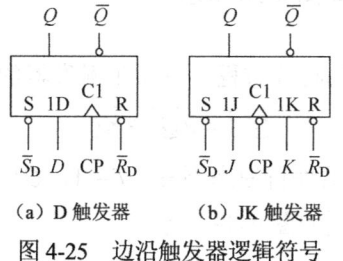

（a）D 触发器　　（b）JK 触发器

图 4-25　边沿触发器逻辑符号

强调：边沿 D 触发器不一定都是上升沿触发，也有下降沿触发的。同理，边沿 JK 触发器也有上升沿触发的，具有触发边沿须依逻辑符号和电路结构确定。

【例6】 边沿 D 触发器和给出的输入波形如图 4-26（a）、(b) 所示，设触发器的初始状态为 0。试画出触发器的输出 Q 和 $\overline{Q}$ 的波形。

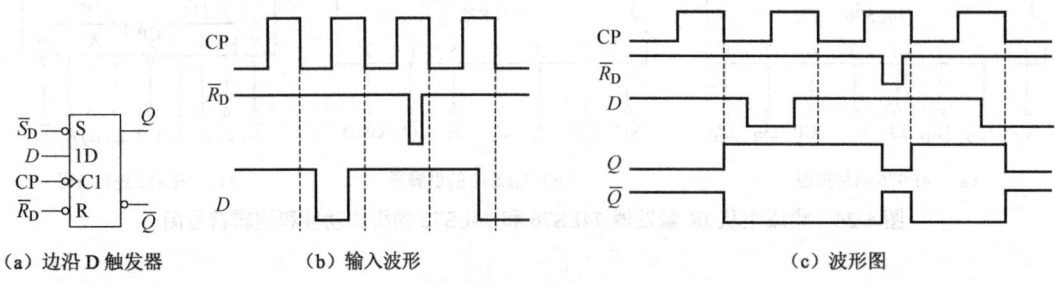

图 4-26 【例6】图

（a）边沿 D 触发器　　（b）输入波形　　（c）波形图

【解析】：画图时注意：①异步预置端不受 CP 控制，具有优先权；②对应于每个 CP 的下降沿，触发器状态是否翻转，Q 端输出取决于 CP 下降沿时刻的 D 输入信号，如果在时间轴上 D 信号恰好处在 1 和 0 的跳变沿上，依前一时刻的 D 输入信号画出。

【解答】：从逻辑符号可知触发边沿为下降沿，$Q^{n+1}=D$，画出波形图如图 4-26（c）所示。

【例7】 边沿 JK 触发器和给出的输入波形图如图 4-27（a）、(b) 所示，设触发器的初始状态为 1。试画出触发器的输出 Q 和 $\overline{Q}$ 的波形图。

【解答】：从逻辑符号可知触发边沿为上升沿，$Q^{n+1}=J\overline{Q}^n+\overline{K}Q^n$，需要注意异步预置端的作用，画出波形图如图 4-27（c）所示。

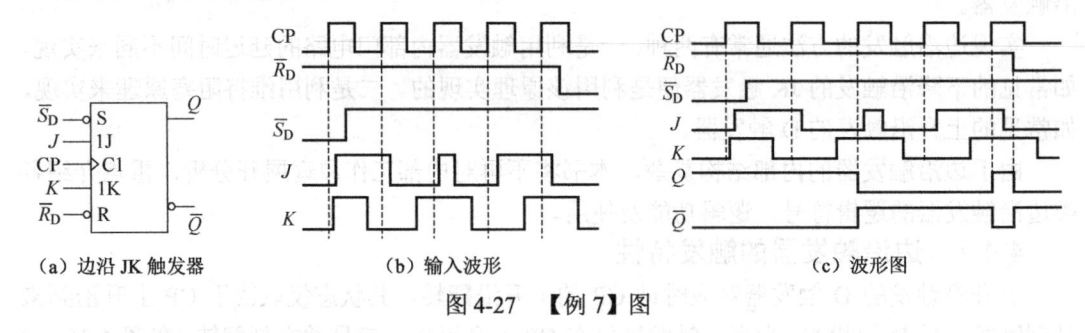

图 4-27 【例7】图

（a）边沿 JK 触发器　　（b）输入波形　　（c）波形图

4.4.2　T 和 T′ 触发器

在 CP 脉冲作用下，根据输入信号 T 的不同状态，具有保持和翻转功能的电路，称为 T 触发器。T 触发器可由 JK 触发器转换而来，将 JK 触发器的两输入端连接在一起，作为输入端 T，便构成了 T 触发器，如图 4-28 所示。

1. T 触发器

将 $J=K=T$ 代入 JK 触发器的特征方程，可得 T 触发器的特征方程为

$$Q^{n+1}=J\overline{Q}^n+\overline{K}Q^n$$

式中，$T=0$，$Q^{n+1}=Q^n$，触发器保持原态不变；$T=1$，$Q^{n+1}=\overline{Q}^n$，触发器状态翻转，处于计数状态。T 触发器工作波形图如图 4-29 所示。

(a) 逻辑图　　　　　　　(b) 逻辑符号

图 4-28　用 JK 触发器接成的 T 触发器

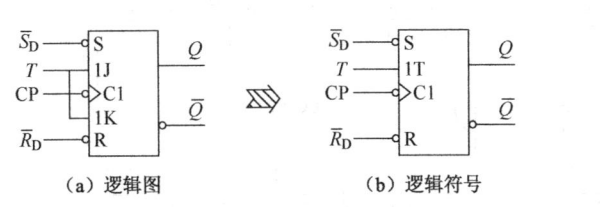

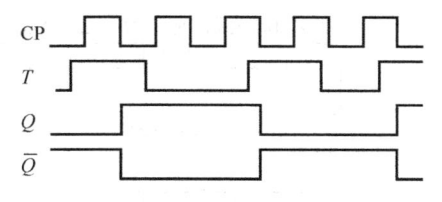

图 4-29　T 触发器工作波形图

2. T' 触发器

在 CP 脉冲作用下，只具有翻转（计数）功能的电路，称为 T' 触发器，其特征方程为：$Q^{n+1} = \overline{Q}^n$。由于触发器的翻转次数记录了送入触发器的 CP 脉冲个数，T' 触发器也称为计数型触发器。可由其他触发器转换而来。图 4-30 所示为由 JK 触发器构成的 T' 触发器的逻辑图和波形图。

图 4-31 所示为由 D 触发器构成的 T' 触发器的逻辑图和波形图。

(a) 逻辑图　　　　　　　(b) T' 触发器工作波形图

图 4-30　用 JK 触发器接成的 T' 触发器

(a) 逻辑图　　　　　　　(b) T' 触发器工作波形图

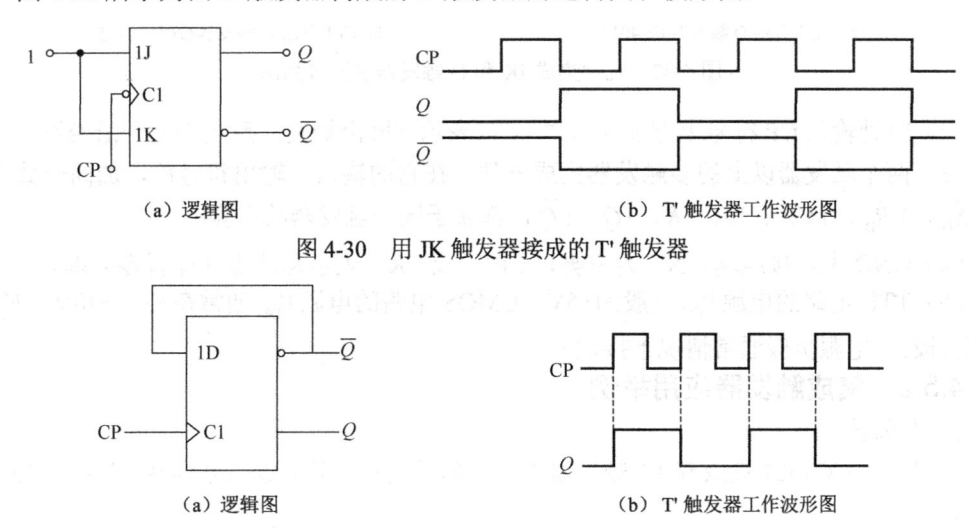

图 4-31　用 D 触发器构成的 T' 触发器

4.5　集成触发器的应用

目前，市场上可供选用的集成触发器有很多，既有 TTL 型的，也有 CMOS 型的。TTL 型与 CMOS 型触发器的 RS、JK、D 等触发器逻辑功能完全一致，只是逻辑电平值、负载能力有些不兼容，混合使用时须考虑接口问题。

4.5.1　常用集成触发器简介

1. 常用集成 JK 和 D 触发器的型号及引脚排列

列举几种常用集成 JK 和 D 触发器的型号及引脚排列如图 4-32 所示。

2. 引脚的功能、符号的意义说明

（1）预置数端的字母符号上方加非号"−"，表示低电平输入信号有效：如 1$\overline{S}_D$=0，表示触发器 1 异步置 1；2$\overline{R}_D$=0，表示触发器 2 异步置 0。反之，预置数端的字母符号上方没有非号，表示高电平输入信号有效，如 1S_D=1，表示触发器 1 异步置 1。

(a) 双下降沿 JK 触发器 CT74LS112

(b) 双上升沿 JK 触发器 CC4027

(c) 双上升沿 D 触发器 CC4013

(d) 四上升沿 D 触发器 CT74LS175

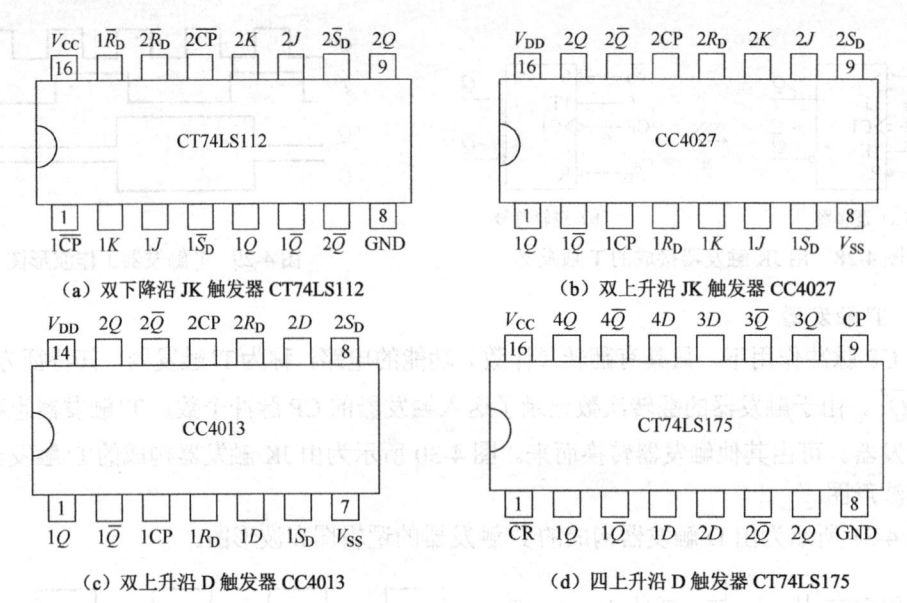

图 4-32　几种集成 JK 和 D 触发器引脚排列图

（2）时钟输入 CP 符号上方加非号"–"，表示下降沿触发，反之为上升沿触发。

（3）两个触发器以上的多触发器集成器件，在它的输入、输出符号前，加同一数字，如 $1\overline{S}_D$、$1\overline{R}_D$、1CP、1J、1K、1Q、$1\overline{Q}$，都属于同一触发器的引脚。

（4）GND 表示接地端，NC 为空脚，$\overline{CR}$（或 CR）表示总清零（即置零）端。

（5）TTL 电路的电源 V_{CC} 一般为+5V，CMOS 电路的电源 V_{DD} 通常在+3～+18V，V_{SS} 接电源负极。（电源负极通常情况下接地）

4.5.2　集成触发器应用举例

1. 分频器

应用一片 CC4027 集成双 JK 触发器中一个单元电路，可构成二分频器。如图 4-33（a）所示。

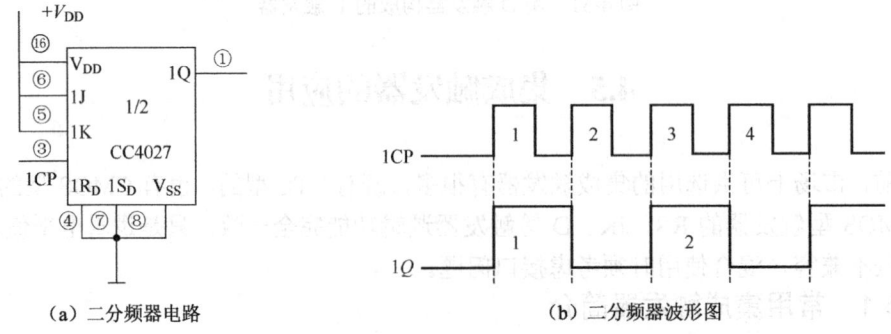

(a) 二分频器电路

(b) 二分频器波形图

图 4-33　二分频器电路和波形图

接线说明：

（1）⑤、⑥、⑯脚接 V_{DD}，即有 1J=1K=1，电路为计数状态。

（2）④、⑦、⑧端接地，$1S_D=1R_D=0$，即异步置 0、置 1 功能无效。

（3）由图 4-33（b）所示的波形可以看出，从 1CP 端输入两个时钟脉冲，则在 1Q 的输出端只输出 1 个脉冲，实现了二分频，即：

$$f_O = \frac{1}{2}f_1$$

2. 多路控制的开关电路

用一片 CC4013 集成双 D 上升沿触发器中的一个 D 触发器构成多路控制开关电路图，如图 4-34 所示。

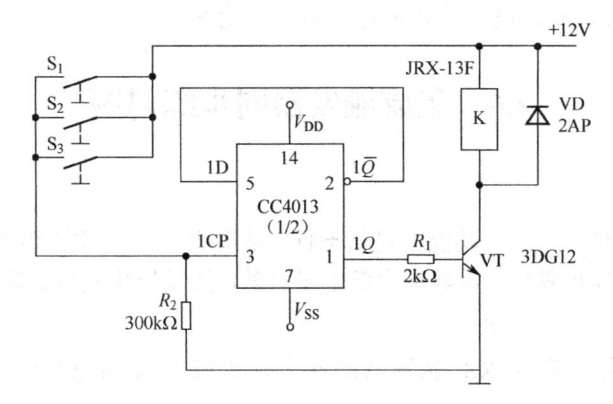

图 4-34 多路控制的开关电路图

工作原理分析：

由于 CMOS 极高的输入电阻，未接通任何开关时，D 触发器处于 0 态，继电器失电不工作。

当按动任意一个开关后，相当于输入一个 CP 上升沿，D 触发器翻转为 1 态，三极管饱和导通，继电器得电工作；开关断开后，不影响继电器工作。

如果再按动任意一个开关，相当于再输入一个 CP 上升沿，D 触发器将翻转为 0 态，三极管转为截止，继电器失电而停止工作。

3. 抢答电路

用一片 CT74LS175 四 D 触发器可构成四人智力竞赛抢答电路图，如图 4-35 所示。

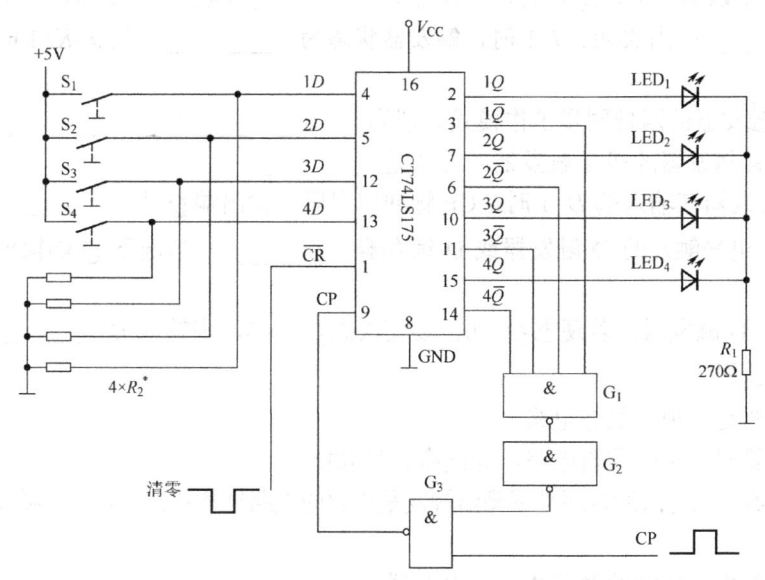

图 4-35 四人智力抢答器电路图

工作原理分析：

抢答前，各触发器清零，四只发光二极管均不亮。抢答开始后，假设 S_1 先按通，则 $1D$ 先为 1，当 CP 脉冲上升沿出现后，$1Q=1$，点亮 LED_1，由于此时 $G_3=\overline{4\overline{Q}\cdot 3\overline{Q}\cdot 2\overline{Q}\cdot 1Q}=\overline{4\overline{Q}\cdot 3\overline{Q}\cdot 2\overline{Q}\cdot 1\overline{Q}}=\overline{1\cdot 1\cdot 1\cdot 0}=0$，$G_3$ 门被封锁。G_3 门被封锁后，即使按下其他按钮，相应的发光二极管也不会亮，必须清零后才能进行再一次抢答。

4.6 集成触发器同步练习题

一、填空题

1．触发器是具有_____功能的逻辑部件，是组成_____逻辑电路的基本单元电路。

2．已知触发器异步复位、置数端为低电平有效，如果异步复位、置数端 $\overline{R}_D=1$，$\overline{S}_D=0$，则触发器直接置成_____状态。

3．与非门构成的基本 RS 触发器的两个输入端都接高电平时，触发器的状态为_____。

4．同步 RS 触发器状态的改变是与_____信号同步的。

5．触发器有_____个稳态，存储 8 位二进制信息要_____个触发器。

6．在 CP 有效期间，若同步触发器的输入信号发生多次变化时，其输出状态也会相应产生多次变化，这种现象称为_____。

7．同步 RS 触发器的特征方程为 $Q^{n+1}=$_____；约束方程为_____。

8．RS、JK、D、T 和 T'五种触发器中，唯有_____触发器存在输入信号的约束条件。

9．将 JK 触发器构成 D 触发器时，若将 JK 触发器的 J 输入端作为 D 触发器的输入端使用，那么 K 端应满足 $K=$_____。

10．JK 触发器，当 $J=K=0$ 时，触发器处于_____状态；当 $J=0$、$K=1$ 时，触发器状态为_____；当 $K=0$、$J=1$ 时，触发器状态为_____；当 $J=K=1$ 时，触发器状态_____。

11．JK 触发器的四种同步工作模式分别为_____、_____、_____、_____。

12．将 JK 触发器改成 T 触发器的方法是_____。

13．D 触发器在输入端 $D=1$ 时，CP 脉冲作用后，输出端 $Q^{n+1}=$_____。

14．对于电平触发的 D 触发器或 D 锁存器，_____情况下 Q 端输出总是等于 D 输入。

15．对于 D 触发器，若现态 $Q^n=0$，要使次态 $Q^{n+1}=0$，则输入 $D=$_____。

二、判断题

1．触发器是一种双稳态电路。（　　）

2．触发器属于时序逻辑电路，即没有记忆功能。（　　）

3．触发器是上升沿触发还是下降沿触发是由它的电路结构决定的，不影响其逻辑功能。（　　）

4．仅具有翻转功能的触发器是 T 触发器。（　　）

5. 同步 RS 触发器脉冲信号到来后，R、S 端的输入信号才对触发器起作用。（　　）
6. 钟控的 RS 触发器的约束条件是 R+S=0。（　　）
7. 主从 JK 触发器在 CP=1 期间，可能翻转一次，一旦翻转就不会翻回原来的状态。（　　）
8. 主从 JK 触发器的 $\overline{R}_D$ 和 $\overline{S}_D$ 是直接置 0、置 1 端，欲从 $\overline{S}_D$ 端将该触发器置 1，还必须有 CP 脉冲的下降沿配合。（　　）
9. 维持-阻塞型 D 触发器的逻辑功能是：当 D=0 时，在时钟脉冲 CP 上升沿或下降沿到来后，输出端的状态变成 Q^{n+1}=0。（　　）
10. 同步 D 触发器的 Q 端和 D 端的状态在任何时刻都是相同的。（　　）

三、单项选择题

1. 触发器由门电路构成，其主要特点是（　　）。
    A. 有记忆功能　　B. 无记忆功能　　C. 功能与门电路略有不同
2. 为了提高抗干扰能力，触发脉冲宽度是（　　）。
    A. 越宽越好　　　　　　　　B. 越窄越好
    C. 无关的　　　　　　　　　D. 要宽还要有一定坡度
3. 基本 RS 触发器在触发脉冲消失后，输出状态将（　　）。
    A. 消失　　　B. 翻转　　　C. 恢复原状　　　D. 保持现态
4. 时序逻辑电路中 CP 信号的作用是（　　）。
    A. 指挥整个电路协同工作　　B. 输入信号
    C. 抗干扰信号　　　　　　　D. 清零信号
5. 存在一次翻转问题的是（　　）触发器。
    A. 基本 RS　　B. 钟控 D　　C. 主从 JK　　D. 边沿 T
6. 由与非门组成的基本 RS 触发器不允许输入的变量组合 $\overline{S}\cdot\overline{R}$ 为（　　）。
    A. 00　　　B. 01　　　C. 10　　　D. 11
7. 为了使同步 RS 触发器的次态为 1，RS 的取值应为（　　）。
    A. RS=00　　B. RS=01　　C. RS=10　　D. RS=11
8. 或非门构成的基本 RS 触发器的输入 S=1、R=0，当输入 S=0 时，触发器的输出将会（　　）。
    A. 置位　　　B. 复位　　　C. 不变　　　D. 不定
9. 下列触发器中，存在空翻现象的有（　　）。
    A. 边沿 D 触发器　　　　　　B. 主从 RS 触发器
    C. 同步 RS 触发器　　　　　　D. 主从 JK 触发器
10. 边沿触发器中，在 CP 时钟的作用下，具有置 0、置 1、保持、翻转四种功能的触发器是（　　）。
    A. D 触发器　　B. RS 触发器　　C. JK 触发器　　D. T 触发器
11. 要实现 $Q^{n+1}=\overline{Q}^n$，JK 触发器的 J、K 取值应为（　　）。
    A. J=0，K=0　　B. J=0，K=1　　C. J=1，K=0　　D. J=1，K=1
12. J=K=1 的 JK 触发器时钟频率为 10Hz，Q 输出为（　　）。
    A. 保持为高电平　　　　　　B. 保持为低电平

C. 10Hz 方波 　　　　　　　　　　　　D. 5Hz 方波

13．为实现将 JK 触发器转换为 D 触发器，应使（　　）。

A．$J=D$，$K=\overline{D}$ 　　　　　　　　B．$K=D$，$J=\overline{D}$

C．$J=K=D$ 　　　　　　　　　　　　D．$J=K=\overline{D}$

14．仅具有置"0"和置"1"功能的触发器是（　　）。

A．基本 RS 触发器 　　　　　　　　B．钟控 RS 触发器

C．D 触发器 　　　　　　　　　　　D．JK 触发器

15．已知某触发器的特性表如图 4-36（A、B 为触发器的输入）其输出信号的逻辑表达式为（　　）。

A．$Q^{n+1}=A$ 　　　　　　　　　　B．$Q^{n+1}=\overline{A}Q^n+A\overline{Q^n}$

C．$Q^{n+1}=A\overline{Q^n}+\overline{B}Q^n$ 　　　　　D．$Q^{n+1}=B$

16．将 D 触发器改造成 T 触发器，图 4-37 所示电路中的虚线框内应是（　　）。

A．或非门　　　B．与非门　　　C．异或门　　　D．同或门

A	B	Q^{n+1}	说明
0	0	Q^n	保持
0	1	0	置0
1	0	1	置1
1	1	$\overline{Q^n}$	翻转

图 4-36　单选题 15 图

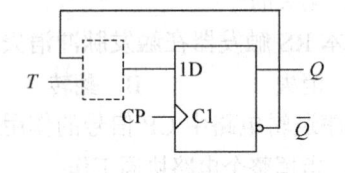

图 4-37　单选题 16 图

17．要使 T 触发器 $Q^{n+1}=\overline{Q^n}$，则 $T=$（　　）。

A．Q^n　　　　B．0　　　　C．1　　　　D．$\overline{Q^n}$

18．仅具有翻转功能的触发器称为（　　）。

A．JK 触发器　　B．T 触发器　　C．D 触发器　　D．T′ 触发器

四、简答题

1．时序逻辑电路的基本单元是什么？组合逻辑电路的基本单元又是什么？

2．试分别写出钟控 RS 触发器、JK 触发器和 D 触发器的特征方程。

五、触发器分析与应用题

1．由与非门构成的基本 RS 触发器如图 4-38 所示，已知输入端 $\overline{S}$、$\overline{R}$ 的电压波形，试画出与之对应的 Q 和 $\overline{Q}$ 的波形图。

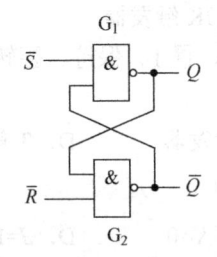

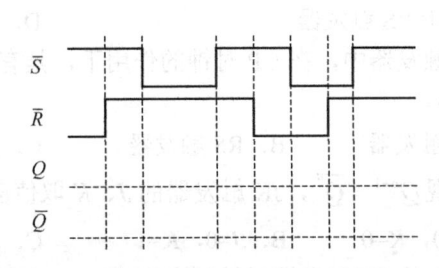

图 4-38　分析与应用题 1 图

2. 分析图 4-39 所示 RS 触发器的功能,列出功能真值表,并根据输入波形画出 Q 和 $\overline{Q}$ 的波形图。

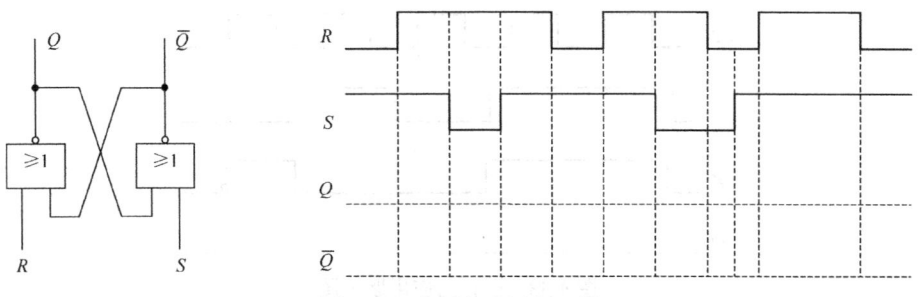

图 4-39　分析与应用题 2 图

3. 图 4-40 为同步 RS 触发器,设初始状态 $Q=0$,在 R 和 S 端加入信号波形及时钟脉冲 CP 的波形图如图 4-41 所示,试画出相对应的 Q 端波形图。

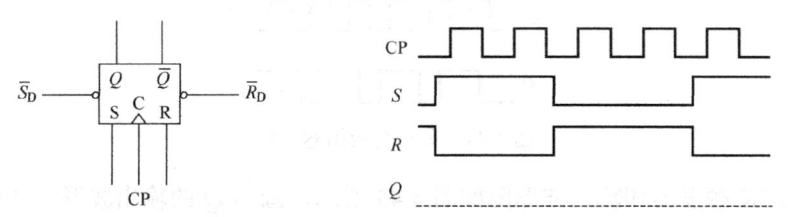

图 4-40　分析与应用题 3 图

4. 同步 RS 触发器输入信号 R、S 的波形如图 4-41 所示,设触发器的初始状态为 0,试画出输出 Q 的波形图。

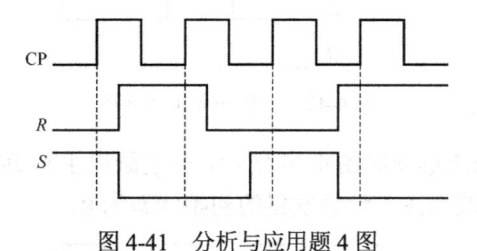

图 4-41　分析与应用题 4 图

5. 同步 JK 触发器如图 4-42 所示,$\overline{R}_D$ 和 $\overline{S}_D$ 分别是异步置 0 和异步置 1 端,已知输入信号 J、K 的波形,试画出输出 Q 的波形图。

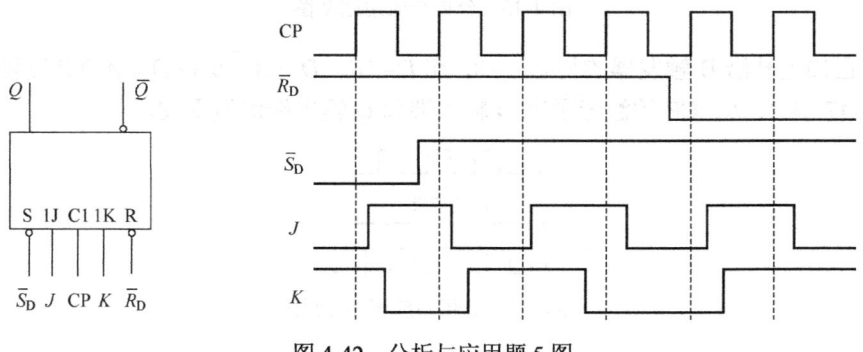

图 4-42　分析与应用题 5 图

127

6. 设主从型 JK 触发器的初始状态 $Q=0$，$\overline{Q}=1$，请画出在图 4-43 所示 CP（上升沿）及 J、K 端所加信号波形时的 Q 端输出波形图。

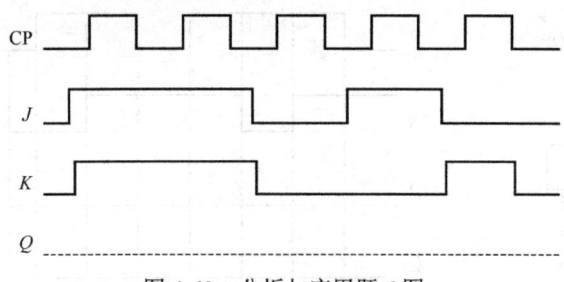

图 4-43　分析与应用题 6 图

7. 已知 CP、D 的波形图如图 4-44 所示，试画出高电平有效和上升沿有效 D 触发器 Q 的波形图（设 Q 的初始状态为 0）。

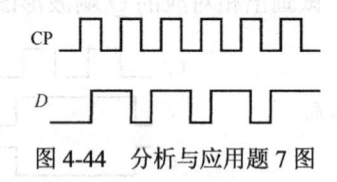

图 4-44　分析与应用题 7 图

8. 边沿 JK 触发器和输入波形图如图 4-45 所示，画出 Q 的输出波形图（设 Q 的初态为 1）。

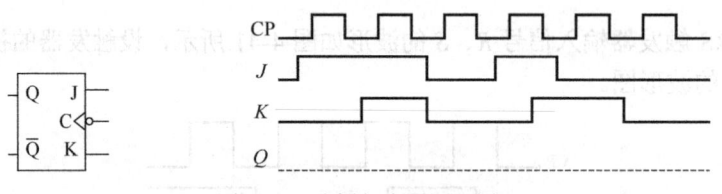

图 4-45　分析与应用题 8 图

9. 已知 J、K 信号的波形图如图 4-46 所示，分别画出主从 JK 触发器和边沿（下降沿）JK 触发器的输出端 Q 的波形图。设触发器的初始状态为 0。

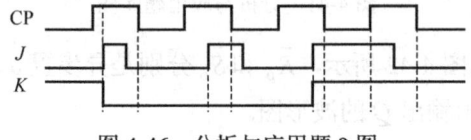

图 4-46　分析与应用题 9 图

10. 已知上升沿 D 触发器的初态 $Q=0$，在 $D=AB$、$D=\overline{A+B}$ 和 $D=A\oplus B$ 三种情况下，根据图 4-47 中 A、B、CP 的波形画出 D 输入端和 Q 输出端的波形图。

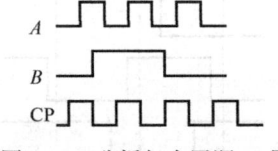

图 4-47　分析与应用题 10 图

11. 试画出图 4-48 所示各触发器的输出波形图（设触发器的初始状态为 0）。

（a）

（b）

（c）

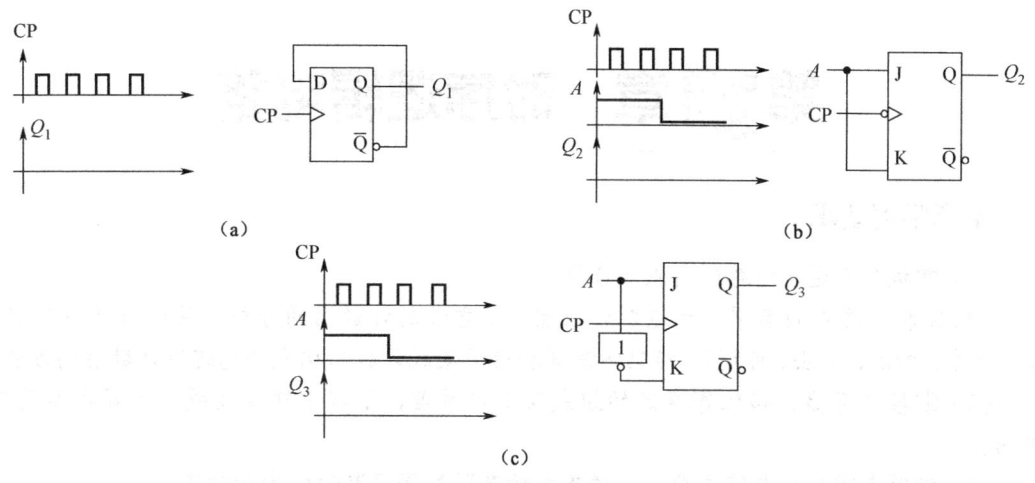

图 4-48　分析与应用题 11 图

12．有一上升沿触发的 JK 触发器和 CP、J、K 信号波形图如图 4-49 所示，画出 Q 端的波形图（设触发器的初始状态为 0）。

（a）　　　　　　　　　　　　（b）

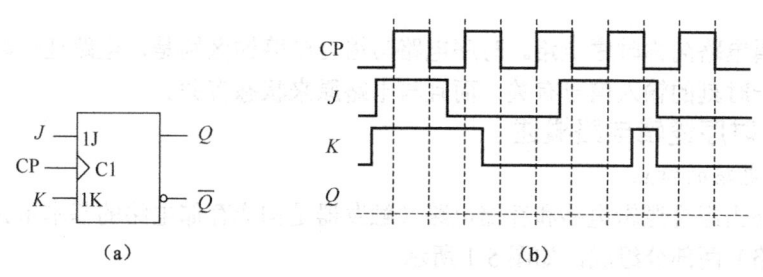

图 4-49　分析与应用题 12 图

13．已知逻辑电路和输入信号波形图如图 4-50 所示，画出各触发器输出端 Q_1、Q_2 的波形图（设触发器的初始状态均为 0）。

（a）　　　　　　　　　　　　（b）

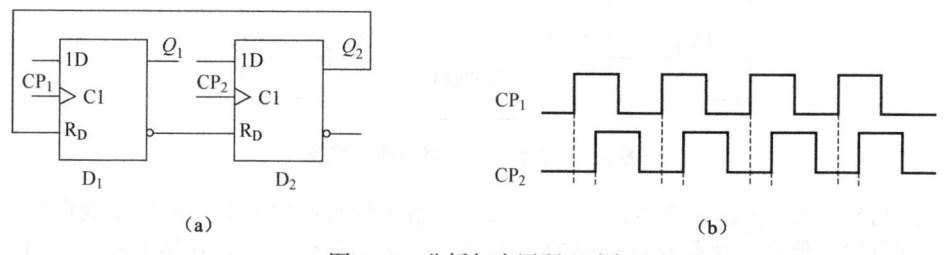

图 4-50　分析与应用题 13 图

拓展模块　　　　　　　教学视频

第 5 章 时序逻辑电路

本章学习要求

（1）掌握时序逻辑电路的特点及分类。

（2）掌握二进制计数器、十进制计数器、任意进制计数器的分析方法和设计方法（同步、异步、加法、减法、可逆），能熟练掌握和应用集成计数器构成任意进制计数器的方法。

（3）掌握寄存器、移位寄存器的组成及工作原理，了解中规模集成移位寄存器及其应用。

（4）能够查阅集成电路手册，识读集成计数器和寄存器的引脚和功能。

5.1 时序逻辑电路的特点和分析方法

时序逻辑电路简称时序电路。时序电路与组合电路的区别是，电路任一时刻的输出信号不仅与同一时刻的输入信号有关，而且与电路原来状态有关。

5.1.1 时序逻辑电路概述

1. 时序电路的特点

时序电路由组合逻辑电路和存储电路（触发器是构成存储电路的基本单元，也是最简单的时序电路）两部分组成，如图 5-1 所示。

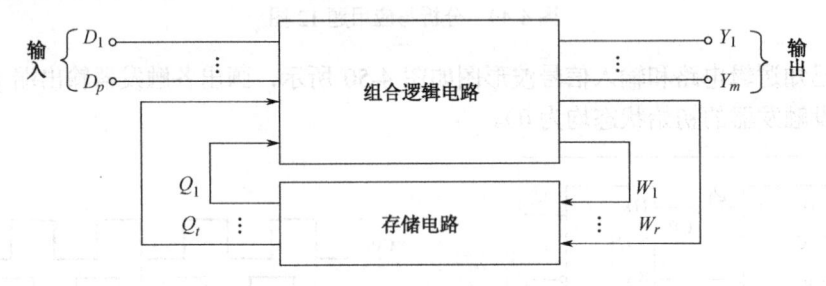

图 5-1 时序逻辑电路组成方框图

图中：D（$D_1 \sim D_p$）为输入信号；Y（$Y_1 \sim Y_m$）为输出信号；W（$W_1 \sim W_r$）是取自组合逻辑电路的部分输出信号，也是存储电路的输入信号；Q（$Q_1 \sim Q_t$）是存储电路的输出信号，也是组合逻辑电路的部分输入信号。以上各信号间的逻辑关系可表示为：

$Y_i = F_i(D_1, D_2, \cdots, D_p; Q_1^n, Q_2^n, \cdots, Q_q^n)$ $i = 1, 2, \cdots, m$ （电路的输出方程）

$W_j = G_j(D_1, D_2, \cdots, D_p; Q_1^n, Q_2^n, \cdots, Q_q^n)$ $j = 1, 2, \cdots, k$ （存储电路的驱动方程）

$Q_k^{n+1} = H_k(W_1, W_2, \cdots, W_r; Q_1^n, Q_2^n, \cdots, Q_q^n)$ $k = 1, 2, \cdots, t$ （存储电路的状态方程）

当然，并非所有时序电路都有图 5-1 所示的完整形式，它可能没有组合逻辑电路，甚至连输入信号也没有，但仍具备时序电路的基本特点。

2. 时序电路逻辑功能的表示方法

时序电路的逻辑功能可用逻辑图、状态方程、状态表、卡诺图、状态图和时序图六种方法表示，这些表示方法在本质上都是相同的，可以相互转换。

3. 时序电路的分类

根据时钟脉冲是否统一，时序电路可分为同步时序电路和异步时序电路两类。它们的主要区别是，前者的所有触发器受同一时钟脉冲控制，而后者的各触发器则受不同的脉冲源控制。所以，在同步时序电路中，每来一个时钟脉冲，电路的状态只改变一次；在异步时序电路中，电路状态改变时，电路中要更新状态的触发器的翻转有先有后，是异步进行的。

5.1.2 时序逻辑电路的分析方法

时序电路的分析，就是由逻辑图到状态图的转换。时序电路的分析步骤为：

①逻辑图 ⇒ ②时钟脉冲方程、驱动方程和输出方程 ⇒ ③状态方程 ⇒ ④状态表、状态图或时序图 ⇒ ⑤判定电路逻辑功能。

【例1】分析图 5-2 所示时序电路图：（1）写出 JK 触发器的驱动方程；（2）用 X、Y、Q^n 做变量，写出 P 和 Q^{n+1} 的函数表达式；（3）列出真值表，说明电路完成何种逻辑功能。

【解答】：（1）驱动方程：$J = XY$，$K = \overline{X+Y}$

（2）根据驱动方程写输出函数表达式：$P = X \oplus Y \oplus Q^n$

$$Q^{n+1} = J\overline{Q}^n + \overline{K}Q^n = XY\overline{Q}^n + (X+Y)Q^n = XY + XQ^n + YQ^n$$

（3）列状态转换真值表，如表 5-1 所示。

表 5-1 【例1】状态转换真值表

现态	次态	现态	次态
XYQ^n	$Q^{n+1}P$	XYQ^n	$Q^{n+1}P$
0 0 0	0 0	1 0 0	0 1
0 0 1	0 1	1 0 1	1 0
0 1 0	0 1	1 1 0	1 0
0 1 1	1 0	1 1 1	1 1

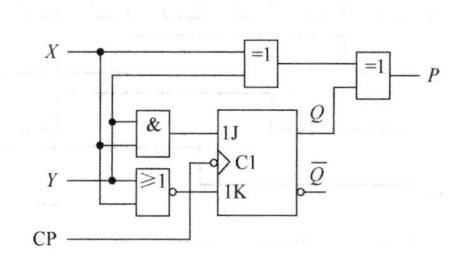

图 5-2 【例1】时序电路图

依据状态转换表分析逻辑功能电路的逻辑功能是一位全加器。X、Y 是同位的两个相加数，Q^n 是低位的进位信号，P 是本位之和，Q^{n+1} 是向更高位的进位信号。

【例2】分析图 5-3 所示时序电路图，说明电路的逻辑功能。

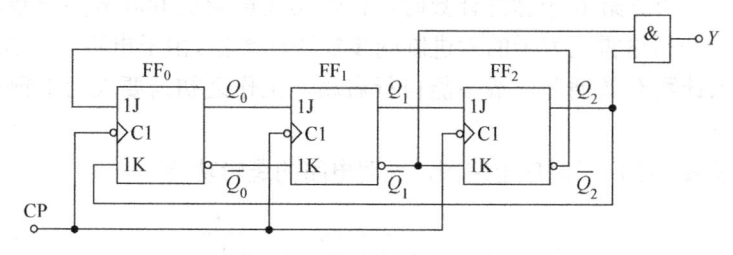

图 5-3 【例2】时序电路图

【解答】：（1）写方程式：

① 时钟脉冲方程：$CP_0 = CP_1 = CP_2 = CP$（属同步时序，可以不必写）；

② 输出方程：$Y = \overline{Q}_1^n Q_2^n$；

③ 驱动方程：$J_2 = Q_1^n$，$K_2 = \bar{Q}_1^n$，$J_1 = Q_0^n$，$K_1 = \bar{Q}_0^n$，$J_0 = \bar{Q}_2^n$，$K_0 = Q_2^n$。

（2）求状态方程：将各触发器的驱动方程代入 JK 触发器的特征方程 $Q^{n+1} = J\bar{Q}^n + \bar{K}Q^n$ 中，即得电路的状态方程为

$$\begin{cases} Q_2^{n+1} = J_2\bar{Q}_2^n + \bar{K}_2 Q_2^n = Q_1^n \bar{Q}_2^n + Q_1^n Q_2^n = Q_1^n \\ Q_1^{n+1} = J_1\bar{Q}_1^n + \bar{K}_1 Q_1^n = Q_0^n \bar{Q}_1^n + Q_0^n Q_1^n = Q_0^n \\ Q_0^{n+1} = J_0\bar{Q}_0^n + \bar{K}_0 Q_0^n = \bar{Q}_2^n \bar{Q}_0^n + \bar{Q}_2^n Q_0^n = \bar{Q}_2^n \end{cases}$$

（3）列状态转换真值表，如表 5-2 所示。

表 5-2 【例 2】状态转换真值表

现态 $Q_2^n Q_1^n Q_0^n$	次态 $Q_2^{n+1} Q_1^{n+1} Q_0^{n+1}$	输出 Y	现态 $Q_2^n Q_1^n Q_0^n$	次态 $Q_2^{n+1} Q_1^{n+1} Q_0^{n+1}$	输出 Y
0 0 0	0 0 1	0	1 1 0	1 0 0	0
0 0 1	0 1 1	0	1 0 0	0 0 0	1
0 1 1	1 1 1	0	0 1 0	1 0 1	0
1 1 1	1 1 0	0	1 0 1	0 1 0	1

（4）画状态图、时序图，如图 5-4 所示。

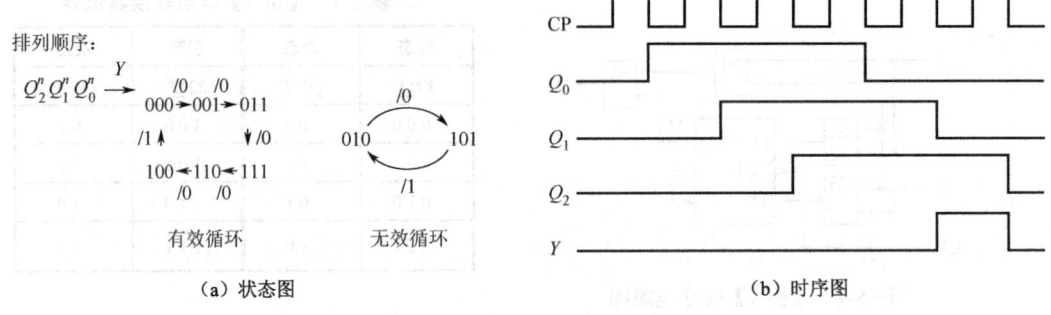

(a) 状态图　　　　　　　　　　(b) 时序图

图 5-4 【例 2】状态图和时序图

（5）电路功能分析：有效循环的 6 个状态分别是 0~5 共 6 个十进制数字的格雷码，并且在时钟脉冲 CP 的作用下，这 6 个状态是按 000→001→011→111→110→100→000→⋯ 递增规律变化的，当对第 6 个脉冲计数时，计数器又重新从 000 开始计数，并产生输出 Y=1。所以这是一个用格雷码表示的六进制同步加法计数器。由于电路一旦进入 010 或 101 状态便不能进入计数有效循环，故不能自行启动，工作之初需要人为干预不得进入 010 或 101 状态。

【例 3】分析图 5-5 所示时序电路图，说明电路的逻辑功能。

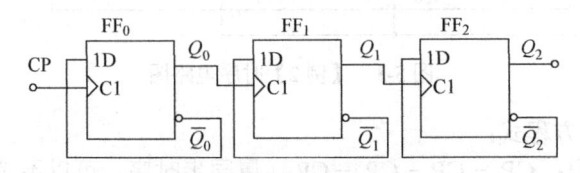

图 5-5 【例 3】时序电路图

【解答】：(1) 写方程式：
① 时钟脉冲方程：$CP_2 = Q_1$，$CP_1 = Q_0$，$CP_0 = CP$（属异步时序，必须写）；
② 驱动方程：$D_2 = \bar{Q}_2^n$，$D_1 = \bar{Q}_1^n$，$D_0 = \bar{Q}_0^n$。

(2) 求状态方程：将各触发器的驱动方程代入 D 触发器的特征方程中：$Q^{n+1} = D$，即得电路的状态方程为

$$\begin{cases} Q_2^{n+1} = D_2 = \bar{Q}_2^n & (Q_1\text{上升沿时刻触发有效}) \\ Q_1^{n+1} = D_1 = \bar{Q}_1^n & (Q_0\text{上升沿时刻触发有效}) \\ Q_0^{n+1} = D_0 = \bar{Q}_0^n & (CP\text{上升沿时刻触发有效}) \end{cases}$$

(3) 列状态转换真值表，如表 5-3 所示。

说明：正确分析异步时序的关键是弄清楚触发器的翻转因果关系与先后顺序。本例中：没有 CP 上升沿，FF_0 不会翻转；没有 Q_0 上升沿，FF_1 不会翻转；没有 Q_1 上升沿，FF_2 不会翻转。故在计算状态表数值时应先计算 Q_0，再计算 Q_1，最后计算 Q_2。

表 5-3 【例 3】状态转换真值表

现态 $Q_2^n Q_1^n Q_0^n$	次态 $Q_2^{n+1} Q_1^{n+1} Q_0^{n+1}$	时钟脉冲顺序及触发条件	现态 $Q_2^n Q_1^n Q_0^n$	次态 $Q_2^{n+1} Q_1^{n+1} Q_0^{n+1}$	时钟脉冲顺序及触发条件
0 0 0	1 1 1	$CP_0 \to CP_1 \to CP_2$	1 0 0	0 1 1	$CP_0 \to CP_1 \to CP_2$
1 1 1	1 1 0	CP_0	0 1 1	0 1 0	CP_0
1 1 0	1 0 1	$CP_0 \to CP_1$	0 1 0	0 0 1	$CP_0 \to CP_1$
1 0 1	1 0 0	CP_0	0 0 1	0 0 0	CP_0

(4) 画状态图和时序图，如图 5-6 所示。

排列顺序：$Q_2^n Q_1^n Q_0^n$

000 ← 001 ← 010 ← 011
↓ ↑
111 → 110 → 101 → 100

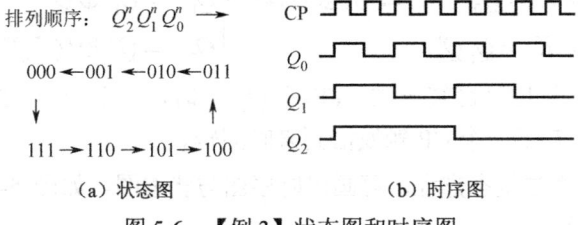

(a) 状态图　　　　　　(b) 时序图

图 5-6 【例 3】状态图和时序图

(5) 电路功能分析：由状态图可以看出，在时钟脉冲 CP 的作用下，电路的 8 个状态按递减规律循环变化，即：000→111→110→101→100→011→010→001→000→…电路具有递减计数功能，是一个三位二进制异步减法计数器。

5.2 同步计数器

在数字电路系统中，往往需要对脉冲的个数进行计数，以实现测量、运算和控制。凡是具有对输入脉冲的个数进行计数功能的电路，称为计数器。计数器不仅能够计数，还可以构成分频器、时间分配器或序列信号发生器。对数字电路系统进行定时和程序控制等。

计数器，按进位制可分为二进制计数器、非二进制计数器；按时钟脉冲是否同一可分为

同步计数器和异步计数器；按计数增减顺序可分为加法计数器、减法计数器和可逆计数器。

5.2.1 同步二进制计数器

由 K 个触发器组成的二进制**计数器**称为 K 位二进制计数器，它可以累计 $2^K=N$（$1,\cdots,2^K-1$）个二进制数码。N 称为计数器的模（或步长或进制数）。若 $K=1,2,3,\cdots$，则 $N=2,4,8,\cdots$ 相应称之为模 2、模 4、模 8、$\cdots$ 计数器。二进制计数器所有的状态组合都是有效计数状态，故不存在自启动检查问题。

1. 同步三位二进制加法计数器

以同步三位二进制加法计数器为例，来说明同步二进制加法计数器的工作原理。如图 5-7 所示，它由三个接成 T 触发器功能的 JK 触发器及门电路组成。CP 是计数脉冲输入端；$Q_0 \sim Q_2$ 是计数输出端，C 是进位输出端，输出进位脉宽 T_W 等于一个 CP 的周期。

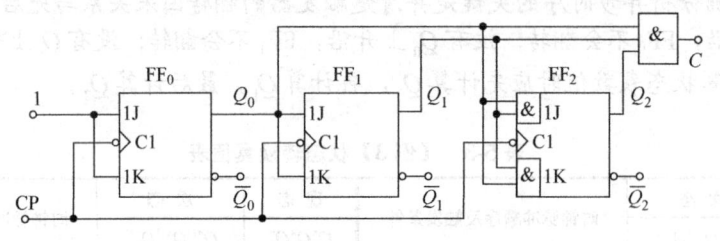

图 5-7 同步三位二进制加法计数器

工作原理分析：

（1）时钟脉冲方程与输出方程：$CP_0 = CP_1 = CP_2 = CP$；$C = Q_2^n Q_1^n Q_0^n$。

（2）激励函数与状态方程：

激励函数：$\begin{cases} J_0 = K_0 = 1 \\ J_1 = K_1 = Q_0^n \\ J_2 = K_2 = Q_1^n Q_0^n \end{cases}$ $\Rightarrow$ 状态方程：$\begin{cases} Q_0^{n+1} = \overline{Q_0^n} \\ Q_1^{n+1} = Q_1^n \oplus Q_0^n \\ Q_2^{n+1} = Q_2^n \oplus (Q_1^n Q_0^n) \end{cases}$

即：FF_0 每输入一个时钟脉冲翻转一次；FF_1 在 $Q_0 =1$ 时，在下一个 CP 触发沿到来时翻转；FF_2 在 $Q_0 = Q_1 =1$ 时，在下一个 CP 触发沿到来时翻转。

（3）根据输出方程与状态方程，可画出时序图与状态图，如图 5-8 所示，由于没有无效状态，电路能自启动。

从时序图可以看出，每经过一级触发器，输出脉冲周期增加一倍，相应频率则降为原来的 1/2。因此，一位二进制计数器可实现二分频，三位二进制计数器可实现八分频，如果有 K 位二进制计数器，最末级 Q 端输出脉冲频率则降为最初输入频率的 $1/2^K$。利用计数器可构成分频器，计数器的这一功能称为分频功能。

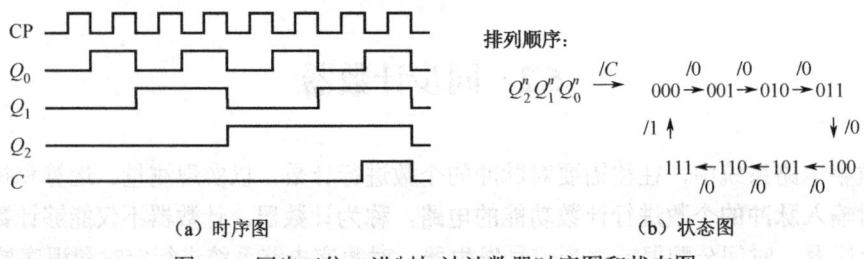

排列顺序：

$Q_2^n Q_1^n Q_0^n \xrightarrow{/C}$ $\overset{/0}{000} \rightarrow \overset{/0}{001} \rightarrow \overset{/0}{010} \rightarrow \overset{/0}{011}$

$/1 \uparrow \qquad\qquad\qquad \downarrow /0$

$\underset{/0}{111} \leftarrow \underset{/0}{110} \leftarrow \underset{/0}{101} \leftarrow \underset{/0}{100}$

(a) 时序图　　　　　　　　　　(b) 状态图

图 5-8 同步三位二进制加法计数器时序图和状态图

2. 同步二进制减法计数器

以同步三位二进制减法计数器为例，来说明同步二进制减法计数器的工作原理。如图 5-9 所示，它由三个接成 T 触发器功能的 JK 触发器以及门电路组成。CP 是计数脉冲输入端；$Q_0 \sim Q_2$ 是计数输出端；B 是借位输出端，输出借位脉宽 T_W 等于一个 CP 的周期。

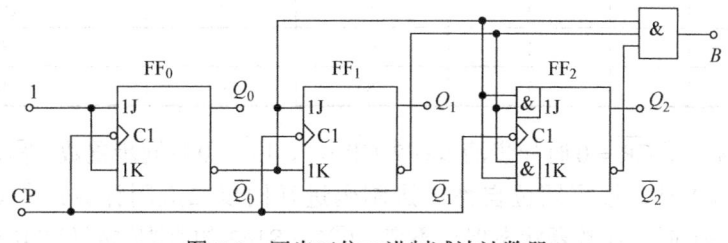

图 5-9　同步三位二进制减法计数器

同步三位二进制减法计数器分析：

（1）时钟脉冲方程与输出方程：$CP_0 = CP_1 = CP_2 = CP$；$B = \overline{Q_2^n}\,\overline{Q_1^n}\,\overline{Q_0^n}$。

（2）激励函数与状态方程：

激励函数：$\begin{cases} J_0 = K_0 = 1 \\ J_1 = K_1 = \overline{Q_0^n} \\ J_2 = K_2 = \overline{Q_1^n}\,\overline{Q_0^n} \end{cases} \Rightarrow$ 状态方程：$\begin{cases} Q_0^{n+1} = \overline{Q_0^n} \\ Q_1^{n+1} = \overline{Q_1^n \oplus Q_0^n} \\ Q_2^{n+1} = Q_2^n \oplus (\overline{Q_1^n}\,\overline{Q_0^n}) \end{cases}$

即：FF$_0$ 每输入一个时钟脉冲翻转一次；FF$_1$ 在 $Q_0 = 0$ 时，在下一个 CP 触发沿到来时翻转；FF$_2$ 在 $Q_0 = Q_1 = 0$ 时，在下一个 CP 触发沿到来时翻转。

（3）根据输出方程与状态方程，可画出时序图与状态图如图 5-10 所示，由于没有无效状态，电路能自启动。

由 JK 触发器以及门电路组成的 n 位同步二进制减法计数器，在结构上应具备的特点，读者可自行分析。

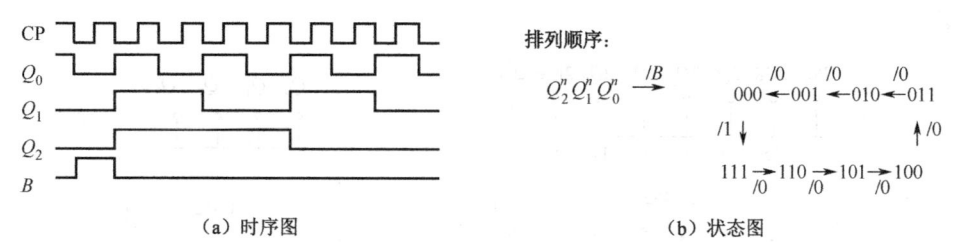

(a) 时序图　　　　　　　　　　　　　　(b) 状态图

图 5-10　同步三位二进制减法计数器的时序图和状态图

3. 集成同步二进制计数器简介

（1）四位集成同步二进制加法计数器 74LS161/163。

74LS161 的功能见表 5-4，引脚排列和逻辑功能示意如图 5-11 所示。

其中：$\overline{CR}$ 是异步清零端；$\overline{LD}$ 是同步置数端；$D_3 \sim D_0$ 是预置数输入端，利用预置数，可改变计数器的模长；$Q_0 \sim Q_3$ 是计数器状态输出端，Q_3 是高位，Q_0 是低位；CT_T、CT_P 是允许计数控制端；"↑" 表示时钟脉冲上升沿有效。

表 5-4 74LS161 功能表

CP	$\overline{CR}$	$\overline{LD}$	CT_T	CT_P	功能说明
×	0	×	×	×	异步清零
↑	1	0	×	×	同步预置数
↑	1	1	1	1	加计数
×	1	1	0	×	保持
×	1	1	×	0	保持

功能表说明：①$\overline{CR}=0$ 时异步清零；②$\overline{CR}=1$、$\overline{LD}=0$ 时同步置数；③$\overline{CR}=\overline{LD}=1$ 且 $CT=CT_T \cdot CT_P=1$ 时，按照四位自然二进制码进行同步二进制计数；④$\overline{CR}=\overline{LD}=1$ 且 $CT=CT_T \cdot CT_P=0$ 时，计数器状态保持不变；⑤74LS163 的引脚排列和 74LS161 相同，不同之处是 74LS163 采用同步清零方式。

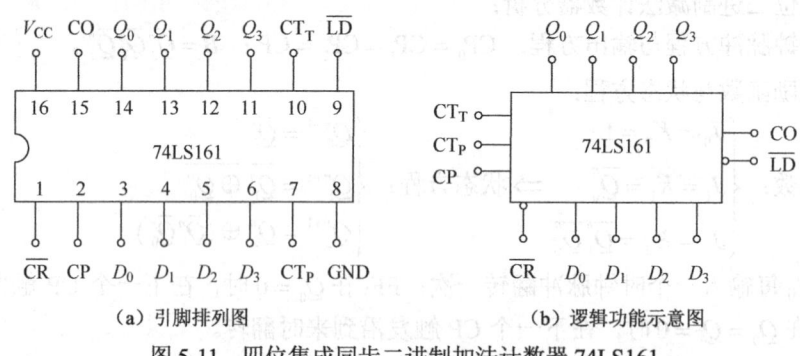

（a）引脚排列图　　　　　　　　　（b）逻辑功能示意图

图 5-11　四位集成同步二进制加法计数器 74LS161

（2）双四位集成同步二进制加法计数器 CC4520 简介。

CC4520 的引脚排列和逻辑功能示意如图 5-12 所示。其中：CR 是异步清零端；EN 是允许计数控制端，当需要内部级联时，可充当下一级的时钟脉冲输入端，在时钟脉冲上升沿有效。

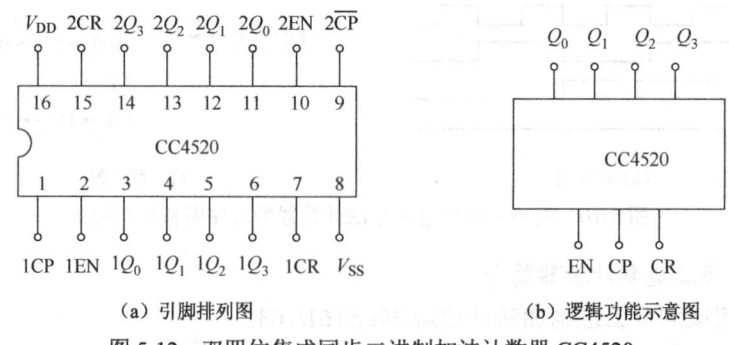

（a）引脚排列图　　　　　　　　　（b）逻辑功能示意图

图 5-12　双四位集成同步二进制加法计数器 CC4520

使用说明：①内含两个独立的四位二进制同步加法计数器；②CR=1 时，异步清零；③CR=0、EN=1 时，在 CP 脉冲上升沿作用下进行加法计数；④CR=0、CP=0 时，在 EN 脉冲下降沿作用下进行加法计数；⑤CR=0、EN=0 或 CR=0、CP=1 时，计数器状态保持不变。

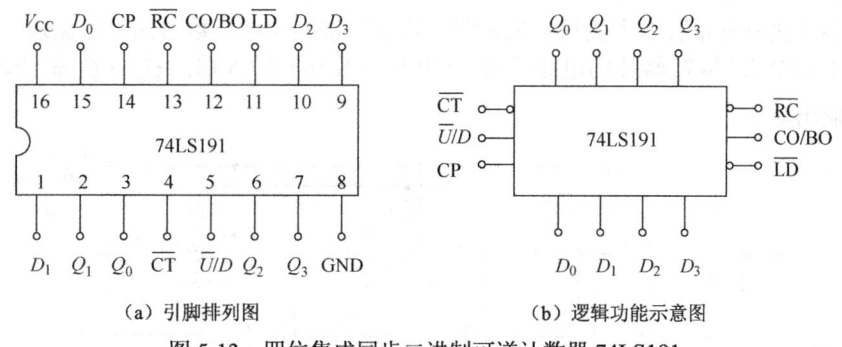

（3）四位集成同步二进制可逆计数器 74LS191 简介。

74LS191 的功能见表 5-5，引脚排列和逻辑功能示意如图 5-13 所示。其中：$\overline{CT}$ 是允许计数控制端，低电平有效；$\overline{LD}$ 是异步置数控制端，低电平有效；$D_3 \sim D_0$ 是预置数输入端，当 $\overline{LD}=0$ 时，将 $D_3 \sim D_0$ 并行送入计数器；$\overline{U}/D$ 是加减计数控制端，当 $\overline{U}/D=0$ 时执行加计数，当 $\overline{U}/D=1$ 时执行减计数；$Q_3 \sim Q_0$ 是计数器状态输出端；"↑"表示时钟脉冲上升沿有效；CO/BO 是进位借位信号输出端；$\overline{RC}$ 是串行脉冲（行波脉冲）输出端，在 $\overline{CT}=0$、CO/BO=1 时，输出一个和 CP 同等宽度的负脉冲，在多个芯片级联时作为下一级的 CP 脉冲或向下一级的进位、借位信号。

表 5-5　74LS191 功能表

$\overline{LD}$	$\overline{CT}$	$\overline{U}/D$	CP	功能说明
0	0	×	×	异步预置数
1	0	0	↑	加计数
1	0	1	↑	减计数
1	1	×	×	禁止计数

74LS191 在执行加或减计数时，使用的是同一个时钟脉冲输入端，可执行加或减计数操作，由 $\overline{U}/D$ 电平控制，所以称为单时钟脉冲结构。

（a）引脚排列图　　　　（b）逻辑功能示意图

图 5-13　四位集成同步二进制可逆计数器 74LS191

（4）四位集成同步二进制可逆计数器 74LS193 简介。

74LS193 的功能见表 5-6，引脚排列和逻辑功能示意如图 5-14 所示。

表 5-6　74LS193 功能表

CR	$\overline{LD}$	CP_U	CP_D	功能说明
1	×	×	×	异步清零
0	0	×	×	异步预置数
0	1	1	↑	减计数
0	1	↑	1	加计数

使用说明：CR 是异步清零端，高电平有效；$\overline{LD}$ 是异步置数端，低电平有效；CP_U 是加法计数时钟脉冲输入端；CP_D 是减法计数时钟脉冲输入端；$D_3 \sim D_0$ 是并行数据输入端；$Q_3 \sim Q_0$ 是计数器状态输出端；$\overline{CO}$ 是进位脉冲输出端；$\overline{BO}$ 是借位脉冲输出端；多个 74LS193 级联时，只要把低位的 $\overline{CO}$ 端、$\overline{BO}$ 端分别与高位的 CP_U、CP_D 连接起来，各个芯

片的 CR 端连接在一起，$\overline{\text{LD}}$ 端连接在一起，就可以了。

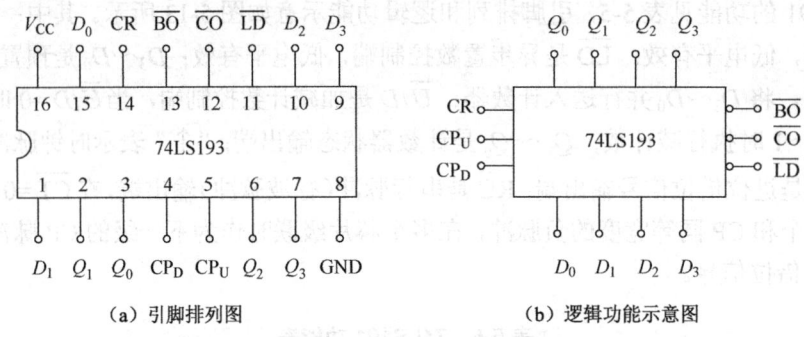

图 5-14 四位集成同步二进制可逆计数器 74LS193

74LS193 在执行加或减计数时，计数脉冲来自两个不同的输入端。执行加计数时，时钟脉冲由 CP_U 输入而 $CP_D=1$；执行减计数时，时钟脉冲由 CP_D 输入而 $CP_U=1$。所以称之为双时钟脉冲结构。由于采用双时钟脉冲，所以省去了加减计数控制端。

5.2.2 同步非二进制计数器

非二进制计数器是指模 $N\neq 2^K$ 的任意进制计数器。例如，当计数器 $N=5$、10、12 时，就称之为五、十、十二进制计数器，也称为模 5、模 10、模 12 计数器。

1. 同步十进制加法计数器

以同步十进制加法计数器为例，来说明同步非二进制加法计数器的工作原理。如图 5-15 所示，它由四个 JK 触发器及门电路组成。CP 是计数脉冲输入端；$Q_3 \sim Q_0$ 是计数输出端；C 是进位输出端。

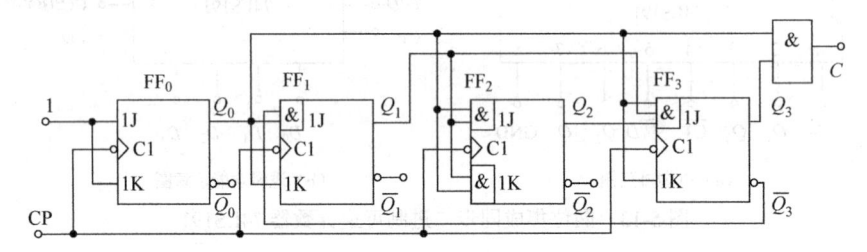

图 5-15 同步十进制加法计数器

工作原理分析：

（1）时钟脉冲方程与输出方程：$CP_0 = CP_1 = CP_2 = CP_3 = CP$；$C = Q_3^n Q_0^n$。

（2）激励函数与状态方程：

激励函数：$\begin{cases} J_0 = K_0 = 1 \\ J_1 = \overline{Q}_3^n Q_0^n,\ K_1 = Q_0^n \\ J_2 = K_2 = Q_1^n Q_0^n \\ J_3 = Q_2^n Q_1^n Q_0^n,\ K_3 = Q_0^n \end{cases}$ $\Rightarrow$ 状态方程：$\begin{cases} Q_0^{n+1} = \overline{Q}_0^n \\ Q_1^{n+1} = \overline{Q}_3^n \overline{Q}_1^n Q_0^n + Q_1^n \overline{Q}_0^n \\ Q_2^{n+1} = \overline{Q}_2^n Q_1^n Q_0^n + Q_2^n \overline{Q_1^n Q_0^n} \\ Q_3^{n+1} = \overline{Q}_3^n Q_2^n Q_1^n Q_0^n + Q_3^n \overline{Q}_0^n \end{cases}$

（3）根据输出方程与状态方程，可列出状态转换真值表，如表 5-7 所示。由于 1010～1111 六种状态未用，故需将六种未用状态分别代入状态方程进行计算，以检查计数器是否具有自启动能力。没有自启动能力的计数器一旦进入无效状态，就无法回到有效计数循环，是没有实用价值的。

表 5-7 同步十进制加法计数器状态转换真值表

现态 $Q_3^n Q_2^n Q_1^n Q_0^n$	次态 $Q_3^{n+1} Q_2^{n+1} Q_1^{n+1} Q_0^{n+1}$	输出 C		现态 $Q_3^n Q_2^n Q_1^n Q_0^n$	次态 $Q_3^{n+1} Q_2^{n+1} Q_1^{n+1} Q_0^{n+1}$	输出 C
0000	0001	0	主计数循环	0101	0110	0
0001	0010	0		0110	0111	0
0010	0011	0		0111	1000	0
0011	0100	0		1000	1001	0
0100	0101	0		1001	0000	1

将未用状态代入状态方程进行计算，以检查计数器是否具有自启动能力。

现态 $Q_3^n Q_2^n Q_1^n Q_0^n$	次态 $Q_3^{n+1} Q_2^{n+1} Q_1^{n+1} Q_0^{n+1}$	输出 C		现态 $Q_3^n Q_2^n Q_1^n Q_0^n$	次态 $Q_3^{n+1} Q_2^{n+1} Q_1^{n+1} Q_0^{n+1}$	输出 C
1010	1011	0	检查自启动	1101	0100	1
1011	0100	1		1110	1111	0
1100	1101	0		1111	0000	1

由上表可知，计数器具有自启动能力。

（4）画出如图 5-16 所示的同步十进制加法计数器时序图。

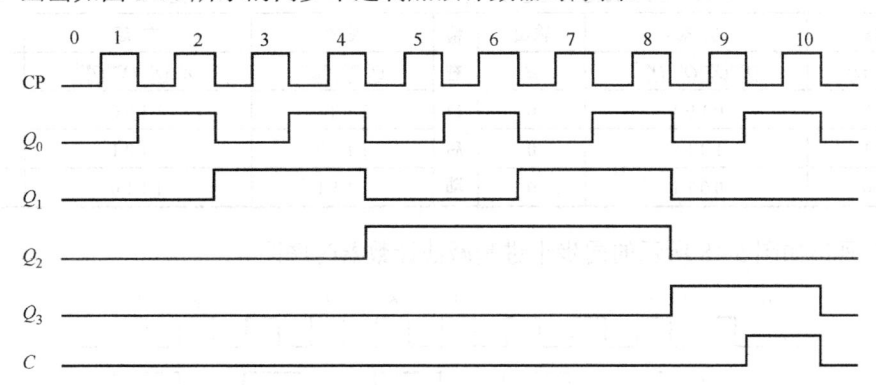

图 5-16 同步十进制加法计数器时序图

2. 同步十进制减法计数器

图 5-17 所示为同步十进制减法计数器，其中 B 是借位输出端。

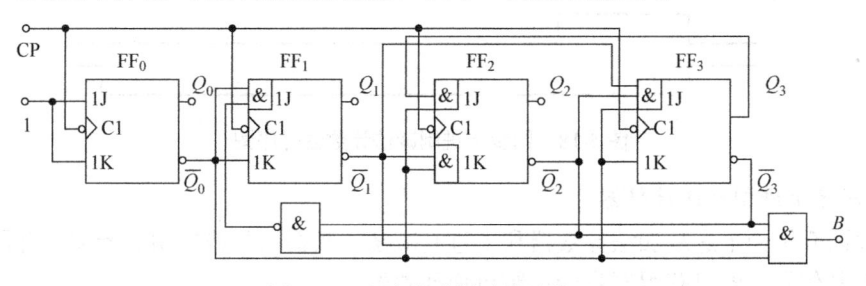

图 5-17 同步十进制减法计数器

工作原理分析：

（1）时钟脉冲方程与输出方程：$CP_0 = CP_1 = CP_2 = CP_3 = CP$；$B = \overline{Q}_3^n \overline{Q}_2^n \overline{Q}_1^n \overline{Q}_0^n$。

（2）激励函数与状态方程：

激励函数：$\begin{cases} J_0 = K_0 = 1 \\ J_1 = \overline{Q_3^n}\overline{Q_2^n}\overline{Q_0^n},\ K_1 = \overline{Q_0^n} \\ J_2 = Q_1^n\overline{Q_0^n},\ K_2 = \overline{Q_1^n}\overline{Q_0^n} \\ J_3 = \overline{Q_2^n}\overline{Q_1^n}\overline{Q_0^n},\ K_3 = \overline{Q_0^n} \end{cases}$ $\Rightarrow$ 状态方程：$\begin{cases} Q_0^{n+1} = \overline{Q_0^n} \\ Q_1^{n+1} = \overline{Q_3^n}\overline{Q_2^n}\overline{Q_0^n}\overline{Q_0^n} + Q_1^n Q_0^n \\ Q_2^{n+1} = Q_2^n\overline{Q_0^n} + Q_2^n\overline{\overline{Q_1^n}\overline{Q_0^n}} \\ Q_3^{n+1} = \overline{Q_3^n}\overline{Q_2^n}\overline{Q_1^n}\overline{Q_0^n} + Q_3^n Q_0^n \end{cases}$

（3）列出状态转换真值表，如表 5-8 所示。将六种未用状态分别代入状态方程进行计算后的结果说明计数器具有自启动能力。

表 5-8 同步十进制减法计数器状态转换真值表

现态 $Q_3^n Q_2^n Q_1^n Q_0^n$	次态 $Q_3^{n+1} Q_2^{n+1} Q_1^{n+1} Q_0^{n+1}$	输出 B		现态 $Q_3^n Q_2^n Q_1^n Q_0^n$	次态 $Q_3^{n+1} Q_2^{n+1} Q_1^{n+1} Q_0^{n+1}$	输出 B
0000	1001	1	主	0101	0100	0
1001	1000	0	计	0100	0011	0
1000	0111	0	数	0011	0010	0
0111	0110	0	循	0010	0001	0
0110	0101	0	环	0001	0000	0

将未用状态代入状态方程进行计算，以检查计数器是否具有自启动能力。

现态 $Q_3^n Q_2^n Q_1^n Q_0^n$	次态 $Q_3^{n+1} Q_2^{n+1} Q_1^{n+1} Q_0^{n+1}$	输出 B		现态 $Q_3^n Q_2^n Q_1^n Q_0^n$	次态 $Q_3^{n+1} Q_2^{n+1} Q_1^{n+1} Q_0^{n+1}$	输出 B
1010	0101	0	检	1101	1100	0
1011	1010	0	查	1110	0101	0
1100	0011	0	自启动	1111	1110	0

（4）画出如图 5-18 所示的同步十进制减法计数器时序图。

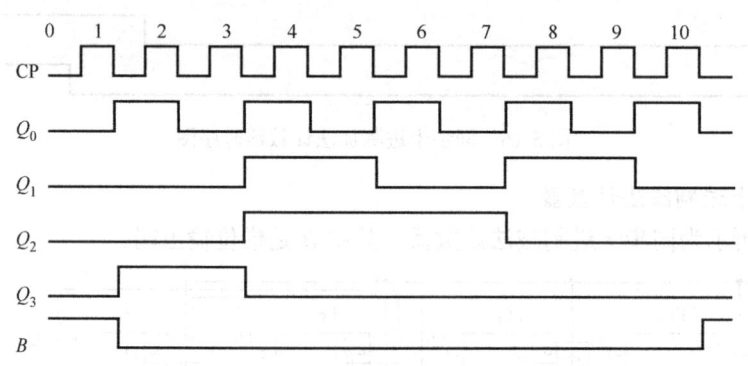

图 5-18 同步十进制减法计数器时序图

3．同步十进制可逆计数器

把前面介绍的十进制加法计数器和十进制减法计数器用与或门组合起来，并用 $\overline{U}/D$ 作为加减控制信号，即可获得同步十进制可逆计数器。

4．集成同步十进制计数器

常用的集成同步十进制加法计数器有 74LS160、74LS162。它们的引脚排列、逻辑功能与图 5-11 所示的 74LS161、74LS163 相同，不同的是 74LS160、74LS162 为同步十进制加法计数器，而 74LS161、74LS163 是同步四位二进制（十六进制）加法计数器。

此外，74LS160 和 74LS162 的区别是，74LS160 采用的是异步清零方式，而 74LS162 采用的是同步清零方式。

74LS190 是单时钟脉冲集成同步十进制可逆计数器，其引脚排列和逻辑功能与图 5-13 所示的 74LS191 相同；74LS192 是双时钟脉冲集成同步十进制可逆计数器，其引脚排列和逻辑功能与图 5-14 所示的 74LS193 相同。

5.3 异步计数器

组成异步计数器的各级触发器并没有统一的时钟脉冲，各级触发器状态的变化有先有后。**异步计数器按进位制可分为异步二进制计数器、异步非二进制计数器；按计数增减顺序可分为异步加法计数器、异步减法计数器和异步可逆计数器。**

5.3.1 异步二进制计数器

1. 异步二进制加法计数器

如图 5-19 所示为异步三位二进制加法计数器，它由三个 T′ 触发器和门电路构成。

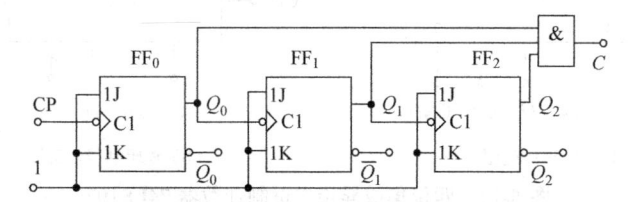

图 5-19 异步三位二进制加法计数器

工作原理分析：

（1）时钟脉冲方程与输出方程：$CP_0 = CP$；$CP_1 = Q_0^n$；$CP_2 = Q_1^n$；$C = Q_2^n Q_1^n Q_0^n$。

（2）激励函数与状态方程：

激励函数：$\begin{cases} J_0 = K_0 = 1 \\ J_1 = K_1 = 1 \\ J_2 = K_2 = 1 \end{cases}$ ⇒ 状态方程：$\begin{cases} Q_0^{n+1} = \overline{Q_0^n} & \text{时钟脉冲下降沿翻转} \\ Q_1^{n+1} = \overline{Q_1^n} & Q_0 \text{下降沿翻转} \\ Q_2^{n+1} = \overline{Q_2^n} & Q_1 \text{下降沿翻转} \end{cases}$

（3）根据输出方程与状态方程，可画出时序图与状态图，如图 5-20 所示，由于没有无效状态，电路具有自启动功能。

排列顺序：

$Q_2^n Q_1^n Q_0^n$ $\xrightarrow{/C}$ $\overset{/0}{000} \rightarrow \overset{/0}{001} \rightarrow \overset{/0}{010} \rightarrow \overset{/0}{011}$

/1 ↑ ↓ /0

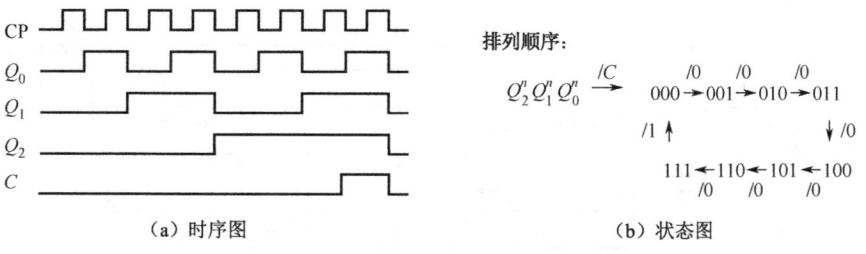

$111 \leftarrow 110 \leftarrow 101 \leftarrow 100$
　　 /0 　　 /0 　　 /0

(a) 时序图　　　　　　　　　(b) 状态图

图 5-20 异步三位二进制加法计数器时序图和状态图

2. 异步二进制减法计数器

图 5-21 所示为异步三位二进制减法计数器，由三个 T′ 触发器和门电路构成。读者可自主分析其工作原理。

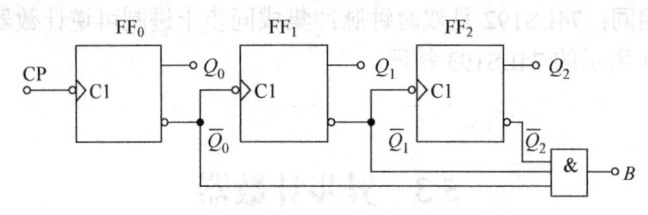

图 5-21 异步三位二进制减法计数器

3. 集成异步二进制计数器

四位集成异步二进制计数器 74LS197 的引脚排列和逻辑功能示意图如图 5-22 所示。

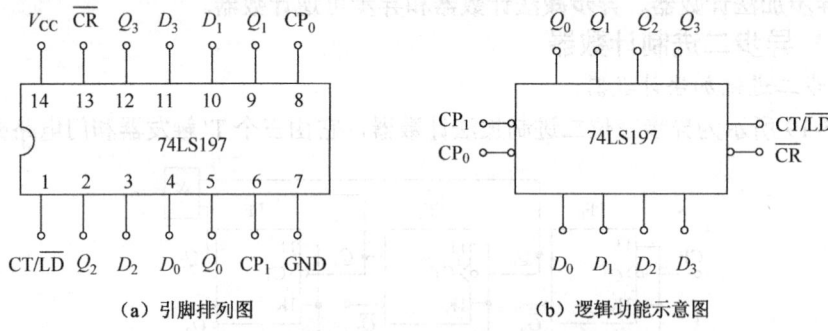

图 5-22 四位集成异步二进制计数器 74LS197

逻辑功能说明：① $\overline{CR}=0$ 时异步清零；② $\overline{CR}=1$、$CT/\overline{LD}=0$ 时异步置数；③ $\overline{CR}=CT/\overline{LD}=1$ 时异步加法计数。若将输入时钟脉冲 CP 加在 CP_0 端，把 Q_0 与 CP_1 连接起来，则构成四位二进制即异步十六进制加法计数器。若将 CP 加在 CP_1 端，则构成三位二进制即八进制计数器，FF_0 不工作。如果只将 CP 加在 CP_0 端，CP_1 接 0 或 1，则形成一位二进制即二进制计数器。

5.3.2 异步非二进制计数器

1. 异步十进制加法计数器

以异步十进制加法计数器为例来说明异步非二进制加法计数器的工作原理。如图 5-23 所示，它由四个 D 触发器及门电路组成。CP 是计数脉冲输入端；$Q_0 \sim Q_3$ 是计数输出端；C 是进位输出端。

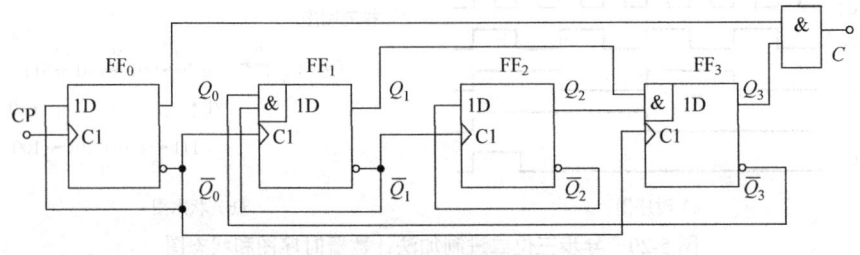

图 5-23 异步十进制加法计数器

工作原理分析：

（1）时钟脉冲方程与输出方程：$CP_0 = CP$；$CP_1 = \bar{Q}_0$；$CP_2 = \bar{Q}_1$；$CP_3 = \bar{Q}_0$；$C = Q_3^n Q_0^n$。

（2）驱动方程与状态方程：

驱动方程：$\begin{cases} D_0 = \bar{Q}_0^n \\ D_1 = \bar{Q}_3^n \bar{Q}_1^n \\ D_2 = \bar{Q}_2^n \\ D_3 = Q_2^n Q_1^n \end{cases}$ ⇒ 状态方程：$\begin{cases} Q_0^{n+1} = \bar{Q}_0^n & 时钟脉冲上升沿翻转 \\ Q_1^{n+1} = \bar{Q}_3^n \bar{Q}_1^n & Q_0 下降沿翻转 \\ Q_2^{n+1} = \bar{Q}_2^n & Q_1 下降沿翻转 \\ Q_3^{n+1} = Q_2^n Q_1^n & Q_0 下降沿翻转 \end{cases}$

（3）根据输出方程与状态方程，可列出状态转换真值表，如表5-9所示。由于1010～1111六种状态未用，故需将六种未用状态分别代入状态方程进行计算，以检查计数器是否具有自启动能力。

说明：在计算同步时序电路各触发器的次态值时，由于是同一时钟脉冲，因此高低位的计算顺序可任意；在计算异步时序电路各触发器的次态值时，由于时钟脉冲各异，因此计算顺序必须依据时钟脉冲出现的先后顺序。本例中：先因CP上升沿触发FF_0翻转，然后才出现Q_0下降沿，又因Q_0下降沿触发FF_1、FF_3翻转，然后才出现Q_1下降沿，最后再去触发FF_2翻转。故各触发器的计算顺序为先算Q_0，再算Q_1和Q_3，最后算Q_2。

表5-9 异步十进制加法计数器状态转换真值表

计数状态说明	现态 $Q_3^n Q_2^n Q_1^n Q_0^n$	次态 $Q_3^{n+1} Q_2^{n+1} Q_1^{n+1} Q_0^{n+1}$	输出 C	时钟脉冲变化顺序
主计数循环	0000	0001	0	CP↑
	0001	0010	0	CP↑, Q_0↓
	0010	0011	0	CP↑
	0011	0100	0	CP↑, Q_0↓, Q_1↓
	0100	0101	0	CP↑
	0101	0110	0	CP↑, Q_0↓
	0110	0111	0	CP↑
	0111	1000	0	CP↑, Q_0↓, Q_1↓
	1000	1001	0	CP↑
	1001	0000	1	CP↑, Q_0↓
检查自启动	1010	1011	0	CP↑
	1011	0100	1	CP↑, Q_0↓, Q_1↓
	1100	1101	0	CP↑
	1101	0100	1	CP↑, Q_0↓
	1110	1111	0	CP↑
	1111	1000	1	CP↑, Q_0↓, Q_1↓

由上表可知，计数器具有自启动能力。

（4）画出如图5-24所示的异步十进制加法计数器时序图。

2. 异步十进制减法计数器

图5-25所示为异步十进制减法计数器，其中B是借位输出端。

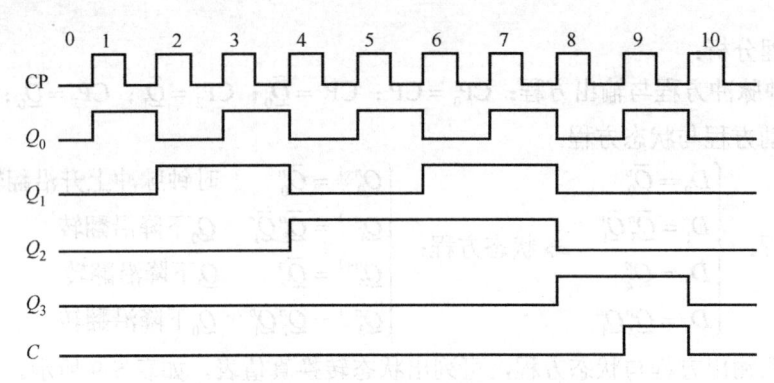

图 5-24 异步十进制加法计数器时序图

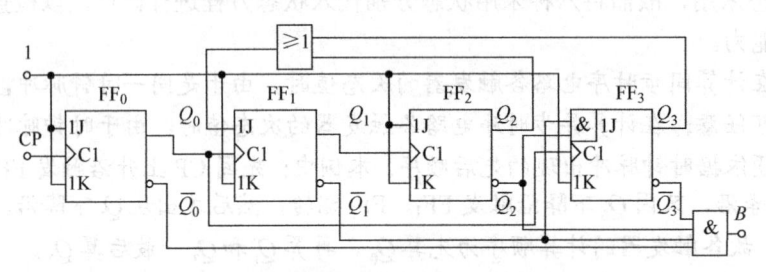

图 5-25 异步十进制减法计数器

工作原理分析：

（1）时钟脉冲方程与输出方程：$CP_0 = CP$；$CP_1 = Q_0$；$CP_2 = Q_1$；$CP_3 = Q_0$；$B = \bar{Q}_3^n \bar{Q}_2^n \bar{Q}_1^n \bar{Q}_0^n$。

（2）激励函数与状态方程：

激励函数：$\begin{cases} J_0 = K_0 = 1 \\ J_1 = Q_3^n + Q_2^n,\ K_1 = 1 \\ J_2 = K_2 = 1 \\ J_3 = \bar{Q}_2^n \bar{Q}_1^n,\ K_3 = 1 \end{cases}$ ⇒ 状态方程：$\begin{cases} Q_0^{n+1} = \bar{Q}_0^n & CP上升沿翻转 \\ Q_1^{n+1} = Q_3^n \bar{Q}_1^n + Q_2^n \bar{Q}_1^n & Q_0上升沿翻转 \\ Q_2^{n+1} = \bar{Q}_2^n & Q_1上升沿翻转 \\ Q_3^{n+1} = \bar{Q}_3^n \bar{Q}_2^n \bar{Q}_1^n & Q_0上升沿翻转 \end{cases}$

（3）列状态转换真值表并检查自启动能力，请读者自主列出。（**各触发器的计算顺序为：先算 Q_0，再算 Q_1 和 Q_3，最后算 Q_2**）

（4）画出如图 5-26 所示的异步十进制减法计数器时序图。

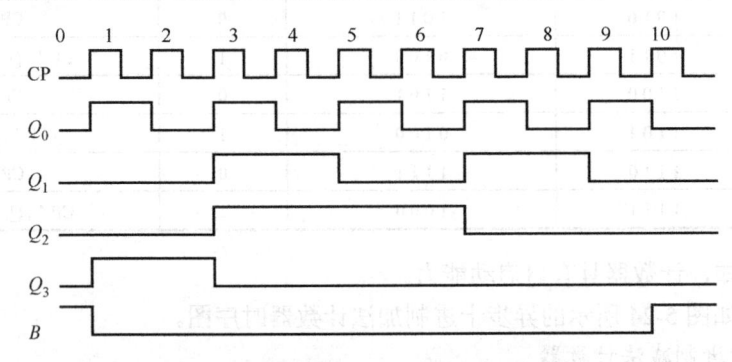

图 5-26 异步十进制减法计数器时序图

3. 集成异步十进制计数器 74LS90 简介

目前，二-十进制的集成计数器应用较多，如 74LS90，它兼有二进制、五进制和十进制三种计数功能。当十进制计数时，又有 8421BCD 码和 5421BCD 码选用功能，其功能如表 5-10 所示，引脚排列和逻辑功能示意如图 5-27 所示。

表 5-10 74LS90 功能表

复位/置位输入				输出	说明	复位/置位输入				输出	说明
R_1	R_2	S_1	S_2	$Q_3Q_2Q_1Q_0$		R_1	R_2	S_1	S_2	$Q_3Q_2Q_1Q_0$	
1	1	0	×	0000	置零	0	×	0	×	计数	计数
1	1	×	0	0000		×	0	×	0	计数	
0	×	1	1	1001	置9	0	×	×	0	计数	
×	0	1	1	1001		×	0	0	×	计数	

逻辑功能说明：若输入时钟脉冲 CP 接于 CP_0 端，输出端为 Q_0，则构成一位二进制计数器；若输入时钟脉冲 CP 接于 CP_1 端，输出端为 $Q_3Q_2Q_1$，则构成五进制加法计数器；若将输入时钟脉冲 CP 接于 CP_0 端，并将 CP_1 端与 Q_0 端相连，输出端为 $Q_3Q_2Q_1Q_0$，便构成 8421 码异步十进制加法计数器；若将输入时钟脉冲 CP 接于 CP_1 端，并将 CP_0 端与 Q_3 端相连，输出端为 $Q_0Q_3Q_2Q_1$，则构成 5421 码异步十进制加法计数器，其连接方式和工作波形图如图 5-28 所示。由波形图可以看出，Q_0 端输出的是 CP 时钟脉冲经过十分频后的方波。

（a）引脚排列图　　　　　　　　　（b）逻辑功能示意图

图 5-27 集成异步十进制计数器 74LS90

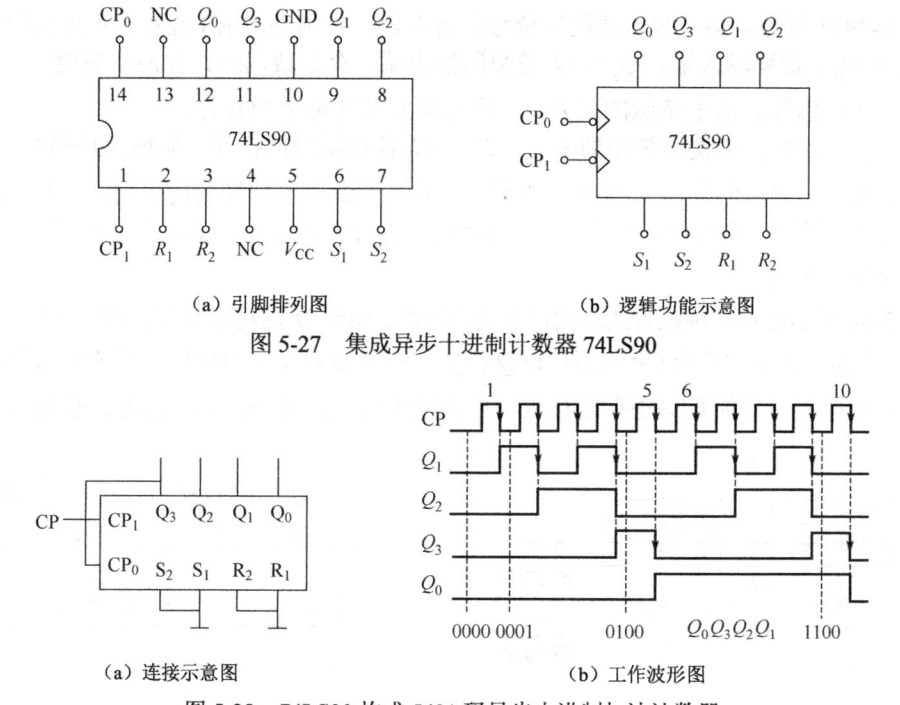

（a）连接示意图　　　　　　　　　（b）工作波形图

图 5-28 74LS90 构成 5421 码异步十进制加法计数器

异步计数器结构简单，但由于异步翻转，所以工作速度低，且在进行状态译码时易产生冒险。因此，异步计数器使用受限，主要用作分频。

5.4 寄存器及其应用

最典型的时序逻辑电路是计数器和寄存器。而同步计数器和寄存器都属典型的同步时序电路。

在数字系统中，能够暂时存放二进制代码和指令的部件称为寄存器。寄存器是由具有存储功能的触发器和具备控制作用的门电路组成的。一个触发器可以存储一位二进制代码，存放 n 位二进制代码的寄存器，则需用 n 个触发器来构成。

按照功能的不同，可将**寄存器分为数码寄存器和移位寄存器两大类**。数码寄存器只能采用并行输入/并行输出的方式。而移位寄存器中的数据可以在移位脉冲作用下依次逐位右移或左移或双向移位，数据既可以并行输入、并行输出，也可以串行输入、串行输出，还可以并行输入、串行输出，串行输入、并行输出，十分灵活，用途也很广。

5.4.1 数码寄存器

数码寄存器只具有接收、暂存数码和清除原有数码的功能。按其接收数码的方式，分为双拍接收方式和单拍接收方式。所谓双拍接收方式，就是两步完成接收数码过程；所谓单拍接收方式就是一步完成接收数码过程。

双拍接收方式

图 5-29 所示是双拍接收方式的四位数码寄存器，它由基本 RS 触发器和控制门电路组成。$D_3 \sim D_0$ 是数码输入端，$Q_3 \sim Q_0$ 是数码输出端。存放数码时，分两步完成。

第一步：清零。清零负脉冲到来后，所有触发器状态变为 0 态。

第二步：放数。接收正脉冲到来后，$G_3 \sim G_0$ 各控制门被打开。如输入数码 0，则控制门输出高电平，对应触发器保持 0 态不变；如输入数码 1，则控制门输出低电平，将对应触发器置 1。例如，输入数码 $D_3D_2D_1D_0=1001$，则 $G_3G_2G_1G_0=0110$，各触发器 $Q_3Q_2Q_1Q_0=1001$，并保存起来。

图 5-30 所示是单拍接收方式的四位数码寄存器。由于 D 触发器的次态 $Q^{n+1}=D$，故不需要清零，当接收正脉冲送至 CP 端后，$Q_3Q_2Q_1Q_0=D_3D_2D_1D_0$，一步到位完成存放数码过程。

同双拍接收方式的数码寄存器相比，单拍接收方式速度快，但内部电路较复杂。

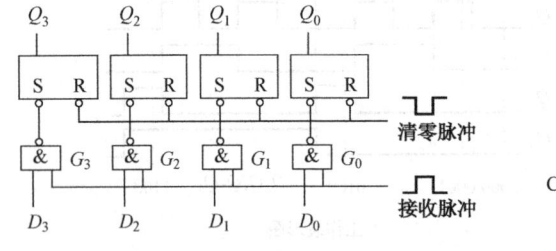

图 5-29 双拍接收方式

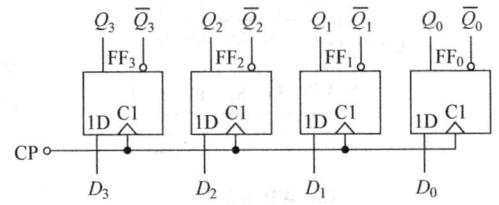

图 5-30 单拍接收方式

5.4.2 移位寄存器

移位寄存器简称移存器，它是在数码寄存器的基础上改进而成的。**移位寄存器除了数码存储功能外，还可在时钟脉冲的作用下对数码实现移位的功能**。移位寄存器分为单向移位寄存器和双向移位寄存器两种。需要强调的是，构成移位寄存器的触发器绝不允许空翻。

1. 单向移位寄存器

（1）左移寄存器。

由 D 触发器电路组成的四位左移寄存器如图 5-31（a）所示。在电路结构上，各触发器的 CP 端连在一起，作为移位脉冲的输入端，$D_0=D_{SL}$ 为左移数据串行输入端，其余各触发器数据输入满足 $D_i = Q_{i-1}$。

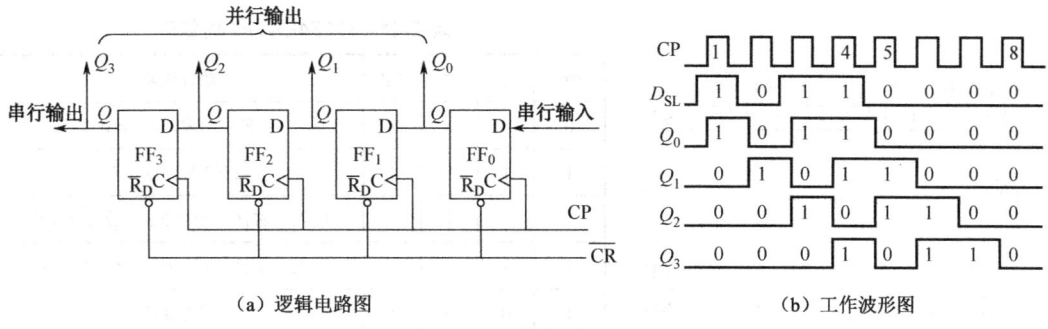

图 5-31 四位左移寄存器

（a）逻辑电路图　　　　（b）工作波形图

工作原理分析：

在接收数码前，寄存器先清零，令 $\overline{CR}=0$，则各位触发器均为 0 态。接收数码时，满足 $\overline{CR}=1$。假设输入数码 $D_3D_2D_1D_0=1011$。

当第一个 CP 上升沿到来后，第一位数码移入 FF_0 中，同时 FF_0 的数码移入 FF_1 中，此时 $Q_3Q_2Q_1Q_0=0001$；同理，当第二个 CP 脉冲上升沿到来后，$Q_3Q_2Q_1Q_0=0010$；当第三个 CP 脉冲上升沿到来后，$Q_3Q_2Q_1Q_0=0101$；当第四个 CP 脉冲上升沿到来后，$Q_3Q_2Q_1Q_0=1011$。经历四个移位脉冲后，四个数码全部移入左移寄存器。这时既可以选择从 $Q_3Q_2Q_1Q_0$ 端一并将数码取出（串行输入，并行输出），也可以选择从 Q_3 端逐一将数码取出（串行输入，串行输出），如果再加四个移位脉冲，Q_3 端将 1011 依次全部输出。移位波形图见图 5-31（b）。

（2）右移寄存器。

由 D 触发器电路组成的四位右移寄存器如图 5-32 所示。其工作原理与左移寄存器完全相同，只是数码移动方向与左移寄存器相反。

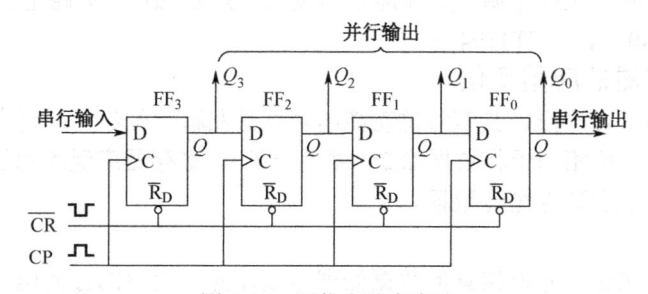

图 5-32 四位右移寄存器

单向移位寄存器的主要特点：

① 单向移位寄存器中的数码，在 CP 脉冲作用下，可以依次右移或左移。

② n 位单向移位寄存器可以寄存 n 位二进制代码。n 个 CP 脉冲即可完成串行输入工

作，此后可从 $Q^0 \sim Q^{n-1}$ 端获得并行的 n 位二进制数码，再用 n 个 CP 脉冲又可实现串行输出操作。

③ 若串行输入端状态为 0，则 n 个 CP 脉冲后，寄存器便被清零。

2. 双向移位寄存器

具有既能右移又能左移两种工作方式的寄存器，称为双向移位寄存器。CT74LS194 是集成四位双向通用移位寄存器，其引脚功能如图 5-33 所示，功能表如表 5-11 所示。

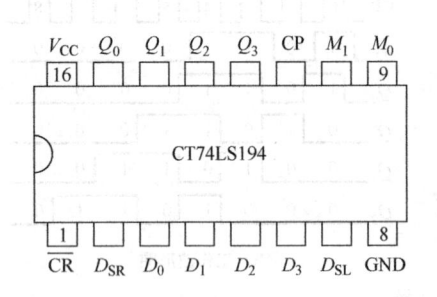

表 5-11 CT74LS194 功能表

$\overline{CR}$	M_1	M_0	CP	功能说明
0	×	×	×	异步清零。Q_i 全 0
1	1	1	↑	并行输入。$Q_i = D_i$
1	0	1	↑	串入、右移。$Q_0 = D_{SR}$，$Q_{i+1}^{n+1} = Q_i^n$
1	1	0	↑	串入、左移。$Q_3 = D_{SL}$，$Q_{i-1}^{n+1} = Q_i^n$
1	0	0	↑	状态保持

图 5-33 CT74LS194 引脚功能图

逻辑功能说明：

（1）异步清零功能。当 $\overline{CR}$ =0 时，$Q_3Q_2Q_1Q_0$ =0000，进入其他工作模式时，$\overline{CR}$ =1。

（2）四种工作模式选择。M_1、M_0 为工作模式控制端，其取值不同，工作模式不同。

① M_1M_0 =00，移位寄存器数据保持不变。

② M_1M_0 =01，电路执行右移操作，在 CP 脉冲上升沿作用下，数码由 D_{SR} 端串入，移位顺序为 $D_{SR} \to Q_0 \to Q_1 \to Q_2 \to Q_3$，可选择并行输出，也可选择串行输出，串行输出端为 Q_3。

③ M_1M_0 =10，电路执行左移操作，在 CP 脉冲上升沿作用下，数码由 D_{SL} 端串入，移位顺序为 $D_{SL} \to Q_3 \to Q_2 \to Q_1 \to Q_0$，同理，既可选择并行输出，也可选择串行输出，串行输出端为 Q_0；

④ M_1M_0 =11，电路执行并行置数操作，在 CP 脉冲上升沿作用下，$Q_3Q_2Q_1Q_0 = D_3D_2D_1D_0$。

综上所述，CT74LS194 具有异步清零、左/右移数码、串/并行输入、串/并行输出以及保持等功能。工作时，应在电源 V_{CC} 和地之间接入一只 $0.1\mu F$ 的旁路电容。与 CT74LS194 相容的组件有 CC40194 和 CT1194 等。

5.4.3 寄存器的应用实例

寄存器的应用非常广泛。具有移位功能的寄存器左移一位相当于将寄存器的数据乘 2（扩大一倍），右移一位相当于将数据除 2（缩小一半）。**寄存器广泛应用于缓冲器、数据串行—并行相互转换以及移存型计数器。**

1. 缓冲器

数据传输中用来弥补不同装置的数据处理速度差异而设置的存储电路，称为缓冲器。任何带并行输入的寄存器都可用作缓冲器。如图 5-34 所示为一片四位寄存器 CT1175 和四个与非门构成的四位缓冲器。

工作原理分析：

将 $\overline{CR}$ 端接高电平 "1"，在送数脉冲作用下将 $D_3D_2D_1D_0$ 送入 CT1175，需要数据时只需一个取数脉冲便可将 $D_3D_2D_1D_0$ 取出。

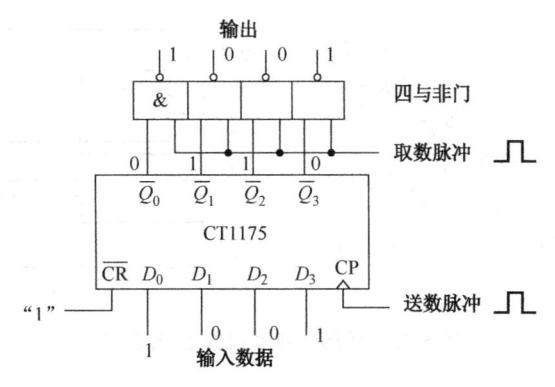

图 5-34 四位缓冲器结构原理图

2. 数据串行—并行相互转换

在数字系统中对传输的数据要经常进行串行—并行相互转换。所谓串行传输是指在一条线上把一组数据的各二进制位按顺序分时进行传送。其特点是传输速度慢，但节省硬件设备，只需一根双芯电缆或双绞线即可。并行传输的特点是在数条传输线上把一组数据同时传送，因而传输速度快，但硬件设备花费多，需要多芯电缆。例如，计算机传送给外部设备（特别是远距离的外部设备）往往采用串行传送，因此要先进行并行—串行转换后再进行串行传送；而外部设备接收数据后又要进行—并行变换，以提高外部设备处理数据的速度。

3. 移存型计数器

由环型移位寄存器构成的计数器称为移存型计数器。它能在时钟脉冲的作用下，能在有限个状态中自动循环，电路有效循环的状态数就称为计数器的"模"。移存型计数器有环形计数器和扭环形计数器两种类型。

（1）环形计数器。

图 5-35 所示为四位环形计数器。其结构特点是 $D_0 = Q_{n-1}^n$，即将最高位触发器 FF_{n-1} 的输出 Q^{n-1} 接到 FF_0 的输入端 D_0。

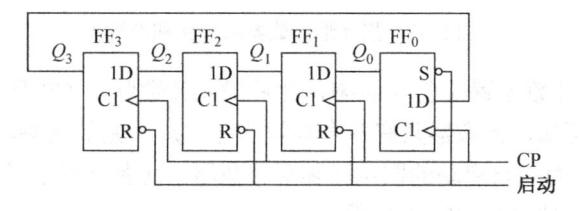

图 5-35 四位环形计数器

工作时，负向启动脉冲使计数器处于起始状态 $Q_3Q_2Q_1Q_0 = 0001$。此后，在计数脉冲 CP 作用下，计数器按 0001→0010→0100→1000→0001 规律循环。这四种为有效状态，其余 12 种均为无效状态。由图 5-36（a）所示状态转换图可知，该环形计数器不能自启动。

环形计数器的工作波形如图 5-36（b）所示。由波形图可知，在 CP 脉冲连续作用下，各触发器 Q 端轮流输出脉宽等于一个时钟脉冲周期 T_{CP} 的正脉冲，这种能按一定时间、一定顺序轮流输出的脉冲波形称为顺序脉冲。因此，环形计数器不仅可以作为计数器使用，还可以作为顺序脉冲发生器使用。

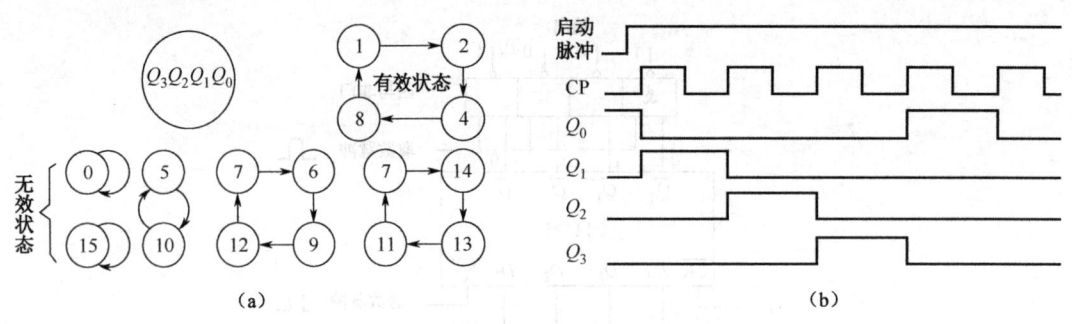

图 5-36 环形计数器状态图和波形图

环形计数器作为计数器使用的突出缺点是，所需触发器数目众多。若组成模 K 计数器则需要 K 个触发器，未被利用的状态有 (2^K-K) 个。故环形计数器主要用途并非作为计数器。

【例4】若需各触发器 Q 端轮流输出脉宽等于一个时钟脉冲周期 T_{CP} 的负脉冲，如何改动图 5-35 实现之？

【解答】只需启动脉冲过后计数器起始状态 $Q_3Q_2Q_1Q_0=1110$ 即可。即启动脉冲改接 FF_0 的 $\overline{R}_D$ 端，接 FF_1、FF_2、FF_3 的 $\overline{S}_D$ 端。

（2）扭环形计数器。

图 5-37（a）所示为四位扭环形计数器。其结构特点是 $D_0=\overline{Q}_{n-1}^n$，即将最高位触发器 FF_{n-1} 的输出 $\overline{Q}^{n-1}$ 接到 FF_0 的输入端 D_0。

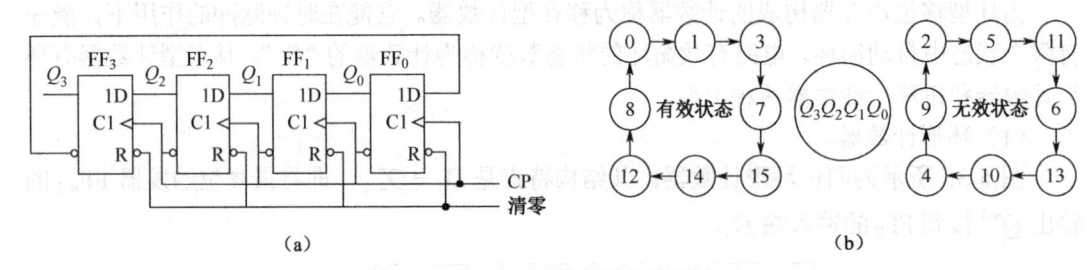

图 5-37 扭环形计数器原理图和波形

工作时，首先将计数器置成全 0 状态，此后加入计数脉冲 CP 便可计数，其状态图如图 5-37（b）所示。可知，计数器共有八个有效状态、八个无效状态，且不能自启动。

图 5-38（a）所示为能自启动的四位扭环形计数器，读者可根据同步时序的分析方法得到其状态表，其状态图如图 5-38（b）所示。

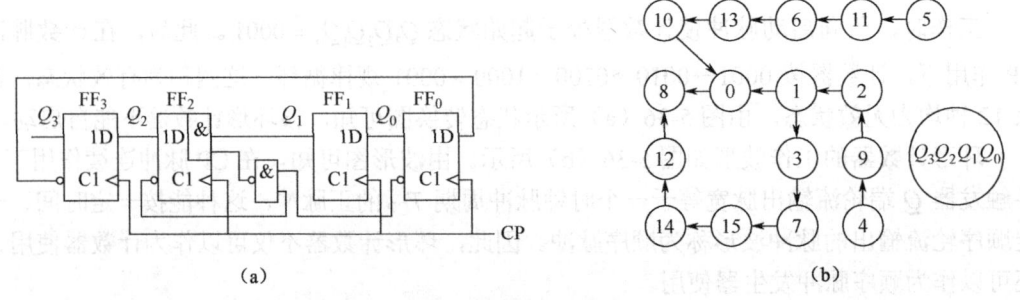

图 5-38 能自启动的四位扭环形计数器

扭环形计数器的特点是，计数顺序按循环码顺序进行，相邻两个数码之间仅有一位不同，对其译码输出时不会产生冒险。其缺点是所需触发器多，与环形计数器相比，虽有效状态数增大了一倍，但仍有（2^K-2K）个状态未被使用。

5.5 集成计数器的应用

集成计数器是一种应用十分广泛的时序电路，除用于计数、分频外，还广泛用于数字测量、运算和控制，从小型数字仪表到大型数字电子计算机，几乎无所不在，是任何现代数字系统中不可缺少的组成部分。

5.5.1 构成 N 进制计数器

集成计数器构成 N 进制计数器时会遇到两种情形：其一是集成计数器的模 $M>N$，通常利用集成计数器的清零端和置数端实现归零或预置数，改变计数器的模长，从而实现 N 进制的计数；其二是集成计数器的模 $M<N$，通常采用计数器级联，通过进位或借位输出端实现计数器串接后，再结合清零或置数的方法，达到 N 进制计数的目的。

在前面介绍的集成计数器中，清零、置数均采用同步方式的有 74LS163；均采用异步方式的有 74LS193、74LS197、74LS192；清零采用异步方式、置数采用同步方式的有 74LS161、74LS160；有的只具有异步清零功能，如 CC4520、74LS190、74LS191；74LS90 则具有异步清零和异步置 9 功能。

下面将通过实例，分别介绍集成计数器构成 N 进制计数器时 $M>N$ 和 $M<N$ 两种情形的构成方法。

1. 集成计数器的模 $M>N$ 时的 N 进制计数器构成实例

【例5】运用清零和置零两种方法，将 74LS163 接成十二进制计数器。

【解析】：在运用清零或置零法构成 N 进制计数器时，必须熟悉集成计数器的以下情况：①是同步清零还是异步清零；②是同步预置数还是异步预置数；③清零或预置数是高电平有效还是低电平有效；④同步清零或同步预置数必须同时满足有效电平和时钟脉冲两个条件才执行清零或预置数操作，而异步清零或异步预置数只要满足有效电平就执行清零或预置数。本例中的 74LS163 为同步清零、同步预置数，清零和预置数皆为低电平有效。

【解答】：连线图如图 5-39 所示。有效计数循环均为 0000～1011，图 5-39（a）为运用同步清零方式，预置数端的功能被禁止，所以 D_0～D_3 端可随意处理；图 5-39（b）为运用同步置零方式，预置数 D_0～D_3 端必须接零。当然，采用预置数法，还可以实现 0001～1100、0010～1101、0011～1110、0100～1111 另外五种计数循环的十二进制计数器，只是不再按自然态序进行计数而已。

【例6】分析由同步十进制计数器 74LS160 芯片构成的图 5-40 所示计数器的模长。

【解答】：同步十进制计数器 74LS160 为异步清零、同步预置数，清零和预置数皆为低电平有效。

由图 5-40（a）、（b）可得状态图，如图 5-41（a）、（b）所示。

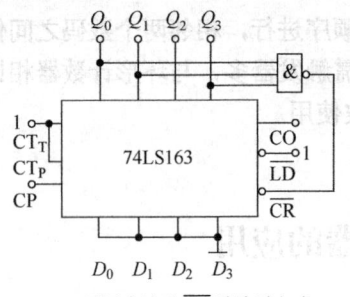

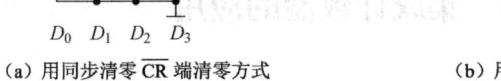

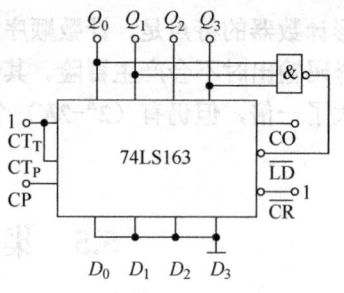

脉冲数字电路

(a) 用同步清零 $\overline{CR}$ 端清零方式　　　　(b) 用同步置数 $\overline{LD}$ 端置零方式

图 5-39 【例 5】图

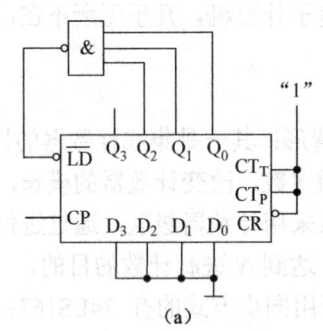

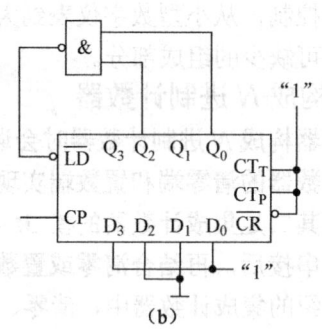

图 5-40 【例 6】电路图

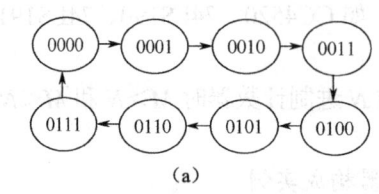

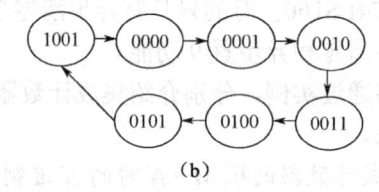

图 5-41 【例 6】状态图

由状态图可知：图 5-40（a）所示计数器的模长为八；图 5-40（b）所示计数器的模长为七。

2. 集成计数器的模 $M<N$ 时的 N 进制计数器构成实例

计数器容量的扩展通常采用串接法。

异步计数器一般没有专门的进位信号输出端，通常可以用本级的高位输出信号驱动下一级计数器计数，即采用串行进位方式来扩展容量。

【例 7】运用两片集成异步十进制计数器 74LS90，分别改接成一百进制计数器、六十进制计数器、六十四进制计数器，并画出接线图，如图 5-42 所示。

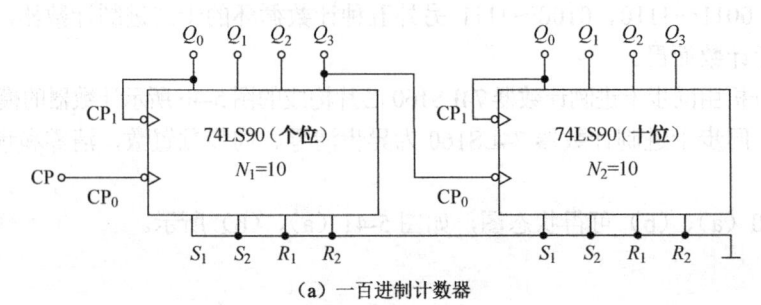

(a) 一百进制计数器

图 5-42 【例 7】接线图

152

(b) 六十进制计数器

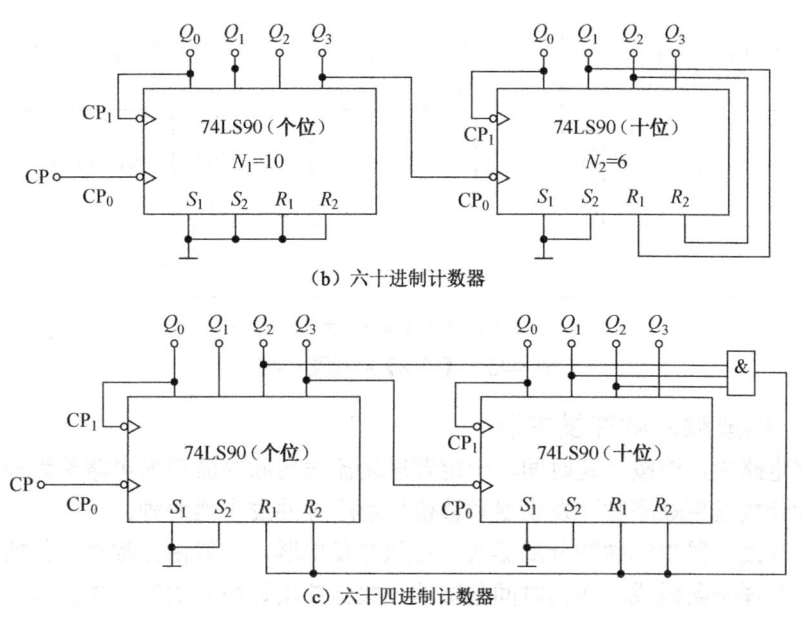

(c) 六十四进制计数器

图 5-42 【例 7】接线图（续）

【解答】：先将两片 74LS90 的输入时钟脉冲 CP 接于 CP_0 端，并将 CP_1 端与 Q_0 端相连，低片的 Q_3 的输出作为下一级的时钟脉冲，构成 8421 码异步十进制加法计数器，输出端为 $Q_3Q_2Q_1Q_0$。然后在 $M=N_1 \times N_2=100$ 进制的基础上改变模长。接线图如图 5-42（a）、(b)、(c) 所示。

同步计数器有进位或借位输出端，通常选择合适的进位或借位输出信号来驱动下一级计数器计数。

同步计数器级联的方式有两种，一种是级间采用串行进位方式，即异步方式，这种方式是将低位计数器的进位输出直接作为高位计数器的时钟脉冲，异步方式的速度较慢。另一种是级间采用并行进位方式，即同步方式，这种方式一般是把各计数器的 CP 端连在一起接统一的时钟脉冲，而低位计数器的进位输出送高位计数器的计数控制端。这种方式工作速度高且与计数器的位数无关。

【例 8】 运用三片集成同步四位二进制计数器 74LS161 级联，用异步和同步方式，分别接成十二位二进制计数器，并画出接线图。

【解答】：接线图如图 5-43 所示。

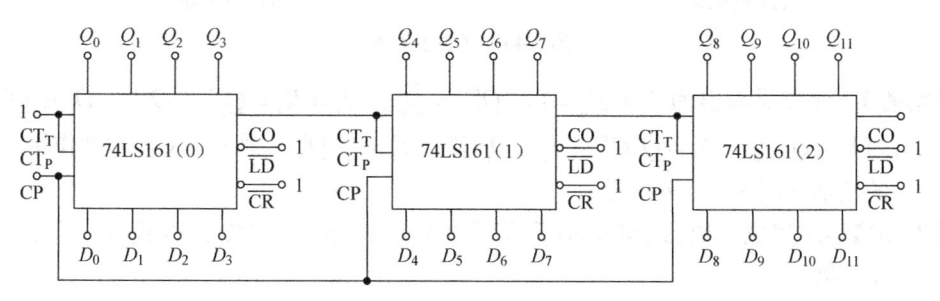

(a) 十二位二进制计数器接线图（异步方式）

图 5-43 【例 8】接线图

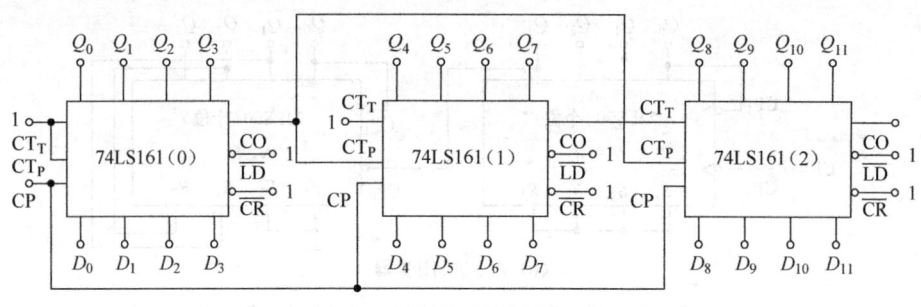

(b）十二位二进制计数器接线图（同步方式）

图 5-43 【例 8】接线图（续）

5.5.2 构成顺序脉冲发生器

在数字电路中，能按一定时间、一定顺序轮流输出脉冲波形的电路称为顺序脉冲发生器。它分为计数器型顺序脉冲发生器和移位型顺序脉冲发生器两种。

顺序脉冲发生器也称脉冲分配器或节拍脉冲发生器，一般由计数器（包括移位寄存器型计数器）和译码器组成。作为时间基准的计数脉冲由计数器的输入端送入，译码器即将计数器状态译成输出端上的顺序脉冲，使输出端上的状态按一定时间、一定顺序轮流为 1，或者轮流为 0。在上一节介绍的环形计数器的输出就是顺序脉冲，无须译码电路就可直接作为顺序脉冲发生器使用。

1. 计数器型顺序脉冲发生器

计数器型顺序脉冲发生器一般由按自然态序计数的二进制计数器和译码器构成。

【例 9】分析图 5-44（a）所示计数器型顺序脉冲发生器电路，画出在 CP 脉冲作用下各 Q 端和 Y 端的波形。

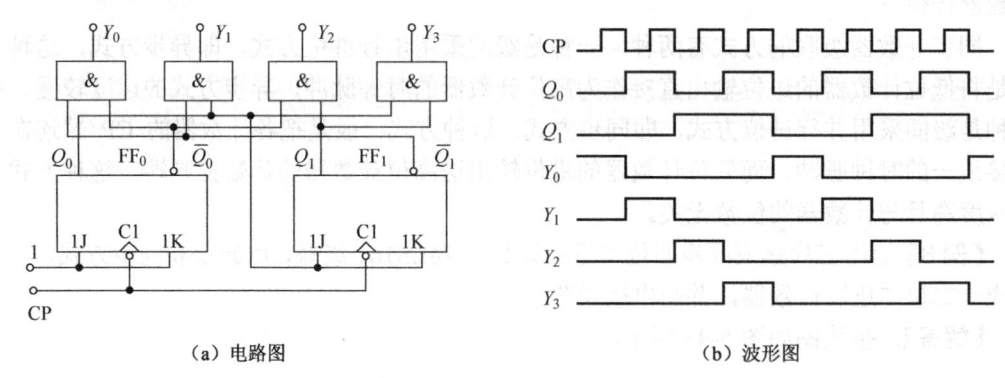

(a) 电路图　　　　　　　　(b) 波形图

图 5-44 【例 9】图

【解答】：计数器输出为 $J_0 = K_0 = 1$，$Q_0^{n+1} = \overline{Q}_0^n$；$J_1 = K_1 = Q_0^n$，$Q_1^{n+1} = Q_1^n \oplus Q_0^n$。译码器输出为 $Y_0 = \overline{Q}_1^n \overline{Q}_0^n$；$Y_1 = \overline{Q}_1^n Q_0^n$；$Y_2 = Q_1^n \overline{Q}_0^n$；$Y_3 = Q_1^n Q_0^n$。画出在 CP 脉冲作用下各 Q 端和 Y 端的波形如图 5-44（b）所示。

【例 10】运用集成计数器 74LS161 和集成 3 线-8 线译码器 74LS138 设计一个 8 输出的顺序脉冲发生器。

【解答】：设计图如图 5-45 所示。

【例 11】利用同步四位二进制计数器 74LS161 和 4 线-16 线译码器 74LS154 设计一个顺序脉冲发生器，要求从 12 个输出端顺序、循环地输出等宽的负脉冲。

【解答】：用置数法将 74LS161 接成十二进制计数器（计数从 0000～1011 循环），并且把它的 Q_3、Q_2、Q_1、Q_0 对应接至 74LS154 的 A_3、A_2、A_1、A_0，则 74LS154 的 $\overline{Y}_0 \sim \overline{Y}_{11}$ 可顺序产生低电平。$\overline{Y}_0 \sim \overline{Y}_{11}$ 为顺序脉冲发生器的输出端，设计图如图 5-46 所示。

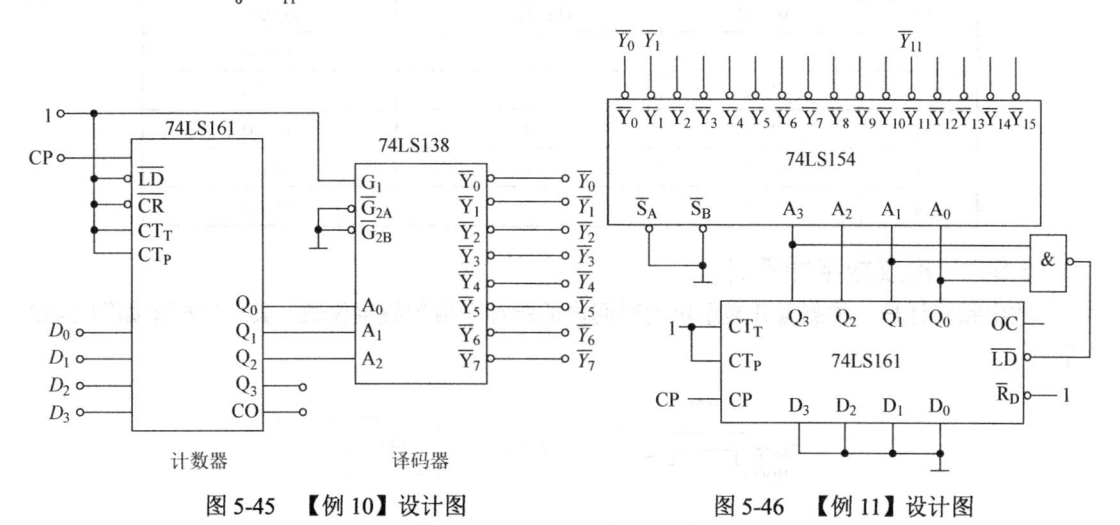

图 5-45　【例 10】设计图

图 5-46　【例 11】设计图

2. 移位型顺序脉冲发生器

移位型顺序脉冲发生器也称环形脉冲分配器。它是在连续 CP 脉冲的作用下，$Q_0 \sim Q_3$ 端能轮流出现高电平，并能反复循环输出的一种电路。电路图如图 5-47（a）所示。

（a）电路图　　　　　　　　　　　　　　（b）工作波形图

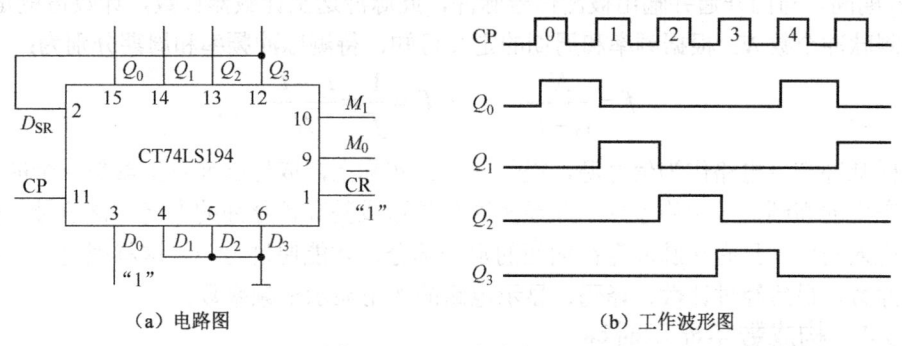

图 5-47　环形脉冲分配器

工作原理分析：

把输出端 Q_3 反馈接至右移输入端 D_{SR}，使 $D_{SR}=Q_3$；$\overline{CR}=1$。

工作前，首先使 $M_1M_0=11$，寄存器处于并行置数工作方式；$D_0D_1D_2D_3=1000$；输入 CP 脉冲，在脉冲上升沿出现时，输出端输出 $Q_0Q_1Q_2Q_3=1000$。

工作时，$M_1M_0=01$，让芯片处于右移工作方式，$D_{SR}=Q_3=0$。

当第一个 CP 脉冲上升沿出现时，$D_{SR}=0 \to Q_0$、$Q_0=1 \to Q_1$、$Q_1=0 \to Q_2$、$Q_2=0 \to Q_3$，使 $Q_0Q_1Q_2Q_3=0100$，$D_{SR}=0$。

同理，当第二个 CP 脉冲上升沿出现时，$Q_0Q_1Q_2Q_3=0010$，$D_{SR}=0$。

当第三个 CP 脉冲上升沿出现时，$Q_0Q_1Q_2Q_3=0001$，$D_{SR}=1$。

当第四个 CP 脉冲上升沿出现时，$Q_0Q_1Q_2Q_3=1000$，回到初始状态。若不断输入脉冲，则寄存器状态依上面的顺序反复循环，输出端轮流出现高电平矩形脉冲。

环形脉冲分配器的状态表如表 5-12 所示，工作波形图如图 5-47（b）所示。

表 5-12 环形脉冲分配器状态表

CP	M_1 M_0	D_{SR}（Q_3）	$Q_0Q_1Q_2Q_3$
0	1 1	0	1000
1	0 1	0	0100
2	0 1	0	0010
3	0 1	1	0001
4	0 1	0	1000

5.5.3 构成数字频率计

数字频率计是一种测量并显示单位时间内的脉冲个数的数字仪表。其原理框图如图 5-48 所示。

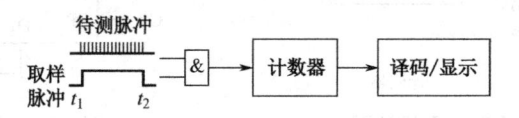

图 5-48 数字频率计原理框图

工作原理分析：

测量前先将计数器清零，然后将待测脉冲和 $t_2-t_1=1s$ 的取样脉冲一起加到电控与门。在 $t_2\sim t_1$ 期间，与门开通并输出被测信号脉冲，此脉冲送至计数器计数，计数值就是 $t_2\sim t_1$ 期间被测脉冲个数 N。根据频率和周期的定义可知，待测脉冲频率和周期分别为：

$$f=\frac{N}{t_2-t_1} \qquad T=\frac{1}{f}=\frac{t_2-t_1}{N}$$

取样脉冲产生电路作为信号源，提供基准。实际上，取样脉冲发生器是一个能对晶体谐振器产生的高频信号实施整形，并经多次分频形成基准秒脉冲的电路。该信号与待测脉冲一同进入与门，只有在脉冲存在期间的那一部分，才能通过与门，这就锁定了一秒钟的待测脉冲数。最后经过计数、译码、显示电路的作用显示出频率数。

5.5.4 构成数字显示时钟

数字显示时钟（简称数字钟）是人们常见的数字电路用品。一般数字钟是指以晶振为秒脉冲发生器，以数字显示时、分、秒，需要时还可以显示年、月、日的计时工具。本书将以笔者自主设计的数字钟电路为例，介绍数字钟的组成及工作原理。

1. 数字钟方框图

数字显示时钟主体方框如图 5-49 所示。它由电源电路、振荡器、分频器、BCD 计数器、BCD 译码驱动器、显示器等几部分组成。石英晶体振荡器产生的 32768Hz 的时标信号送到分频器，分频电路经过十五级分频将时标信号分成每秒一次的方波——秒脉冲。秒脉冲送入 BCD 计数器进行计数，并将累积结果以"时""分""秒"的数字显示出来。"秒"与"分"的显示均由两级计数器和译码器组成的六十进制电路实现。"时"显示电路由两级计数器和译码器组成的二十四进制电路实现。所有计时结果由六位 LED 七段显示器显示。电源电路为经变压、整流、滤波、稳压后的直流电源，为整机工作供电。

时序逻辑电路 第5章

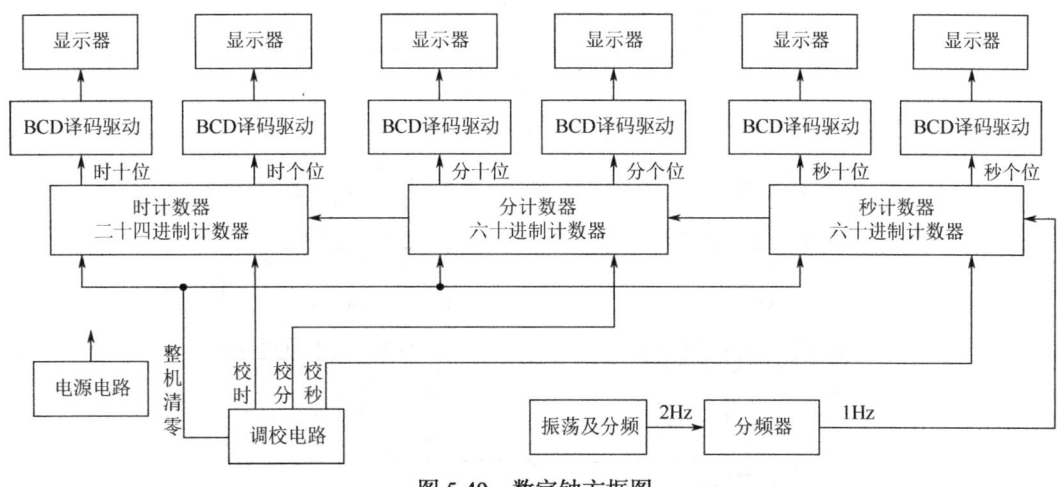

图 5-49 数字钟方框图

2. 数字显示时钟的整机电路分析

（1）"秒"脉冲产生电路。

如图 5-50 所示，电路采用 CC4060 十四位串行计数器/振荡器来实现振荡和分频。非门 1、R_2、C_1、C_2、X_1 组成石英晶体多谐振荡器，振荡频率为 32768Hz。要得到秒脉冲，需经十五级分频，但由于 CC4060 只能实现十四级分频，所以必须外加一级分频。图中采用双 D 触发器 CC4013 来实现分频，将 CC4013 其中的一个 D 触发器接成计数状态，CP 端送入 2Hz 信号，Q 端输出即为 1Hz 秒脉冲。

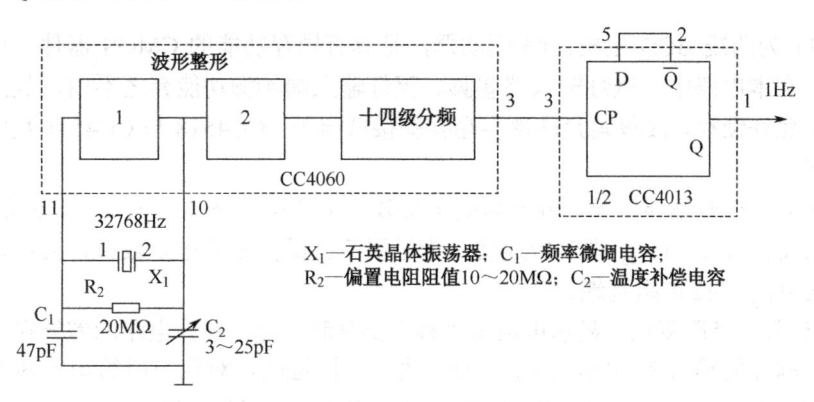

X_1—石英晶体振荡器；C_1—频率微调电容；
R_2—偏置电阻阻值10～20MΩ；C_2—温度补偿电容

图 5-50 数字钟"秒"脉冲产生电路

（2）"秒"计数、译码驱动、显示电路。

如图 5-51 所示 CC4518 内含两个彼此独立的十进制计数器，为双 BCD 计数器。将$1Q_3$ 和 2EN 相连、2CLK 接地、1EN 接电源、1CLK 接 CP、1CLR 和 2CLR 相连可实现双 BCD 计数器自动连级，构成一百进制计数器，其中 $2Q_3 2Q_2 2Q_1 2Q_0$ 为二位十进制数的高位，$1Q_3 1Q_2 1Q_1 1Q_0$ 为二位十进制数的低位。由于"秒""分"均为六十进制，电路采用异步反馈清零法，即先将双 BCD 计数器自动连级，当计数状态达到所需模值（$2Q_3 2Q_2 2Q_1 2Q_0 1Q_3 1Q_2 1Q_1 1Q_0$=01100000）60 时，$2Q_2 2Q_1$ 经与门电路 CC4081（CC4081：四－二输入与门）运算，产生高电平"复位"脉冲送至 1CLR 和 2CLR，将计数器清零，然后重新开始下一轮循环。同时此"复位"脉冲还作为"分"计数器的时钟脉冲。

157

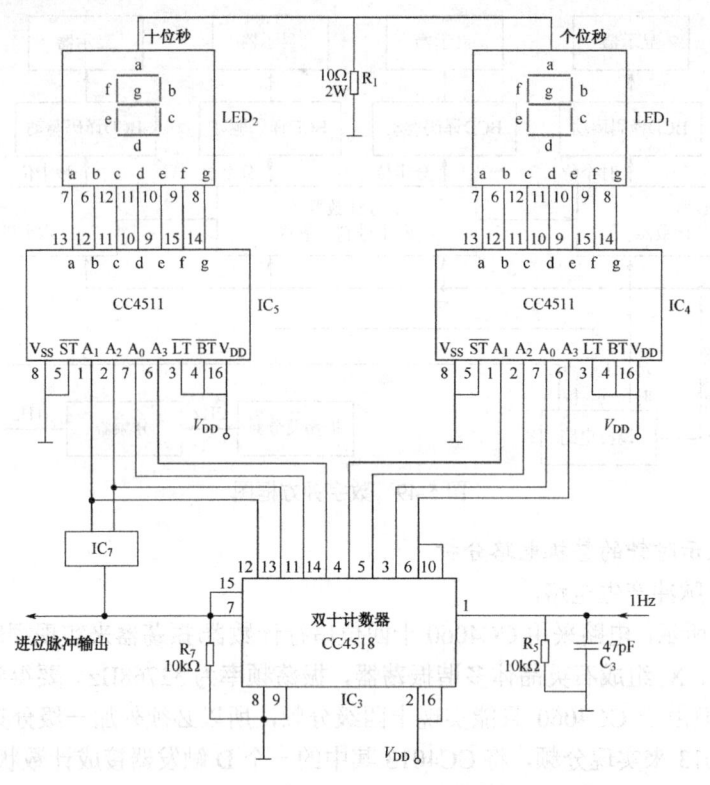

图 5-51 数字钟"秒"计数、译码驱动、显示电路

CC4511 为四线 BCD 七段译码/驱动器，是具有锁存功能的 CMOS 器件。译码输出高电平有效，在本电路中，试灯输入端③脚、灭灯输入端④脚功能弃之不用，故接高电平；输入数码不允许锁存，故数码允许锁存端⑤脚接低电平。CC4518 与 CC4511 数码的高低位相对应连接。

BS201 为共阴数码显示器，输出高电平有效。其输入 a、b、c、d、e、f、g 端与 CC4511 输出 a、b、c、d、e、f、g 端对应连接，为了限流并减少限流电阻数目，公共端连接在一起后，经公共的 10Ω 电阻到地。

"时"计数、译码驱动、显示电路与"秒"部分和"分"部分电路的差异在于产生高电平"复位"脉冲的输入端不同，由于"时"为二十四进制，对应与门的输入为 $2Q_1 2Q_2$，即 $2Q_3 2Q_2 2Q_1 2Q_0 1Q_3 1Q_2 1Q_1 1Q_0 =00100100$ 时，产生高电平"复位"脉冲。

（3）调校与整机清零电路。

如图 5-52 所示 CC4060③脚输出的 2Hz 方波信号经三极管反相器反相放大后，由集电极取出作为"校时""校分""校秒"电路的调校脉冲。按下调校开关，则对应的 CC4518 的①脚 CP 端引入了 2Hz 方波信号，以达到快速计数校准时间的目的。由于 CMOS 器件阻抗高，实际工作时易窜入干扰，导致 CC4518 误计数，故在 CC4518①脚和⑦脚与地之间各接一个 10kΩ 电阻，以消除窜入干扰。为消除开关按下瞬间的颤抖现象，在 CC4518①脚与对地间各接一个 47pF 的消颤电容。为避免出现后级校正时的高电平使前级 CC4518 清零，后级的 CC4518①脚与前级的 CC4518 复位端反向串联一开关二极管，起隔离作用。按下整机清零按钮，三片 CC4518 复位端皆为高电平，计数器同时复位。

数字显示时钟的整机电路如图 5-53 所示。

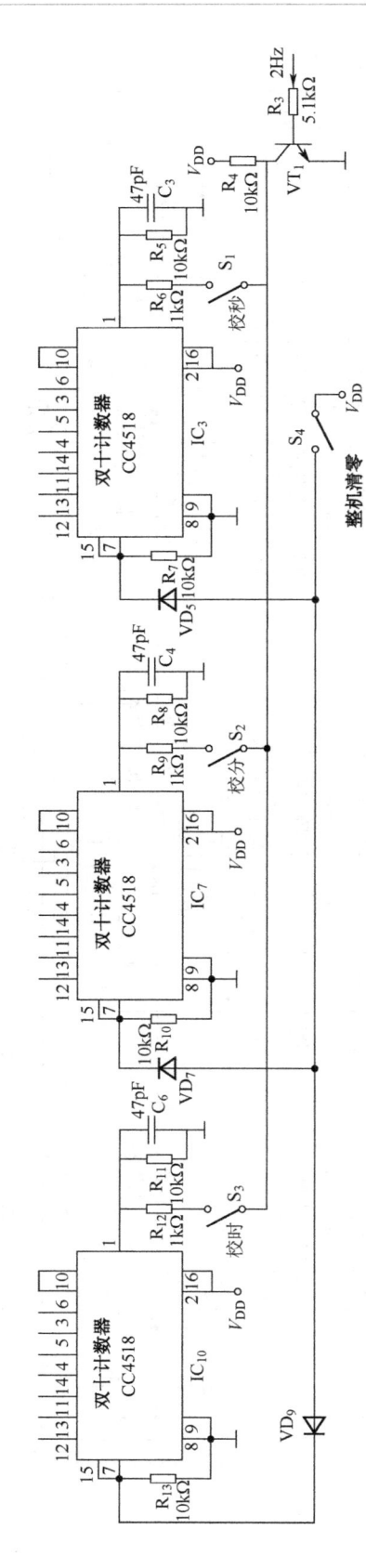

图 5-52 调校与整机清零电路

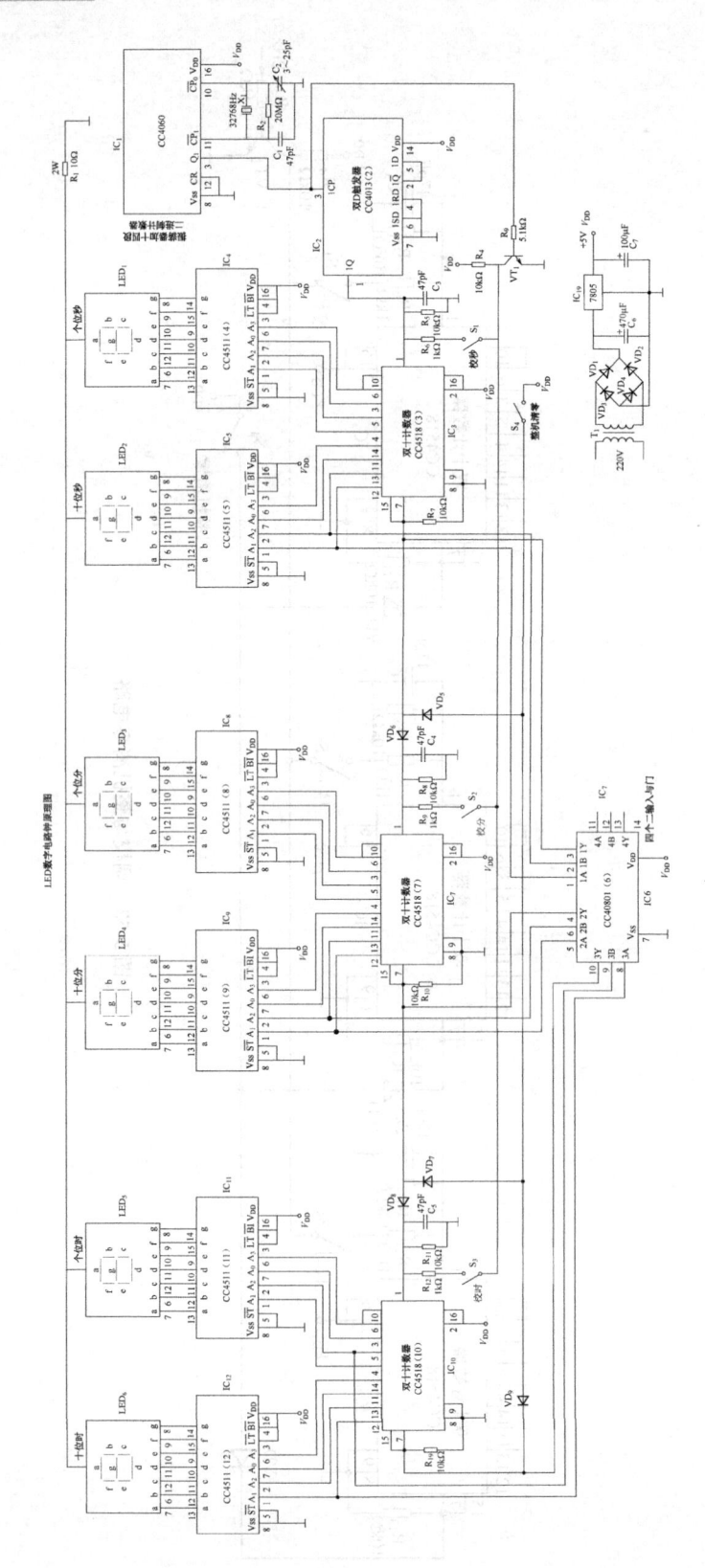

图 5-53 数字显示时钟的整机电路图

5.6 时序逻辑电路同步练习题

一、填空题

1. 集成触发器是一种具有_____功能的电路，它是存储_____位二进制代码的最常用的单元电路，也是构成_____电路不可缺少的重要部件。

2. 时序逻辑电路在结构上有两个特点：其一是包含由触发器等构成的_____电路，其二是内部存在_____通路。

3. 计数器的种类很多，按 CP 脉冲的输入方式分类可以把计数器分为_____和_____。

4. 在_____计数器中，要表示一位十进制数时，至少要用_____位触发器才能实现。十进制计数电路中最常采用的是_____BCD 代码来表示一位十进制数。

5. 某计数器的状态变化为：000→001→010→011→000，则该计数器的功能是_____进制_____法计数器。

6. 已知时钟脉冲 CP 信号的频率 f_0=10kHz，欲得 2Hz 的矩形波信号，可采用_____电路转换满足需要。

7. 用以存放_____的电路称为寄存器。

8. 寄存器中，一个触发器可以存放_____二进制代码，要存放 N 位二进制代码，就要有_____个触发器。

9. 某中规模寄存器内有 3 个触发器，用它构成的扭环型计数器模长为_____；用它构成的环型计数器模长为_____。

二、判断题

1. 时序逻辑电路具有记忆功能。 （   ）
2. 时序逻辑电路的特点是：电路任一时刻的输出状态与同一时刻的输入状态有关，与原有状态没有任何的联系。 （   ）
3. 计数器的模是指最多能记录的计数脉冲的个数。 （   ）
4. 一个串行数据输入的 4 位移位寄存器，时钟脉冲为 1kHz，那么经过 4μs 后可以转换成 4 位并行输出。 （   ）
5. 所有构成计数器电路的器件必须具有记忆功能。 （   ）
6. N 进制计数器可以实现 N 分频。 （   ）
7. 移位寄存器存放的数码既可以串行输出，也可以并行。 （   ）

三、单项选择题

1. 时序逻辑电路的输出是（   ）。
   A．只与输入有关　　　　　　B．只与电路当前状态有关
   C．与输入和电路当前状态均有关　　D．与输入和电路当前状态均无关

2. 下列电路不属于时序逻辑电路的是（   ）。
   A．数码寄存器　　　　　　　B．编码器
   C．触发器　　　　　　　　　D．可逆计数器

3. 要实现二十级分频，则最少需要的触发器个数是（   ）个。
   A．5　　　　　　　　　　　　B．6

C. 7　　　　　　　　　　　　　D. 8

4. 某数字钟需要一个分频器将 32768Hz 的脉冲转换为 1Hz 的脉冲，欲构成此分频器至少需要（　　）个触发器。

　　A. 10　　　　　　　　　　　　B. 15
　　C. 32　　　　　　　　　　　　D. 32768

5. 用 n 只触发器组成计数器，其最大计数模为（　　）。

　　A. n　　　　　　　　　　　　B. $2n$
　　C. n^2　　　　　　　　　　　D. 2^n

6. 同步计数器中的同步是指（　　）。

　　A. 各触发器同时输入信号　　　B. 各触发器状态同时改变
　　C. 各触发器受同一时钟脉冲的控制

7. 当把两个十进制计数器级联起来时，总模数为（　　）。

　　A. 10　　　　　　　　　　　　B. 20
　　C. 50　　　　　　　　　　　　D. 100

8. N 个触发器可以构成能寄存（　　）位二进制数的寄存器。

　　A. $N-1$　　　　　　　　　　　B. N
　　C. $N+1$　　　　　　　　　　　D. 2^N

9. 现欲将一个数据串延时 4 个 CP 的时间，则最简单的办法采用（　　）。

　　A. 4 位并行寄存器　　　　　　B. 4 位移位寄存器
　　C. 4 进制计数器　　　　　　　D. 4 位加法器

10. 4 位移位寄存器构成的扭环形计数器是（　　）计数器。

　　A. 模 4　　　　B. 模 8　　　　C. 模 16

四、同步时序异步时序分析题

1. 分析图 5-54（a）所示电路在触发脉冲 CP 作用下的工作状态，设触发器的初态为 0。

（1）写出触发器的输入 J、K 与 X_1、X_2 的关系式；

（2）根据表中给定的 X_1、X_2 的数值计算 J、K 和 Q^{n+1}，将结果填入如图 5-54（b）所示的状态表中。

状态表

CP	$X_1 X_2$	JK	Q^{n+1}
1	0 0		
2	0 1		

（a）　　　　　　　　　　　　　　　（b）

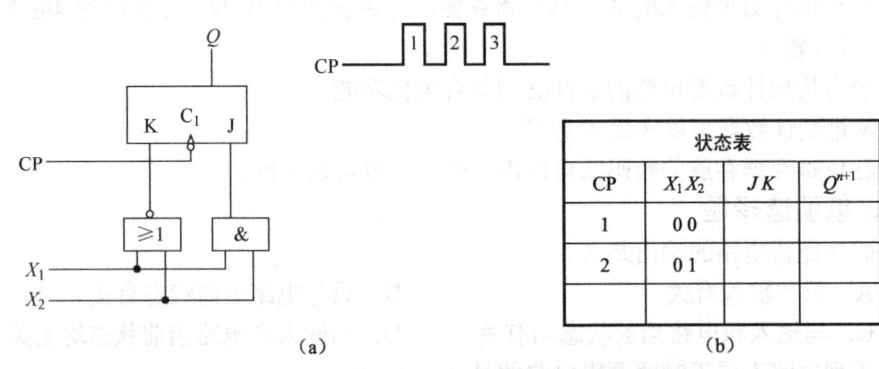

图 5-54　分析题 1 图

2. 图 5-55 是由 JK 触发器组成的二进制计数器，工作前事先置 $\overline{R}_D = 0$，使电路清零。

（1）按输入脉冲 CP 顺序在表中填写 Q_2、Q_1、Q_0 相应的状态（0 或 1）。

（2）此计数器是异步计数器还是同步计数器？是加法计数器还是减法计数器？

图 5-55 (a)

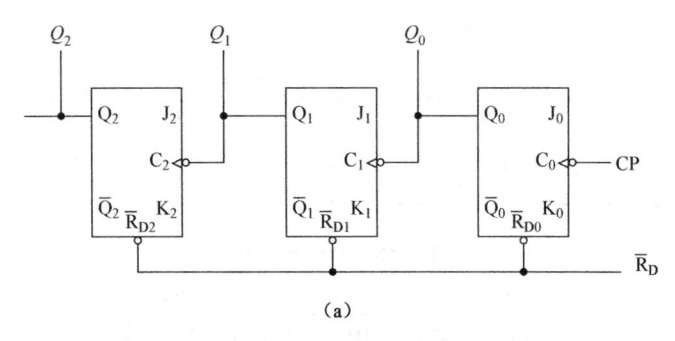

状态表								
CP	Q_2	Q_1	Q_0	CP	Q_2	Q_1	Q_0
1				5			
2				6			
3				7			
4				8			

(b)

图 5-55 分析题 2 图

3．试分析图 5-56 所示的逻辑电路：（1）写出电路的驱动方程、状态方程、输出方程；（2）列出状态转换真值表；（3）说明电路的逻辑功能。

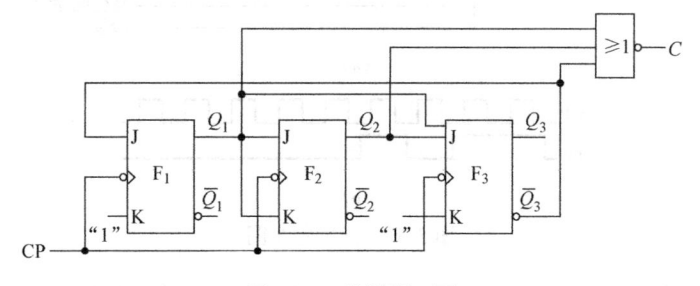

图 5-56 分析题 3 图

4．试分析图 5-57 所示时序逻辑电路的逻辑功能：（1）写出电路的驱动方程、状态方程和输出方程；（2）列出电路的状态转换真值表。

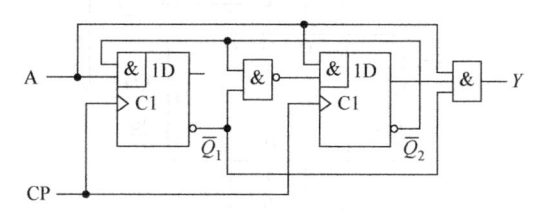

图 5-57 分析题 4 图

5．写出图 5-58 所示激励函数和状态方程，列出时序逻辑电路的状态表，分析其逻辑功能。

6．分析图 5-59 所示时序逻辑电路：（1）写出驱动方程、状态方程、时钟脉冲方程；（2）列状态转换真值表；（3）说明电路功能。

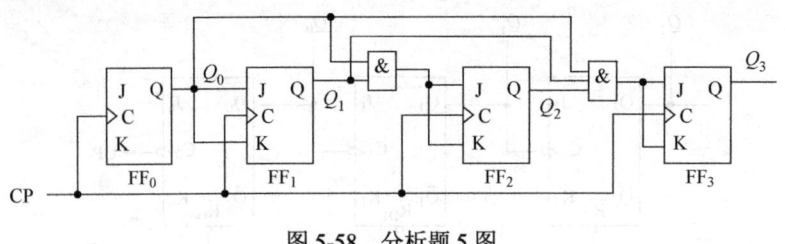

图 5-58　分析题 5 图

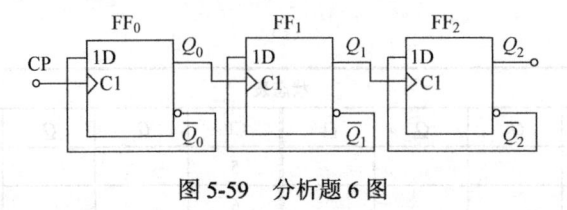

图 5-59　分析题 6 图

7．单向移位寄存器电路的结构、CP 及输入波形如图 5-60（a）、（b）所示，试画出 Q_0、Q_1、Q_2、Q_3 波形。（设各触发初态均为 0）

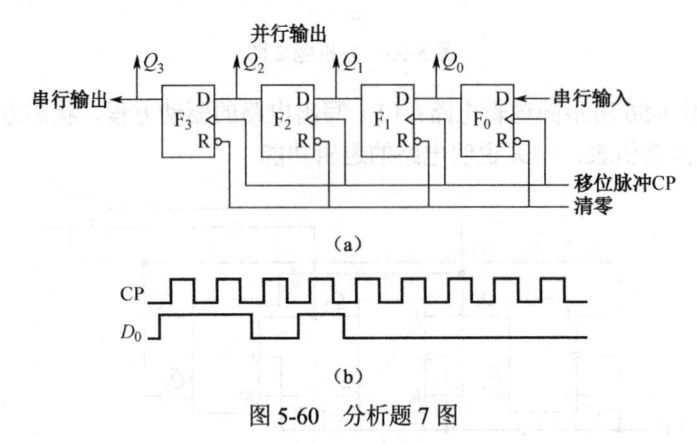

图 5-60　分析题 7 图

8．分析写出图 5-61 所示电路的状态图。（74LS161：四位二进制同步加法计数器，异步清零，同步预置数）

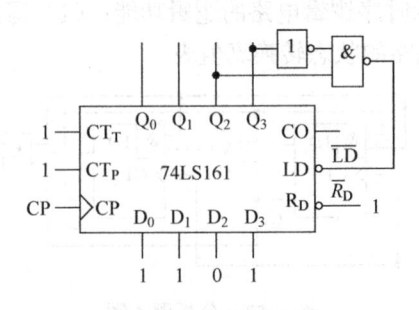

图 5-61　分析题 8 图

五、时序逻辑电路应用题

1．图 5-62 是一个能左右循环的彩灯控制器：（1）试连接 2，3，4，5，6，7 脚，要求每次只亮一盏灯；（2）已知 $W_1=1\text{M}\Omega$，$R_1=100\text{k}\Omega$，$C_2=4.7\mu\text{F}$，试求振荡频率范围。

图 5-62 应用题 1 图

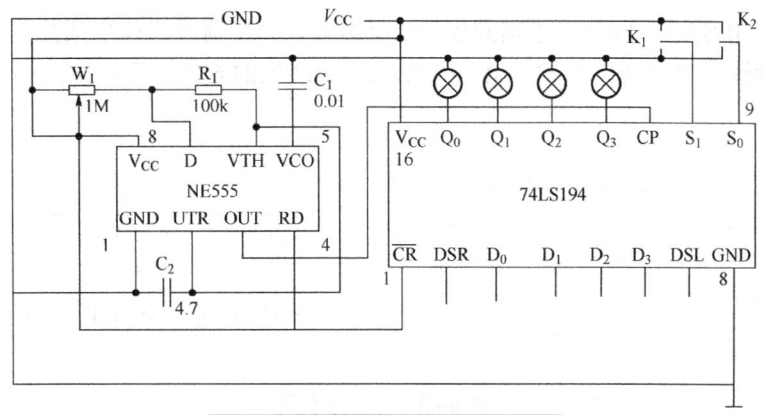

74LS194 功能表		
$\overline{CR}$	$M_1 M_0$	功能
0	× ×	清零
1	0 0	保持
1	0 1	串入、右移
1	1 0	串入、左移
1	1 1	并行输入

2．用同步十进制计数芯片 74LS160（十进制同步加法计数器，异步清零，同步预置数）设计一个三百六十五进制的计数器。要求各位间为十进制关系，允许附加必要的门电路。

3．用 74LS161（四位二进制同步加法计数器，异步清零，同步预置数）在图 5-63 中构成十一进制计数器。要求分别用"清零法"和"置数法"（置 0010）实现。

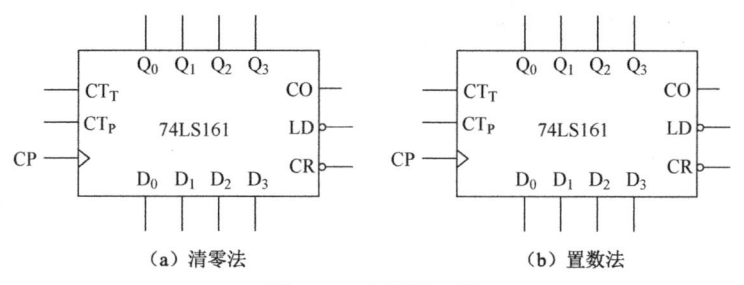

(a) 清零法　　　　(b) 置数法

图 5-63 应用题 3 图

4．用 74LS163（四位二进制同步加法计数器，同步清零，同步预置数）在图 5-64 中分别采用清零法和置数法，构成一个十二进制计数器。

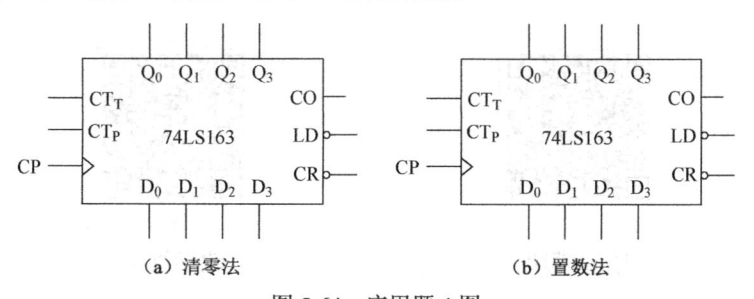

(a) 清零法　　　　(b) 置数法

图 5-64 应用题 4 图

5. 使用 74LS161（四位二进制同步加法计数器，异步清零，同步预置数）和 74LS151 数据选择器设计一个序列信号发生器，在图 5-65 中产生的 6 位序列信号为 110100（时间顺序自左向右）。

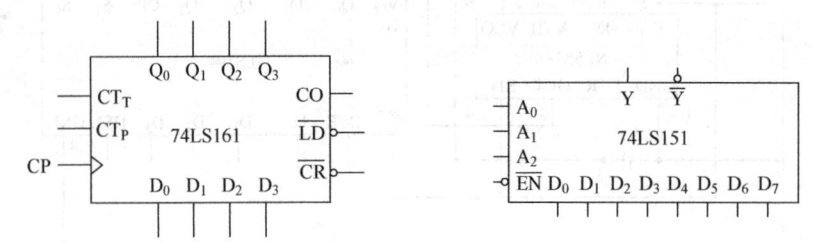

图 5-65 应用题 5 图

6. 画出如图 5-66 所示由移位寄存器时序电路的状态图和对应输出 Y 的数值。

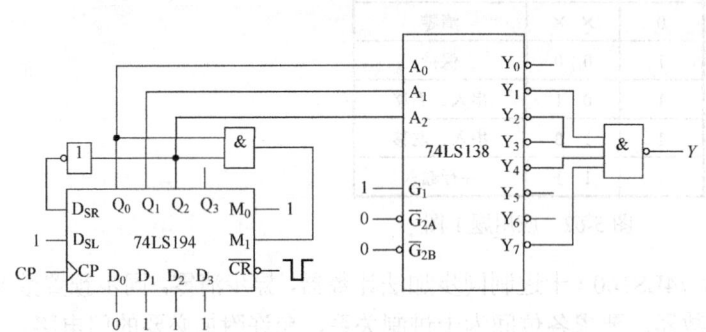

74LS194 功能表		
$\overline{CR}$	M_1M_0	功能
0	××	清零
1	0 0	保持
1	0 1	串入、右移
1	1 0	串入、左移
1	1 1	并行输入

图 5-66 应用题 6 图

第 6 章 脉冲的产生与整形

> **本章学习要求**

（1）熟悉 555 定时器的内部结构、引脚功能和 555 定时器功能表。

（2）掌握施密特触发器的电路特点，熟悉施密特触发器的用途，能运用 555 定时器构成施密特触发器。

（3）掌握单稳态触发器的电路特点，掌握单稳态输出脉冲宽度的估算，会通过调节电路参数改变输出脉冲宽度，能运用 555 定时器构成单稳态触发器。

（4）掌握多谐振荡器的电路特点，振荡频率的估算与调整，能运用 555 定时器构成多谐振荡器。

（5）能查阅集成电路手册，识读集成施密特触发器和单稳态触发器的引脚，并能正确使用。

在数字系统中，通常采用两种方案来获得符合要求的矩形脉冲信号：其一是利用多谐振荡器产生，本章介绍的各种不同类型的多谐振荡器均属此列；其二是通过整形电路（或脉冲变换电路）把一种非矩形信号，或者是性能不符合要求的矩形脉冲信号变换成符合要求的矩形脉冲信号。本章介绍的施密特触发器和单稳态触发器就是两种最常用的脉冲整形电路。

6.1 555 定时器

555 定时器名称的由来是因为在芯片中采用了三个 5kΩ 的分压电阻。555 定时器是目前使用最为广泛的一种时基电路。用它可以很方便地构成施密特触发器、单稳态触发器和多谐振荡器。555 定时器有双极型（TTL 电路）产品，也有单极型（CMOS 电路）产品，几乎所有双极型产品型号的最后三位都是 555，所有 CMOS 产品型号的最后四位都是 7555。目前，一些生产厂家在同一基片上集成两个 555 单元，其型号为 556；在同一基片上集成四个 555 单元，其型号为 558。

6.1.1 555 定时器的电路结构

以 CC7555 定时器为例进行介绍。CC7555 定时器采用 8 脚双列直插型封装，电路结构和引脚排列如图 6-1 所示。由图可以看出，CC7555 定时器电路由电阻分压器、电压比较器、基本 RS 触发器和输出缓冲器等几个部分组成。

1. 电阻分压器和电压比较器

由三个等值电阻 R 串联构成分压器，对电源电压 V_{DD} 分压后作为电压比较器 C_1 和 C_2 的参考电压。若在 C-V 端（⑤脚）外加控制电压，则可以改变 C_1、C_2 的参考电压；不加控制电压时，⑤脚也不能悬空，一般都通过一个小电容（如 0.01μF）接地，以旁路高频干扰。因为三个分压电阻阻值相同，所以两个分压点：比较器 C_1 的 "−" 端为 $\frac{2}{3}V_{DD}$；比较器 C_2 的 "+" 端为 $\frac{1}{3}V_{DD}$。当引入 TH 的电压大于 $\frac{2}{3}V_{DD}$ 时，比较器 C_1 输出高电平 1；若加在 $\overline{TR}$

的电压小于 $\frac{1}{3}V_{DD}$，比较器 C_2 也输出高电平 1。

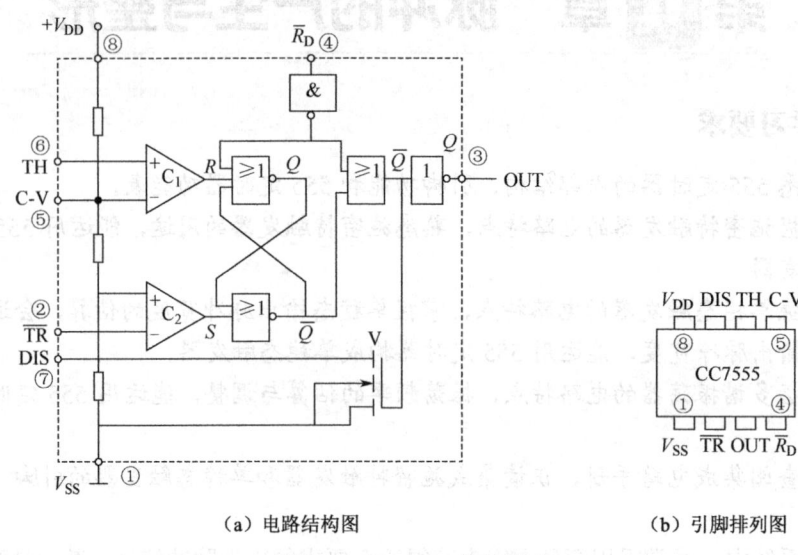

(a) 电路结构图 (b) 引脚排列图

图 6-1 CC7555 定时器

2. 基本 RS 触发器

由两个或非门构成基本 RS 触发器。$\overline{R}_D$ 为直接置 0 端，低电平有效。当 $\overline{R}_D=0$ 时，触发器置 0，$\overline{Q}=1$，输出 OUT= $Q=0$，$\overline{R}_D$ 端不用时必须接高电平。分析基本 RS 触发器如下。

（1）当 $C_1=1$，$C_2=0$，即 $R=1$，$S=0$ 时，$Q=0$，$\overline{Q}=1$。

（2）当 $C_1=0$，$C_2=1$，即 $R=0$，$S=1$ 时，$Q=1$，$\overline{Q}=0$。

（3）当 $C_1=0$，$C_2=0$，即 $R=0$，$S=0$ 时，RS 触发器保持原态不变。

3. NMOS 放电管 V 和输出缓冲器

V 是开关管，状态受 $\overline{Q}$ 控制。当 $Q=1$、$\overline{Q}=0$ 时，放电管的栅极为低电平，V 截止；当 $Q=0$、$\overline{Q}=1$ 时，放电管的栅极为高电平，V 导通，外接电容可经 DIS 端通过 V 放电，所以也称 DIS 为放电端。DIS 也可作为漏极开路的输出端。

输出端的反相器构成输出缓冲器。其主要作用是提高电流驱动能力，同时还可隔离负载对定时器的影响。

6.1.2 CC7555 定时器逻辑功能

综上所述，归纳 CC7555 定时器的功能如表 6-1 所示。

表 6-1 CC7555 定时器功能表

阈值输入 TH	触发输入 $\overline{TR}$	复位 $\overline{R}_D$	输出 OUT	放电管 V	输出状态判别口诀
×	×	0	0	导通	置零
$>\frac{2}{3}V_{DD}$	$>\frac{1}{3}V_{DD}$	1	0	导通	高高出低
$<\frac{2}{3}V_{DD}$	$<\frac{1}{3}V_{DD}$	1	1	截止	低低出高
$<\frac{2}{3}V_{DD}$	$>\frac{1}{3}V_{DD}$	1	保持原态	保持原态	高低、低高，为保持

6.2 单稳态触发器

单稳态触发器电路具有一个稳态和一个暂稳态。在外来触发脉冲作用下，电路由稳态翻转到暂稳态，但暂稳态是一个不能长久保持的状态，经过一段时间 t_W 后，电路会自动返回到稳态。暂稳态的持续时间与触发脉冲无关，仅决定于电路本身的参数。

6.2.1 TTL 门电路构成的单稳态触发器

由 TTL 门电路构成的单稳态触发器，构成门可以是与非门，也可以是或非门。根据 RC 定时元件的连接形式不同，单稳态触发器又可分为微分型和积分型两大类。

1. 微分型单稳态触发器

图 6-2（a）所示为两个或非门和 RC 定时元件构成的微分型单稳态触发器。对于 G_2 的输入端而言，**RC** 定时元件接成微分形式，故称微分型。R 的上端接 V_{CC}，为保证稳态时 G_1 关闭、G_2 开通，要求 R 的阻值不能过大，通常取值为 $R<R_{ON}$（2kΩ）。

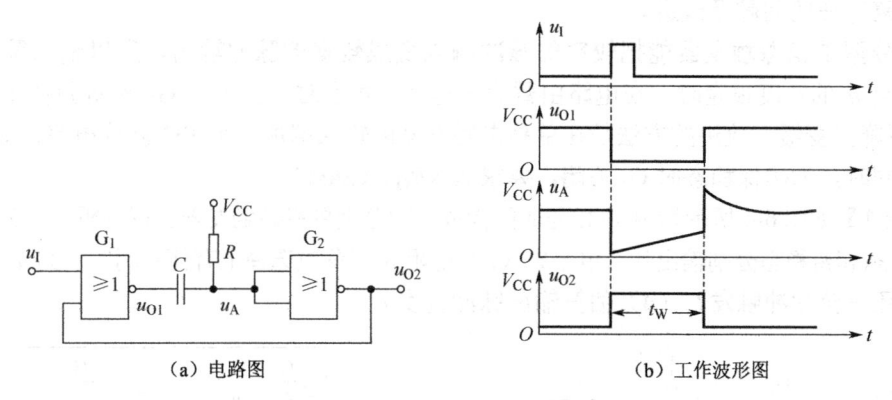

（a）电路图　　（b）工作波形图

图 6-2　或非门构成的微分型单稳态触发器

结合图 6-2（b）所示工作波形，分析电路的工作原理。

（1）没有触发信号时，电路工作在稳态。

当长时间没有触发信号时，u_I 为低电平。根据 RC 一阶过渡电路的特点，将无电流流经 R 对 C 进行充放电，此时 $u_R=0$。因为门 G_2 的输入端经电阻 R 接至 V_{CC}，故 A 点电压 u_A 为高电平，u_{O2} 为低电平；门 G_1 的两个输入均为 0，其输出 u_{O1} 为高电平，电容 C 两端的电压接近为 0。这是电路的稳态，在触发信号到来之前，电路一直维持 $u_{O1}=U_{OH}$，$u_{O2}=U_{OL}$ 这种稳定状态。

（2）外加触发信号使电路由稳态翻转到暂稳态。

当正触发脉冲 u_I 到来时，门 G_1 输出 u_{O1} 由 U_{OH} 变为 U_{OL}。由于电容电压不能突变，u_A 也随之跳变到低电平，使门 G_2 的输出 u_{O2} 变为 U_{OH}。这个高电平反馈到门 G_1 的输入端，此时即使 u_I 的触发信号撤除，仍能维持门 G_1 的低电平输出。但是电路的这种状态是不能长久保持的，所以称为暂稳态。暂稳态时，$u_{O1}=U_{OL}$，$u_{O2}=U_{OH}$。

（3）电容充电使电路由暂稳态自动返回到稳态。

在暂稳态期间，V_{CC} 经 R 和 G_1 的导通工作管对 C 充电，随着充电的进行，C 上的电荷逐渐增多，使 u_A 升高。当 u_A 上升到阈值电压 U_T 时，G_2 的输出 u_{O2} 由 U_{OH} 变为 U_{OL}。由于这时 G_1 输入触发信号已经过去，G_1 的输出状态只由 u_{O2} 决定，所以 G_1 又返回到稳定的高电平输出。u_A 随之向正方向跳变，加速了 G_2 的输出向低电平变化。最后使电路退出暂稳态而进入稳态，此时 $u_{O1}=U_{OH}$、$u_{O2}=U_{OL}$。

脉冲参数的估算。

（1）输出脉冲幅度 U_m。

由波形图可知，输出脉冲幅度 U_m 为输出高电平 U_{OH} 与输出低电平 U_{OL} 之差，即：

$$U_m = U_{OH} - U_{OL} \approx U_{OH}$$

（2）输出脉冲宽度 t_W。

由波形图可知，**输出脉冲的宽度由 RC 定时元件充放电的快慢决定**，由于门电路参数的离散性，精确计算 t_W 是困难的。在实际中，多用经验公式估算，即：

$$t_W \approx 0.7RC$$

为获得所需 t_W，R、C 均为可调，通常 R 为细调，C 为粗调。但在调 R 时阻值应小于关门电阻，即满足 $R<R_{OFF}$。

电路存在的问题及改进。

微分型单稳态触发器能把较窄的脉冲输入变成较宽的脉冲输出，所以输入脉冲不能太宽。当 u_I 的宽度很宽时，在电路由暂稳态返回到稳态时，由于门 G_1 被 u_I 封住了，会使 u_{O2} 的下降沿变缓。改进的方法是在单稳态触发器的输入端加一个 RC 微分电路，如图 6-3 所示。同时，为确保稳态时 G_1 关闭，要求 $R_1<R_{ON}$（2kΩ）。

【例 1】 如图 6-4 所示为用 TTL 与非门构成的微分型单稳态触发器。试分析：（1）输出端 u_{O2} 的稳态和暂稳态分别输出什么电平？（2）电阻 R 在参数选择上有何限制？（3）u_I 是正脉冲触发还是负脉冲触发？（4）估算输出脉冲宽度 t_W。

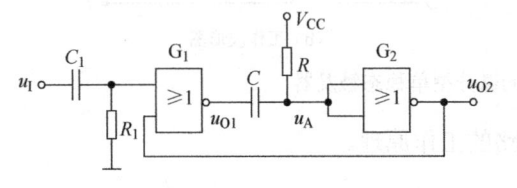

图 6-3　微分型单稳态触发器的改进　　　　图 6-4　【例 1】图

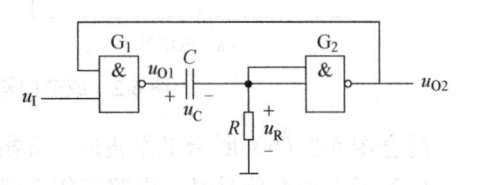

【解析】：可根据 RC 一阶过渡电路的特点，来分析输出端 u_{O2} 的稳态和暂稳态输出电平的高低。再根据输出端回送到输入端反馈线中电平的高低，确定 u_I 是正脉冲触发还是负脉冲触发。

【解答】：（1）本例中，当长时间没有触发信号时，将无电流流经 R 对 C 进行充放电，稳态时 $u_R=0$，u_{O2} 为高电平，暂稳态 u_{O2} 为低电平；（2）此时 G_2 关闭，G_1 开通。通常认为，$R<R_{OFF}$，门关闭，输出高电平，故 $R<700Ω$；（3）由于 G_1 的反馈线输入高电平，G_1 开通说明稳态时 $u_I=1$，故 u_I 为负脉冲时才能触发；（4）多用经验公式估算，即：$t_W \approx 0.7RC$。

2. 积分型单稳态触发器

如图 6-5（a）所示为两个 TTL 或非门和 RC 定时元件构成的积分型单稳态触发器。对于 G_2 的输入端而言，**RC 定时元件的联接形式为积分，故称积分型**。结合图 6-5（b）所示工作波形，分析电路的工作原理。

稳态时，$u_I=1$，G_1、G_2均开通。$u_{O1}=U_{OL}$，$u_A=0$，$u_{O2}=U_{OL}$。

u_I负跳变到0时，G_1关闭，u_{O1}随之跳变到U_{OH}。由于电容电压不能跃变，u_A仍为0，故门G_2关闭，u_{O2}跳变到U_{OH}。在G_1、G_2关闭时，C通过R和G_1的导通管放电，使u_A逐渐上升。当u_A上升到管子的开启电压U_T时，如果u_I仍为低电平，G_2开通，u_{O2}变为U_{OL}。当u_I回到高电平后，G_1开通，C又通过R和G_1的导通管充电，电路恢复到稳定状态。

该电路输出脉冲宽度按经验公式估算：$t_W \approx 0.7RC$。

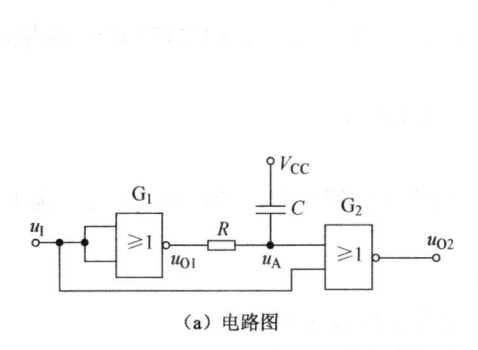

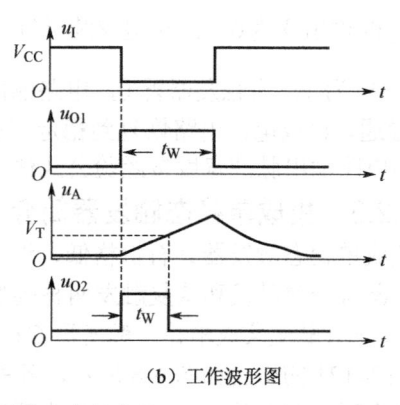

(a) 电路图　　　　　　　　　(b) 工作波形图

图6-5　或非门构成的积分型单稳态触发器

【例2】如图6-6所示电路为两个与非门和RC构成的积分型单稳态触发器。试分析：(1) u_I是正脉冲触发还是负脉冲触发？(2) 输出端u_O的稳态和暂稳态分别输出什么电平？(3) 估算输出脉冲宽度t_W。

【解答】(1) 先假设稳态$u_I=1$，则$u_C=0$，$u_O=U_{OH}$，此时触发信号$u_I=0$到来之后，G_2被封锁，u_O将维持原态，故假设不成立，说明u_I是正脉冲触发；(2) 稳态时u_O为高电平，暂稳态时u_O为低电平；(3) $t_W \approx 0.7RC$。

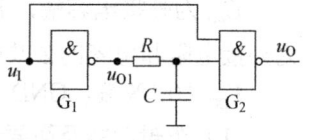

图6-6　【例2】图

6.2.2　555定时器构成单稳态触发器

将CC7555定时器按如图6-7(a)所示连接即可构成单稳态触发器。其中：u_I为触发输入脉冲，R、C为定时元件，决定暂稳态持续时间。图6-7(b)所示为工作波形示意图。

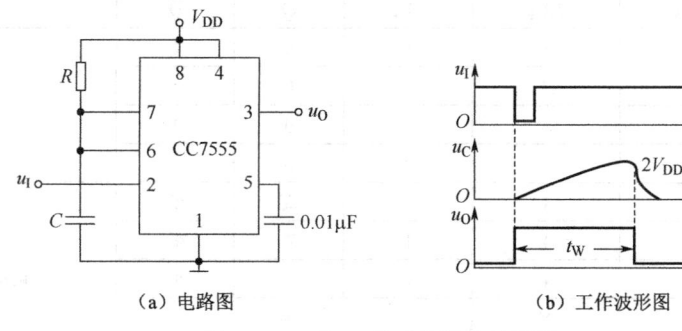

(a) 电路图　　　　　　　　　(b) 工作波形图

图6-7　CC7555构成单稳态触发器

工作原理分析：

接通V_{DD}后瞬间，V_{DD}通过R对C充电，当u_C上升到$\frac{2}{3}V_{DD}$时，CC7555定时器内部比

较器 C_1 输出为 1，将触发器置 0，$u_O=U_{OL}$（高高出低）。这时 $\bar{Q}=1$，CC7555 定时器内部放电管 V 导通，C 通过 V 放电，电路进入稳态。（高低、低高，为保持。）

u_I 到来时，因为 $u_I<\frac{1}{3}V_{DD}$，使 CC7555 定时器内部比较器 C_2 输出为 1，触发器置 1，u_O 又由 U_{OL} 变为 U_{OH}，电路进入暂稳态（低低出高）。由于此时 $\bar{Q}=0$，CC7555 定时器内部放电管 V 截止，V_{DD} 经 R 对 C 充电。虽然此时触发脉冲已消失，CC7555 定时器内部比较器 C_2 的输出变为 0，但充电继续进行，直到 u_C 上升到 $\frac{2}{3}V_{DD}$ 时，CC7555 定时器内部比较器 C_1 输出为 1，将触发器置 0，电路输出 $u_O=U_{OL}$（高高出低），CC7555 定时器内部放电管 V 导通，C 放电，电路恢复到稳定状态。

该电路输出脉冲宽度按经验公式估算：$t_W \approx 1.1RC$。

6.2.3 集成单稳态触发器简介

集成单稳态触发器具有价格低、性能好、使用方便等优点，故而应用广泛。集成单稳态触发器有一次触发和重复触发两种类型。

1. 一次触发集成单稳态触发器 CT74121

CT74121 的引脚如图 6-8 所示，各引脚符号及功能说明如下。

Q 为暂稳态正脉冲输出端，$\bar{Q}$ 为暂稳态负脉冲输出端。

TR_+ 为上升沿有效的触发信号输入端，TR_{-A}、TR_{-B} 为两个下降沿有效的触发信号输入端。

C_{ext} 为外接电容端，R_{int} 为内电阻端（内部已设置了一个 2kΩ 的定时电阻），R_{ext}/C_{ext} 为外接电阻和电容的公共端。

V_{CC} 为电源端，GND 为接地端，NC 为空脚。

（1）逻辑功能及简要说明。

逻辑功能表见表 6-2。说明：×表示任意值；↓表示电平从高到低的跳变；↑表示电平从低到高的跳变；"高"表示高电平脉冲；"低"表示低电平脉冲。

表 6-2 CT74121 逻辑功能表

序 号	输 入			输 出		说 明
	TR_{-A}	TR_{-B}	TR_+	Q	$\bar{Q}$	
1	0	×	1	0	1	稳态
2	×	0	1	0	1	
3	×	×	0	0	1	
4	1	1	×	0	1	
5	↓	1	1	高	低	触发暂稳态
6	1	↓	1	高	低	
7	↓	↓	1	高	低	
8	0	×	↑	高	低	
9	×	0	↑	高	低	

（2）触发方法。

① 如果 TR_{-A}、TR_{-B}、TR_+ 的初始状态为 111，则在 TR_{-A} 或 TR_{-B} 端加上负跳变电压，或者在这两个输入端同时加负跳变电压，则电路翻转为暂稳态。

② 如果 TR$_{-A}$、TR$_{-B}$、TR$_+$ 的初始状态为 0×0 或者为 ×00，则在 TR$_+$ 端加上正跳变触发电压，电路就由稳态翻转为暂稳态。

（3）定时元件 R、C 的接法。

输出脉冲宽度 t_W 由定时元件 R、C 决定。R 可以外接，也可以是内电阻。外接电阻时，R$_{int}$ 端做悬空处理，但电容 C 必须外接。CT74121 定时元件的连接方法如图 6-9 所示，图 6-9（a）为外接电阻的接法，图 6-9（b）为内接电阻的接法。

该电路输出脉冲宽度按经验公式估算：$t_W \approx 0.7RC$。

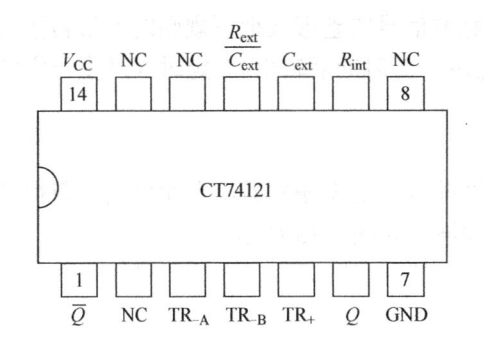

图 6-8　CT74121 的引脚

图 6-9　CT74121 定时元件连接图

2. 重复触发集成单稳态触发器 74LS123

74LS123 的引脚如图 6-10，其逻辑功能如表 6-3 所示。

表 6-3　74LS123 逻辑功能表

序号	输入			输出		说明
	$\overline{R}_D$	TR$_-$	TR$_+$	Q	$\overline{Q}$	
1	0	×	×	0	1	清零
2	×	1	×	0	1	稳态
3	×	×	0	0	1	
4	↑	0	1	高	低	触发暂稳态
5	1	0	↑	高	低	
6	1	↓	1	高	低	

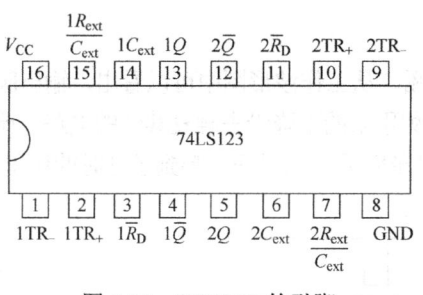

图 6-10　74LS123 的引脚

使用时的两点说明：

（1）在直接复位端输入低电平脉冲时，可提前终止输出脉冲，迫使脉冲变窄，由 t_W 变为 t_W'，如图 6-11 所示。

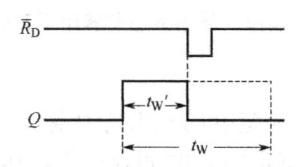

图 6-11　外加负脉冲终止输出脉冲

（2）此芯片具有重复触发功能，在暂稳态期间能再次接受新的触发脉冲，产生以新触发脉冲作用时刻起，规定脉宽的矩形波输出，可使输出脉冲加宽，如图 6-12 所示。

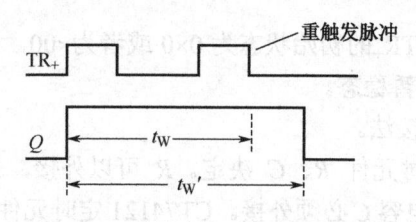

图 6-12　重触发脉冲加宽输出脉宽

6.2.4　单稳态触发器的应用

单稳态触发器在数字脉冲系统中广泛应用于脉冲信号的**整形**（把不规则的波形转换成宽度、幅度都相等的波形）、**延时**（把输入信号延迟一定时间后输出）、**定时**（产生一定宽度的矩形波）等。

1. 整形

脉冲信号的整形，是把波形不规则的输入脉冲输入单稳态触发器，在输出端可获得具有一定的宽度和幅度、前后沿比较陡峭的矩形脉冲波。如图 6-13 所示。

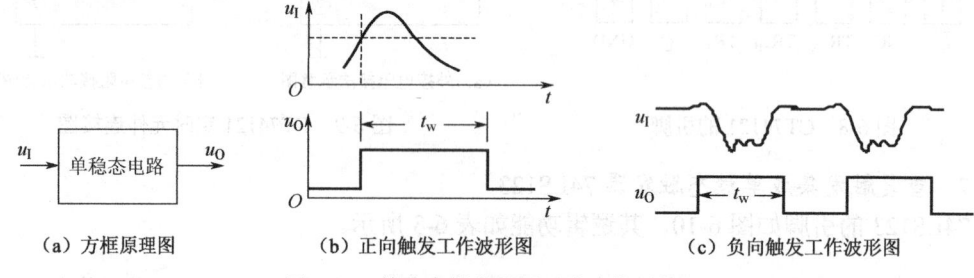

（a）方框原理图　　（b）正向触发工作波形图　　（c）负向触发工作波形图

图 6-13　单稳态触发器用于脉冲信号整形

2. 延时

如图 6-14 所示为单稳态触发器用于延时的示意图。从工作波形图中可以看出，输出脉冲 u_O 的下降沿比输入脉冲 u_I 的下降沿延迟了 t_w 的时间。故用 u_O 的下降沿去触发其他的电路，比未经单稳态触发器时的 u_I 的下降沿直接去触发其他的电路滞后了 t_w 的时间，起到了延时的作用。

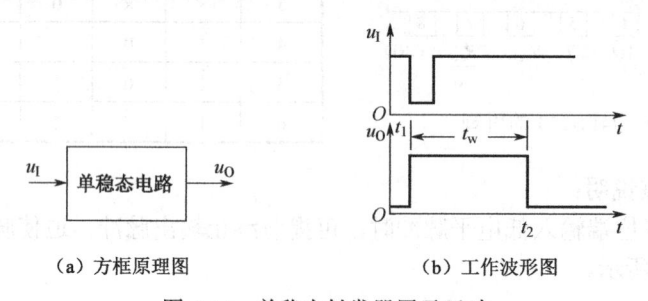

（a）方框原理图　　（b）工作波形图

图 6-14　单稳态触发器用于延时

3. 定时

由于单稳态触发器能产生一定宽度的矩形脉冲输出，该矩形脉冲可作为一个控制信号，用来控制某一功能电路，在特定的 t_w 时间内动作，达到定时的目的。

如图 6-15 所示为单稳态触发器利用定时功能构成简易频率计的工作原理示意图。单稳态触发器产生脉宽为 1s 的定时脉冲 u'_O 去控制电控与门的开通时间，u_A 为被测脉冲，u_O 为 1s 内通过与门的脉冲个数，经计数、译码和显示电路，就可直接读出 u_A 的频率。

(a) 简易频率计电路图　　　　　(b) 工作波形图

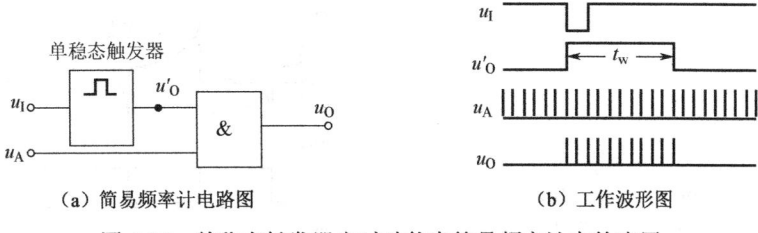

图 6-15　单稳态触发器定时功能在简易频率计中的应用

如图 6-16 所示为单稳态触发器利用定时功能构成继电器控制电路的示意图。分析可知，每次只在触发后的 t_w 时间内，继电器才得电工作，t_w 定时时间过后，继电器失电停止工作。

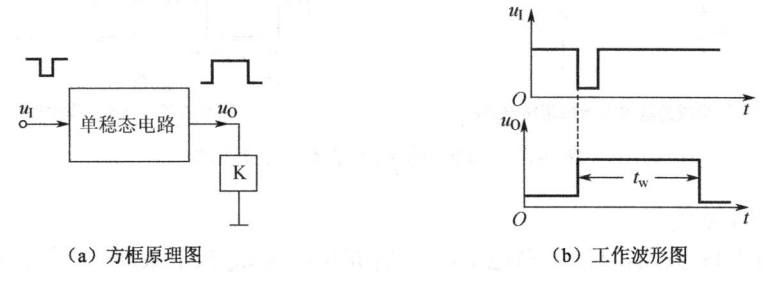

(a) 方框原理图　　　　　　　(b) 工作波形图

图 6-16　单稳态触发器定时功能在继电器控制电路中的应用

6.3　多谐振荡器

多谐振荡器是一种自激振荡电路，也称为无稳态电路。它具有两个暂稳态，工作时无须外加触发信号，就能在两个暂稳态之间自行转换，产生特定频率和脉宽的矩形脉冲。因矩形脉冲中含有丰富的高次谐波成分，故称多谐振荡器。多谐振荡器的结构形式很多，可以用集成运放、TTL 或 CMOS 门电路、施密特触发器或 CC7555 定时器等组成。在数字系统中，多谐振荡器通常被作为信号源使用。

6.3.1　门电路构成多谐振荡器

1. 与非门构成的基本多谐振荡器

如图 6-17（a）所示，基本多谐振荡器是由 TTL 与非门和一对 RC 定时元件构成的。为确保两输出端之间的互补输出，R_1 和 R_2 的阻值均小于开门电阻 R_{ON}。

由前面的学习可知：**RS** 基本触发器由两个门（与非门或是或非门）直接交叉耦合而成，无过渡过程，因而具有双稳态；微分型单稳态触发器也是两个门（与非门或是或非门）交叉耦合而成的，但一边为直接耦合，一边为 **RC** 耦合，因而具有一个稳态和一个暂稳态；基本多谐振荡器电路的结构特点是两边的与非门均采用 **RC** 交叉耦合，因而具有两个暂稳态而无稳态。

工作原理分析：

多谐振荡器的两种工作状态均为暂稳态，可以从任意一种暂稳态的开始瞬间入手分析。设 G_1 输出的 u_{O1} 刚由低电平跃变为高电平，G_2 输出的 u_{O2} 刚由高电平跃变为低电平，如图 6-17（b）所示，电路开始了第一暂稳态。

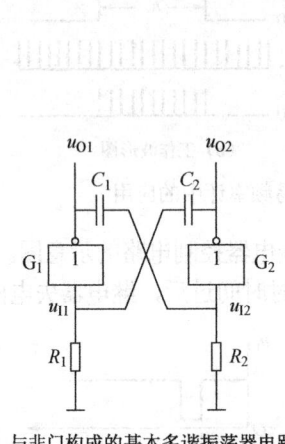

(a) 与非门构成的基本多谐振荡器电路图 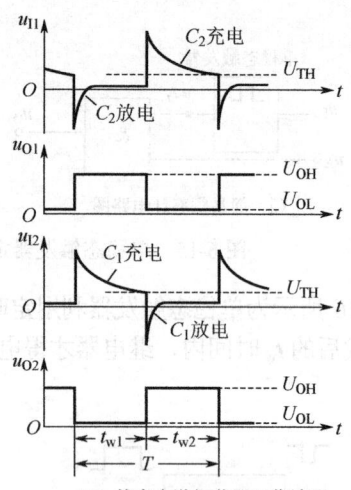　　(b) 基本多谐振荡器工作波形

图 6-17　与非门构成的基本多谐振荡器

（1）第一暂稳态。

此期间由于 G_1 关闭，u_{O1} 为高电平，对 C_1 充电，使 u_{I2} 按指数规律下降；G_2 开通，u_{O2} 为低电平，C_2 放电，使 u_{I1} 按指数规律上升。C_1、C_2 的充放电回路如图 6-18（a）所示。

由于 C_2 放电很快，使 u_{I1} 很快上升到稳定值。但因 $R_1 < R_{ON}$，该稳定值小于 G_1 的阈值电压 U_{TH}。随着 C_1 充电，u_{I2} 下降到 G_2 的阈值电压 U_{TH} 时（此时 C_2 已放电结束），使 u_{O2} 上升，引起如下的正反馈过程：

$$C_1充电 \rightarrow u_{I2}电压下降到 U_{TH} \rightarrow u_{O2}\uparrow \xrightarrow{C_2耦合} u_{I1}\uparrow \rightarrow u_{O1}\downarrow \xrightarrow{C_1耦合} u_{I2}\downarrow$$

当正反馈过程结束时，电路由第一暂稳态翻转到第二暂稳态。

第一暂稳态持续时间 t_{w1} 取决于 C_1 的充电时间常数 τ_1。经验估算公式为：$t_{w1} \approx 0.7 R_2 C_1$。

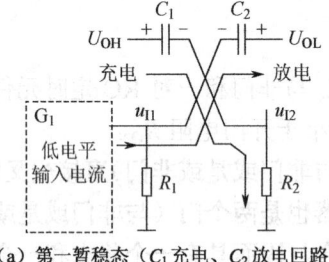

(a) 第一暂稳态（C_1 充电、C_2 放电回路） 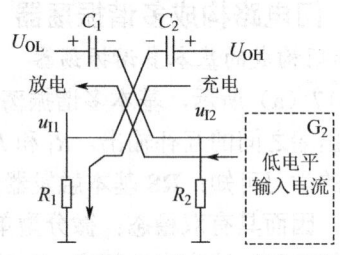　　(b) 第二暂稳态（C_2 充电、C_1 放电回路）

图 6-18　C_1、C_2 充放电示意图

（2）第二暂稳态。

第二暂稳态期间，G_2 关闭，u_{O2} 为高电平，对 C_2 充电，使 u_{I1} 按指数规律下降；G_1 开通，u_{O1} 为低电平，C_1 放电，使 u_{I2} 按指数规律上升。C_1、C_2 的充放电回路如图 6-18（b）所示。和第一暂稳态相同，u_{I1} 下降到 G_1 的阈值电压 U_{TH} 时，又使 u_{O1} 上升，引起再一次的正反馈过程：

$$C_2充电 \to u_{I1}电压下降到 U_{TH} \to u_{O1}\uparrow \xrightarrow{C_1耦合} u_{I2}\uparrow \to u_{O2}\downarrow \xrightarrow{C_2耦合} u_{I1}\downarrow$$

正反馈过程导致电路由第二暂稳态再次翻转到第一暂稳态。同理，第二暂稳态持续时间 t_{w2} 取决于 C_2 的充电时间常数 τ_2，$t_{w2} \approx 0.7R_1C_2$。

振荡周期与频率的估算。

多谐振荡器在两个暂稳态之间不停转换，电容和电阻是决定脉宽（t_{w1}、t_{w2}）和振荡周期（T）的主要参数，改变这些参数就可以改变脉宽和周期。当 $t_{w1}=t_{w2}$ 时称为对称多谐振荡器，当 $t_{w1}\neq t_{w2}$ 时则称为不对称多谐振荡器。

当 $t_{w1}=t_{w2}$ 时的振荡周期与频率的估算：$T = t_{w1} + t_{w2} \approx 1.4RC$，$f = \dfrac{1}{T} \approx \dfrac{1}{1.4RC}$。

当 $t_{w1}\neq t_{w2}$ 时的振荡周期与频率的估算：$T = t_{w1} + t_{w2} \approx 0.7R_2C_1 + 0.7R_1C_2$，$f = \dfrac{1}{T}$。

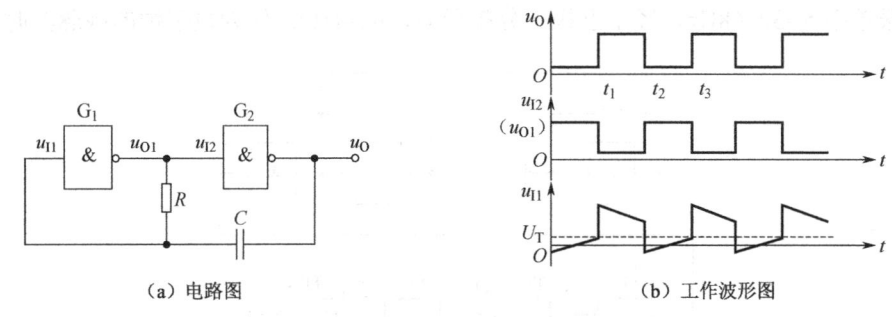

2. CMOS 多谐振荡器

CMOS 多谐振荡器的电路图和工作波形图如图 6-19 所示。（设 $U_{OH}=1$，$U_{OL}=0$）简述其工作原理如下。

（a）电路图　　　　　　　　　　　　（b）工作波形图

图 6-19　CMOS 多谐振荡器

（1）第一暂稳态及其自动翻转的工作过程。

在 t_1 时刻，u_O 由 0 变为 1，由于电容电压不能跃变，故 u_{I1} 必定跟随 u_O 发生正跳变，于是 u_{I2}（u_{O1}）由 1 变为 0。这个低电平保持 u_O 为 1，以维持已进入的这个暂稳态。在这个暂稳态期间，电容 C 通过电阻 R 放电，使 u_{I1} 逐渐下降。在 t_2 时刻，u_{I1} 上升到门电路的开启电压 U_T，使 u_{O1}（u_{I2}）由 0 变为 1，u_O 由 1 变为 0。同样由于电容电压不能跃变，故 u_{I1} 跟随 u_O 发生负跳变，于是 u_{I2}（u_{O1}）由 1 变为 0。这个高电平保持 u_O 为 0。至此，第一个暂稳态结束，电路进入第二个暂稳态。

（2）第二暂稳态及其自动翻转的工作过程。

在 t_2 时刻，u_{O1} 变为高电平，这个高电平通过电阻 R 对电容 C 充电。随着放电的进行，u_{I1} 逐渐上升。在 t_3 时刻，u_{I1} 上升到 U_T，使 u_O（u_{I1}）又由 0 变为 1，第二个暂稳态结束，电路返回到第一个暂稳态，又开始重复前面的过程。

若 $U_T = \dfrac{1}{2}V_{DD}$，振荡周期的近似估算公式为：$T \approx 1.4RC$。

3. 石英晶体多谐振荡器

石英晶体多谐振荡器的振荡频率等于石英晶体的固有谐振频率 f_0，所以能产生极其稳定的高频率的矩形脉冲信号。在数字系统中，石英晶体多谐振荡器常用作系统的基准信号源。

石英晶体多谐振荡器的电路图和电抗频率特性如图 6-20 所示。图中电阻 R_1、R_2 的作用是保证两个反相器在静态时都能工作在线性放大区。对 TTL 反相器，常取 $R_1=R_2=R=0.7\mathrm{k}\Omega\sim2\mathrm{k}\Omega$，而对于 CMOS 门，则常取 $R_1=R_2=R=10\mathrm{k}\Omega\sim100\mathrm{k}\Omega$；$C_1=C_2=C$ 是耦合电容，它们的容抗在石英晶体谐振频率 f_0 时可以忽略不计。石英晶体相当于一个 RLC 串联谐振电路，起选频作用。在谐振频率下，阻抗最低，正反馈最强，易于起振；而在其他频率下，由于阻抗很高，因此不能振荡。

（a）电路图　　　　　（b）石英晶体电抗频率特性

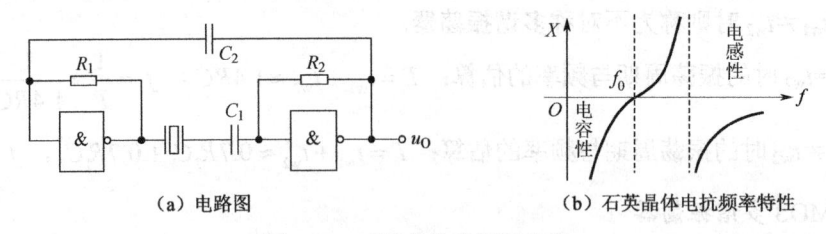

图 6-20　石英晶体多谐振荡器

图 6-21 所示为秒信号发生器电路，是石英晶体多谐振荡器的应用。图中的石英晶体的固有谐振频率 $f_0=32768\mathrm{Hz}$，经十五级二分频器后，$f_{15}=1\mathrm{Hz}$，作为数字钟的秒脉冲时钟。

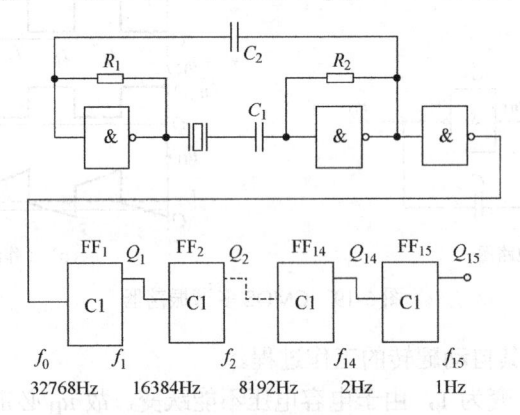

图 6-21　石英晶体多谐振荡器的应用

6.3.2　CC7555 定时器构成多谐振荡器

将 CC7555 定时器按如图 6-22（a）所示电路连接即可构成多谐振荡器。R_1、R_2、C 为定时元件、决定振荡周期与频率。图 6-22（b）所示为工作波形图。

（a）电路图　　　　　（b）工作波形图

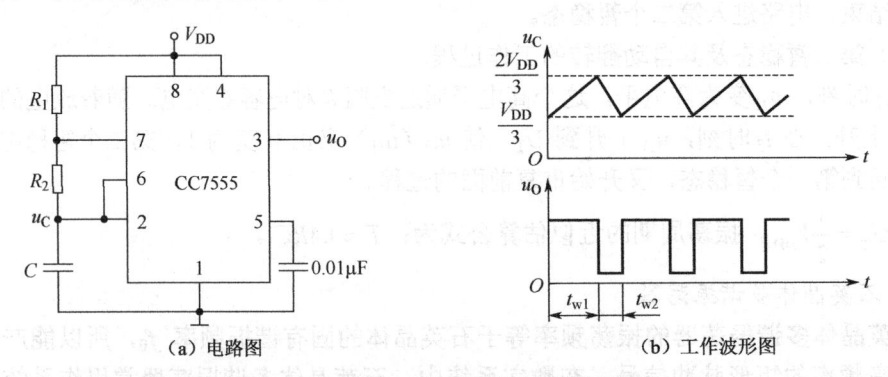

图 6-22　CC7555 定时器构成多谐振荡器

工作原理分析：

接通 V_{DD} 后，V_{DD} 经 R_1 和 R_2 对 C 充电。当 u_C 上升到 $\frac{2}{3}V_{DD}$ 时，$u_O=0$，CC7555 定时器内部放电管 V 导通，C 通过 R_2 和 V 放电，u_C 下降。当 u_C 下降到 $\frac{1}{3}V_{DD}$ 时，u_O 又由 0 变为 1，CC7555 定时器内部放电管 V 截止，V_{DD} 又经 R_1 和 R_2 对 C 充电。如此重复上述过程，输出端便能输出连续的矩形脉冲 u_O。

第一个暂稳态的脉冲宽度 t_{w1}，即 u_C 从 $\frac{1}{3}V_{DD}$ 充电上升到 $\frac{2}{3}V_{DD}$ 所需的时间：

$$t_{w1} \approx 0.7(R_1+R_2)C$$

第二个暂稳态的脉冲宽度 t_{w2}，即 u_C 从 $\frac{2}{3}V_{DD}$ 放电下降到 $\frac{1}{3}V_{DD}$ 所需的时间：

$$t_{w2} \approx 0.7R_2C$$

振荡周期的近似估算公式为：

$$T = t_{w1}+t_{w2} \approx 0.7(R_1+2R_2)C$$

振荡频率的近似估算公式为：

$$f \approx \frac{1.43}{(R_1+2R_2)C}$$

占空比的近似估算公式为：

$$D = \frac{t_{w1}}{T} = \frac{R_1+R_2}{R_1+2R_2}$$

将图 6-22（a）稍加改动可构成占空比可调的多谐振荡器，如图 6-23 所示电路中加了电位器 R_P，并利用二极管 VD_1 和 VD_2 将电容充放电回路分开，即 $D = \frac{R_A}{R_A+R_B}$。调节 R_P，便可改变 R_A 和 R_B 的比值，从而改变输出脉冲的占空比。

【**例 3**】如图 6-24 所示电路是一个防盗报警装置。a、b 两端用一细铜丝接通，将此铜丝置于盗窃者必经之处，当盗窃者闯入室内将铜丝碰掉后，扬声器即发出报警声。试说明电路的工作原理和计算报警信号的频率。

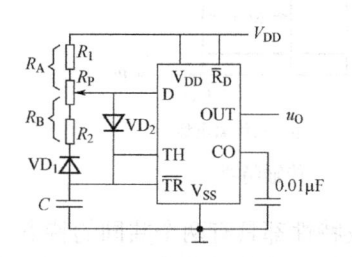

图 6-23 占空比可调的多谐振荡器　　　　图 6-24 【例 3】图

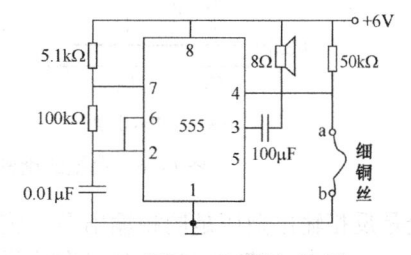

【**解答**】：本题电路是多谐振荡器的一个具体应用。

555 定时器 4 脚 $\overline{R}_D$ 是复位端，在铜丝没有碰掉时，$\overline{R}_D=0$，使 555 定时器输出低电平，由于 100μF 电容器的隔直作用，扬声器中没有电流通过，因此不会发出声音。

当盗窃者闯入室内将铜丝碰掉后，$\overline{R}_D=1$，多谐振荡器电路恢复工作，输出一定频率的矩形脉冲驱动扬声器发出报警声音，达到预警和报警的目的。输出矩形脉冲报警信号的频率为：

$$f = \frac{1}{0.7(R_1+2R_2)C} = \frac{1}{0.7\times(5.1+2\times100)\times10^3\times0.01\times10^{-6}} = 697\text{Hz}$$

【例 4】 如图 6-25（a）所示电路是由两片 CC7555 构成的功能电路。试根据电路图和图 6-25（b）所示的工作波形图，分析其工作原理。

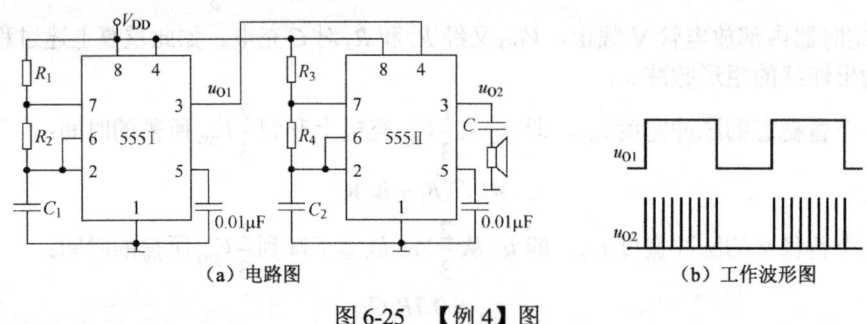

图 6-25 【例 4】图

【解答】：本题电路是多谐振荡器构成间歇振荡器的功能应用电路。

工作原理分析：

电路由低频振荡器Ⅰ和高频振荡器Ⅱ组成。将振荡器Ⅰ的输出电压 u_{O1} 控制振荡器Ⅱ中 555 定时器的复位端（4 脚）后，u_{O1} 为高电平时振荡器Ⅱ振荡，为低电平时 555 定时器复位，振荡器Ⅱ停止振荡。由 u_{O2} 输出的断续的矩形脉冲（频率在音频范围内）驱动扬声器，扬声器便能发出间歇的鸣响声。

6.4 施密特触发器

施密特触发器具有类似于磁滞回线形状的电压传输特性，如图 6-26 所示。我们把这种形状的特性曲线称为滞回特性或施密特触发特性。

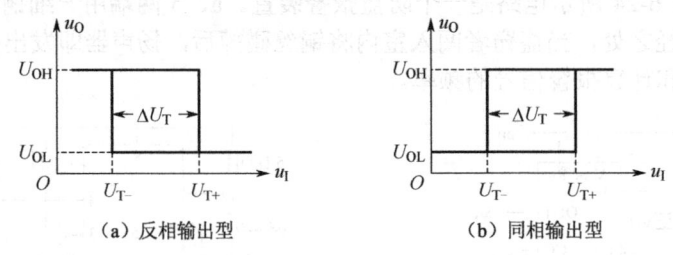

（a）反相输出型　　（b）同相输出型

图 6-26 典型的施密特触发器电压传输特性

无论是反相输出型还是同相输出型，施密特触发特性都具有两个共同的特点。

（1）电路状态的翻转依赖于外触发信号电平来维持，具有两个稳态，属双稳态电路。故施密特触发器也称双稳态触发器。

（2）输入电压上升时和下降时，特性曲线转折点所对应的输入电压（U_{T+}、U_{T-}）是不同的。我们把 U_{T+} 称为上升触发电压或正向阈值电压；把 U_{T-} 称为下降触发电压或负向阈值电压。同时，把 U_{T+} 与 U_{T-} 之差定义为回差电压（滞回电压），用 $\triangle U_T$ 表示，即：

$$\triangle U_T = U_{T+} - U_{T-}$$

（3）电压传输特性转折时的上升时间和下降时间极短，这种陡峭的滞回电压传输特性在脉冲整形和多谐振荡器中得到了广泛应用。

（4）虽然也称"触发器"，但与第 4 章中所述各种触发器有本质区别：其一没有记忆能力；其二存在滞回电压传输特性。

6.4.1 由 TTL 门电路构成的施密特触发器

施密特触发器有多种构成形式，图 6-27（a）所示是由 TTL 门电路构成的反相输出型施密特触发器。设 TTL 门电路阈值电压 U_{TH}=1.4V，电平移位二极管 VD 的导通压降 U_D=0.7V，下面结合图 6-27（b）所示波形图进行讨论。

1. 工作原理分析

（1）当 u_I=0 时，$\overline{R}_D$=1，$\overline{S}_D$=0，u_O 为高电平，这是第一种稳态。

（2）当 u_I 上升到 U_D=0.7V 时，$\overline{R}_D$=1，$\overline{S}_D$=1，RS 触发器不翻转，u_O 仍为高电平，电路仍维持在第一种稳态。

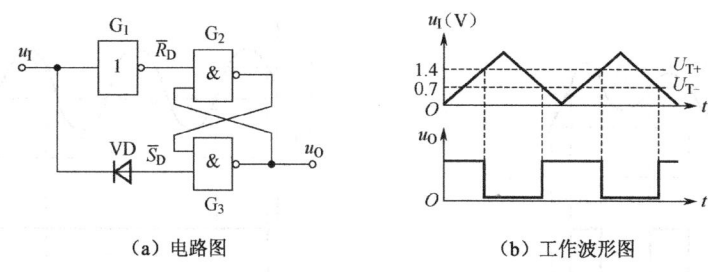

图 6-27　TTL 门电路构成的反相输出型施密特触发器

（3）当 u_I 继续上升到 U_{T+}=U_T=1.4V 时，$\overline{R}_D$=0，$\overline{S}_D$=1，RS 触发器翻转，u_O 为低电平，这是第二种稳态。电路翻转后 u_I 再上升，电路状态不变。

（4）当 u_I 上升到最大值后下降时，若 u_I 下降到 U_{T+}，$\overline{R}_D$=1，$\overline{S}_D$=1，RS 触发器不翻转，电路仍维持在第二种稳态。

（5）当 u_I 继续下降到 U_{T-}=$U_{T+}-U_D$=0.7V 时，$\overline{R}_D$=1，$\overline{S}_D$=0，RS 触发器再次翻转，u_O 为高电平，电路返回到第一种稳态。

2. 电压传输特性与逻辑符号

综上分析，可得 TTL 门电路构成的反相输出型施密特触发器的电压传输特性与逻辑符号，如图 6-28 所示。其中：**上升触发电压** U_{T+}=1.4V，**下降触发电压** U_{T-}=0.7V，回差电压 $\triangle U_T$=$U_{T+}-U_{T-}$=1.4V−0.7V=0.7V。其缺点是回差太小，且不能调整。

3. 关于施密特触发器的思考

（1）可否用 TTL 门电路构成同相输出型施密特触发器？电路怎样改进可使回差电压变得可调？

解答：可以，图 6-29 便是同相型施密特触发器；电平移位二极管 VD 支路串接一适当可调电阻，便能调节回差电压。

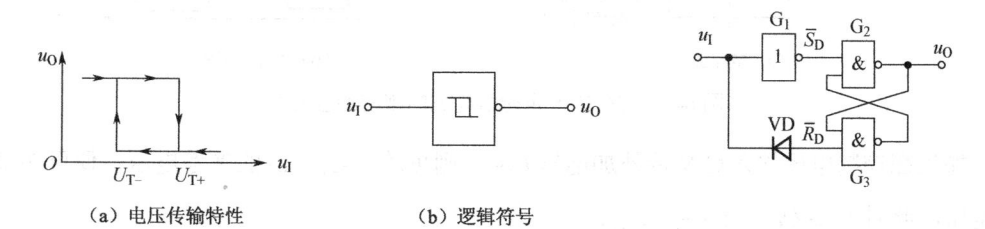

图 6-28　施密特触发器电压传输特性与逻辑符号

图 6-29　同相型施密特触发器

(2) 回差电压的大小对施密特触发器的性能有什么影响？

解答：施密特触发器能够把输入波形整形或变换为适合于数字电路需要的矩形脉冲的电路。

图 6-30（a）所示本为矩形脉冲的平顶阶段，现为在传输过程中叠加了干扰后的波形，在接收端若要恢复原矩形脉冲，则需要合适的回差。图 6-30（c）所示回差适当，可得到原矩形脉冲；但如果回差过小，如 $U_{T+}=U_T$，则输出波形如图 6-30（b）所示，A、B 两处的干扰依旧。可见，**回差过小会导致电路抗干扰能力变差**，但在波形变换时又不希望回差过大。例如，图 6-31（a）所示波形在变换时，如果回差过大就会导致波形丢失变成，如图 6-31（b）所示波形。如果调整回差，则可得到需要的矩形脉冲，如图 6-31（c）所示。可见，**回差过大会导致电路灵敏度变差**。

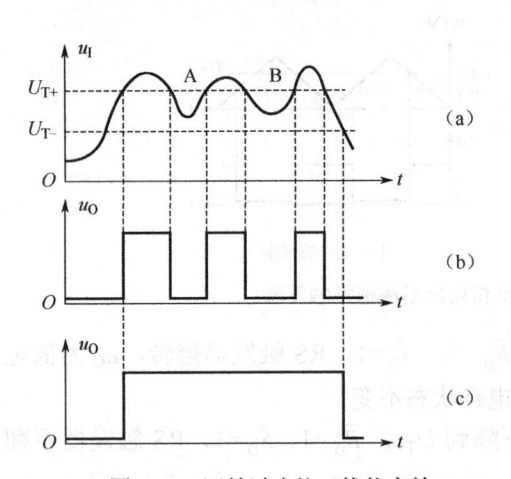

图 6-30　回差过小抗干扰能力差

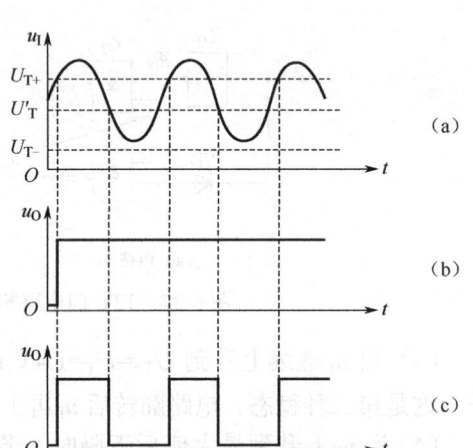

图 6-31　波形变换与回差的关系

以上具体事例说明：回差电压过大或过小均有利有弊，应根据具体情况灵活选择。

6.4.2　由 555 定时器构成的施密特触发器

将 CC7555 定时器的阈值输入端 TH 和触发输入端 $\overline{TR}$ 连接在一起作为触发信号 u_I 的输入端，就构成了施密特触发器，如图 6-32（a）所示。图 6-32（b）是根据 CC7555 定时器的功能表，将输入非矩形脉冲变换成矩形脉冲时画出的输出波形 u_O。

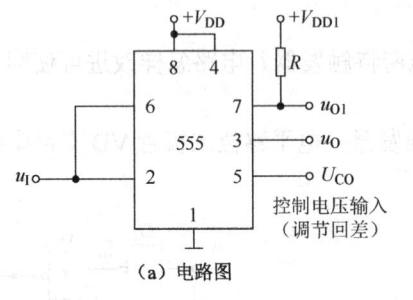

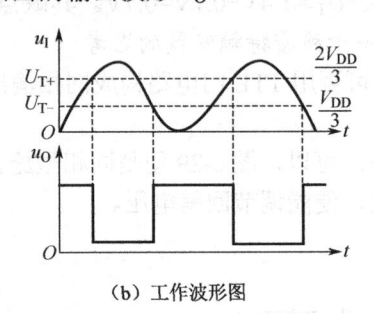

图 6-32　CC7555 定时器构成的施密特触发器

如果在控制电压输入 C-V 端外加电压 U_{CO}，则可改变 C_1、C_2 的参考电压，便可调节回差电压，此时 $U_{T+}=U_{CO}$，$U_{T-}=\dfrac{1}{2}U_{CO}$。

如果在 DIS 端通过一个电阻 R 与另一电源 V_{DD1} 相连，便可得到另一矩形脉冲输出 u_{O1}，u_{O1} 与 u_O 相位一致，幅度由 V_{DD1} 决定。

6.4.3 集成施密特触发器

1. TTL 集成施密特触发器

国产 TTL 集成施密特触发器有六反相器，如 CT74LS14；还有具有施密特特性的四二输入与非门，如 CT74LS132 等，其引脚排列如图 6-33 所示。集成施密特触发器的主要参数有上升触发电压 U_{T+}、下降触发电压 U_{T-}、电源电压等。各种型号的 TTL 集成施密特触发器的引脚排列和相关技术参数，可通过查阅半导体集成电路手册获得。

（a）六反相器 CT74LS14　　　　（b）四二输入与非门 CT74LS132

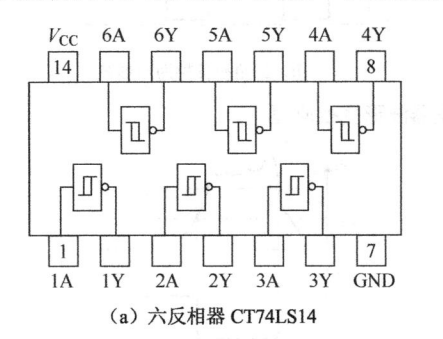

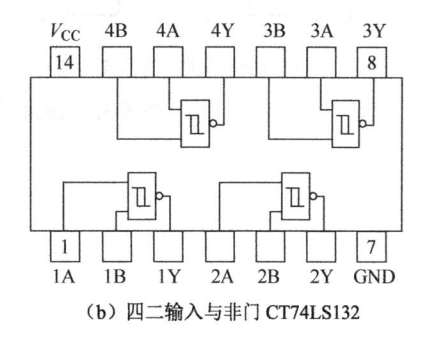

图 6-33　CT74LS14 和 CT74LS132 引脚排列

2. CMOS 集成施密特触发器

国产 CMOS 集成施密特触发器有六反相器，如 CC40106；还有具有施密特特性的四二输入与非门，如 CC4093 等，其引脚排列如图 6-34 所示。CMOS 集成施密特触发器和相应的 TTL 集成施密特触发器完全相同，有关引脚排列和相关技术参数，可通过查阅 CMOS 数字集成电路手册获得。

（a）六反相器 CC40106　　　　（b）四二输入与非门 CC4093

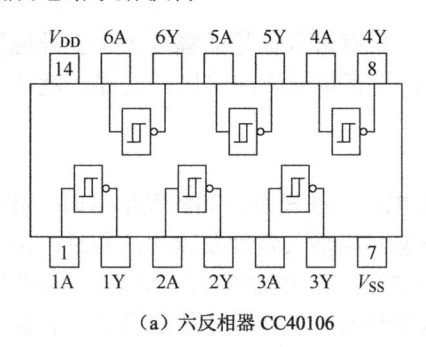

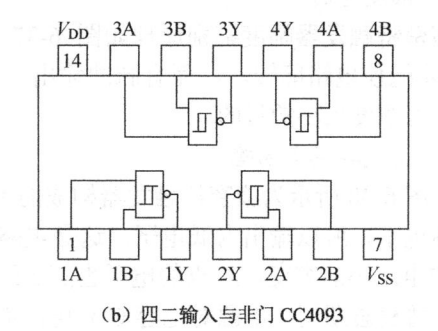

图 6-34　CMOS 集成施密特触发器的引脚排列

6.4.4 施密特触发器应用实例

1. 波形变换

施密特触发器可以把连续变化的输入信号（如正弦波、三角波等）变换为矩形波输出。波形变换原理如图 6-35 所示。可根据波形变换的要求选择同相输出型还是反相输出型施密特触发器。

2. 脉冲整形

脉冲信号在传输过程中，会变得不规则。用施密特触发器整形，可以使它恢复为合乎要求的矩形脉冲波。施密特触发器脉冲整形原理如图 6-36 所示。需要强调的是，施密特触发器的输出信号与输入信号是反相的,如果要求输出与输入信号同相,可在施密特触发器的输出端再接一级反相器。

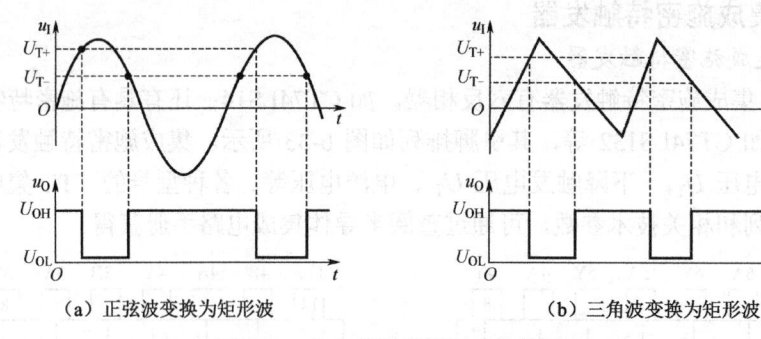

图 6-35 施密特触发器波形变换原理

(a) 正弦波变换为矩形波
(b) 三角波变换为矩形波

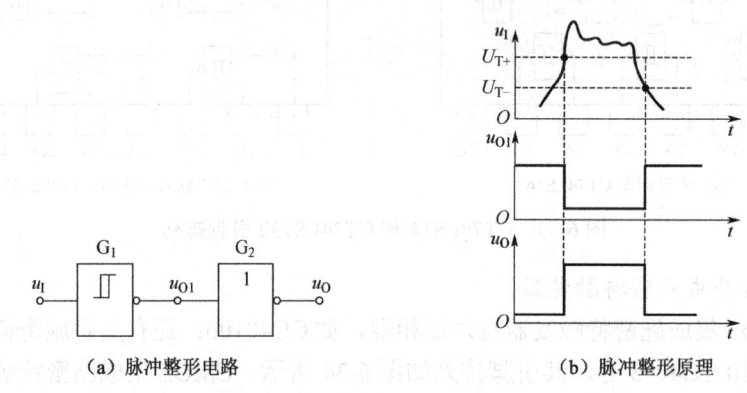

图 6-36 施密特触发器脉冲整形原理

(a) 脉冲整形电路
(b) 脉冲整形原理

3. 幅度鉴别

施密特触发器幅度鉴别原理如图 6-37 所示。只有输入信号的幅度大于上升触发电压 U_{T+},才能使电路翻转,从而有脉冲输出。否则,没有矩形脉冲输出。这样,就达到鉴别输入信号幅度大小的目的。

4. 构成单稳态电路

如图 6-38 所示为施密特触发器构成的单稳态电路。在没有外加触发信号时,图中的 A 端为高电平,所以输出为低电平,这是电路的稳态。当输入负触发脉冲信号时,由于电容 C 上的电压不能突变,A 点的电平也随之跳为负电平,输出就翻转为高电平,电路进入暂稳态。暂稳态期间,电源对电容 C 充电,A 点电平升高,当 A 点电压上升到上升触发电平 U_{T+} 时,电路状态又发生翻转,输出低电平,暂态结束,电路返回稳定状态。

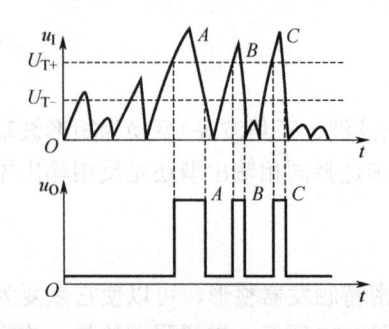

图 6-37 施密特触发器幅度鉴别原理

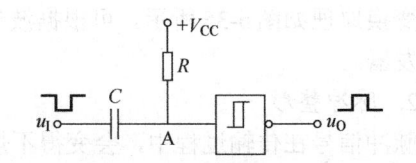

图 6-38 施密特触发器构成的单稳态电路

5. 构成多谐振荡器

施密特触发器构成的多谐振荡器电路如图 6-39（a）所示，电路的结构特点是将施密特反相器的输出端经 RC 充放电电路与输入端相连。工作波形图如图 6-39（b）所示，振荡频率可通过改变 R 和 C 的大小来调节。

（a）多谐振荡器电路图　　（b）多谐振荡器工作波形图

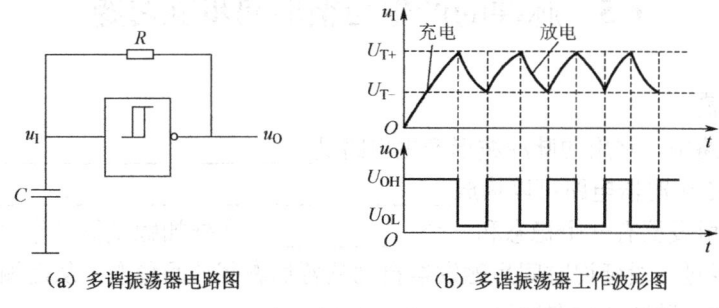

图 6-39　施密特触发器构成多谐振荡器

工作原理分析：

接通电源瞬间，$u_I=0$，输出电压 u_O 为高电平 U_{OH}。输出电压 u_O 对电容 C 充电，u_I 上升，当 u_I 达到上升触发电平 U_{T+} 时，电路翻转，输出电压 u_O 跳变为低电平 U_{OL}。由此电容开始放电，u_I 下降。当 u_I 下降到触发电平 U_{T-} 时，电路发生翻转，输出电压 u_O 跳变为高电平 U_{OH}。如此反复，形成振荡。

【例 5】如图 6-40 所示电路是一个照明灯自动亮灭装置，白天让照明灯自动熄灭；夜晚自动点亮。图中 R 是一个光敏电阻，当受光照射时电阻变小；当无光照射或光照微弱时电阻增大，试说明其工作原理。

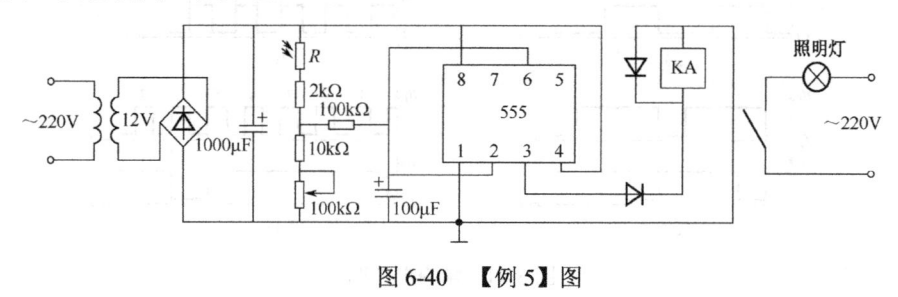

图 6-40　【例 5】图

【解答】：555 定时器 2 脚 $\overline{TR}$ 和 6 脚 TH 的输入电压低于 $\frac{1}{3}V_{DD}$ 时，定时器输出 u_O 为高电平；2 脚 $\overline{TR}$ 和 6 脚 TH 的输入电压高于 $\frac{2}{3}V_{DD}$ 时，定时器输出 u_O 为低电平。接通交流电源时，555 定时器获得直流电压为：$V_{DD}=1.2\times12=14.4\,\text{V}$。

白天有光照射时光敏电阻 R 的阻值变小，电源向 $100\mu F$ 的电容器充电，当充电到 $u_C>\frac{2}{3}V_{DD}=\frac{2}{3}\times14.4=9.6\,\text{V}$ 时，555 定时器输出低电平，不足以使继电器 KA 动作，照明灯熄灭。

夜晚无光照射或光照微弱时光敏电阻 R 的阻值增大，$100\mu F$ 的电容器放电，当放电到 $u_C<\frac{1}{3}V_{DD}=\frac{1}{3}\times14.4=4.8\,\text{V}$ 时，555 定时器输出高电平，使继电器 KA 动作，照明灯点亮。

图中 100kΩ 的电位器用于调节动作灵敏度，阻值增大易于熄灯，阻值减小易于开灯。两个二极管是防止继电器线圈感应电动势损坏 555 定时器，起续流保护作用。

6.5　脉冲的产生与整形同步练习题

一、填空题

1．数字电路中，常用的脉冲波形产生电路是_____器。
2．利用 555 定时器电路可以构成_____、_____、_____。
3．单稳态触发器有一个稳态和一个_____，在外加触发信号作用下可从稳态翻转为暂稳态，经过一段延迟时间后触发器自动从暂稳态翻转回稳态，从而输出具有一定脉冲宽度的矩形波，脉冲宽度取决于_____。
4．单稳态触发器的应用有_____、_____和_____控制线路。
5．单稳态触发器有_____个稳定状态；多谐振荡器有_____个稳定状态。
6．施密特触发器有_____个稳定状态，多谐振荡器有_____个稳定状态。
7．四个电路输入 u_I、输出 u_O 的波形如图 6-41 所示。写出分别实现下列功能的最简电路类型是：（a）图为_____；（b）图为_____；（c）图为_____；（d）图为_____。

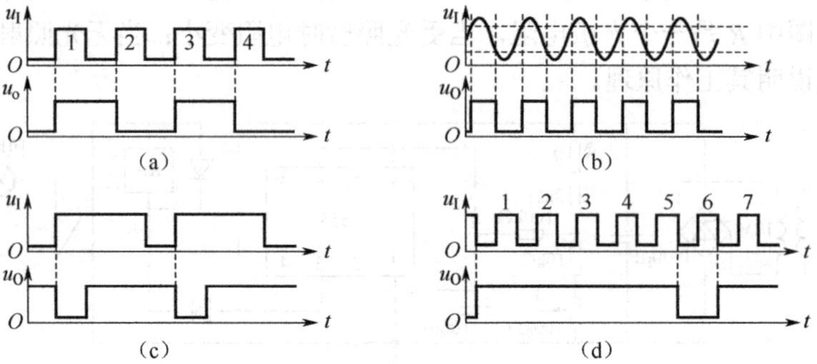

图 6-41　填空题 7 图

二、判断题

1．555 定时器复位端不用时，一般与地相连。　　　　　　　　　　　　　（　　）
2．555 定时器构成的多谐振荡器只能输出矩形波，无法输出方波。　　　（　　）
3．暂稳态持续的时间是单稳态触发器的主要参数，它与电路的阻容元件有关。（　　）
4．单稳态触发器触发脉冲的宽度必须小于暂稳态的时间。　　　　　　　（　　）
5．多谐振荡器有两个暂稳态，也称无稳态电路。　　　　　　　　　　　（　　）
6．双稳态触发器状态的转换由输入信号的电位决定。　　　　　　　　　（　　）
7．回差电压越大，施密特触发器的灵敏度越高。　　　　　　　　　　　（　　）

三、单项选择题

1．以下各电路中，（　　）可以产生脉冲定时。
　　A．多谐振荡器　　　　　　　　　　B．单稳态触发器

C．施密特触发器　　　　　　　　D．石英晶体多谐振荡器

2．回差是（　　）电路的特性参数。
A．时序逻辑　　　　　　　　　　B．施密特触发器
C．单稳态触发器　　　　　　　　D．多谐振荡器

3．为了将三角波换为同频率的矩形波，应选用（　　）。
A．施密特触发器　　　　　　　　B．单稳态触发器
C．多谐振器　　　　　　　　　　D．计数器

4．单稳态触发器可（　　）。
A．产生正弦波　　　　　　　　　B．延时
C．构成 D 触发器　　　　　　　　D．构成 JK 触发器

5．为把 50Hz 的正弦波变成周期性矩形波，应当选用（　　）。
A．施密特触发器　　　　　　　　B．单稳态电路
C．多谐振荡器　　　　　　　　　D．译码器

6．施密特触发器的特点是（　　）。
A．没有稳态　　　　　　　　　　B．有两个稳态
C．有两个暂稳态　　　　　　　　D．有一个稳态和一个暂稳态

四、简答题

1．对照图 6-42 中的 u_i、u_o 的波形，应用什么电路才能实现？
2．对照图 6-43 中的 u_i、u_o 的波形，应用什么电路才能实现？

图 6-42　简答题 1 图　　　　　　图 6-43　简答题 2 图

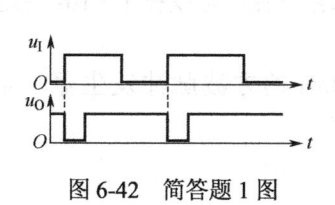

五、分析计算题

1．由 555 定时器构成的单稳态触发器电路和其输入信号波形如图 6-44 所示，画出电容电压 u_C 和输出波形 u_O。

（a）电路图　　　　　　　　　　（b）输入信号波形

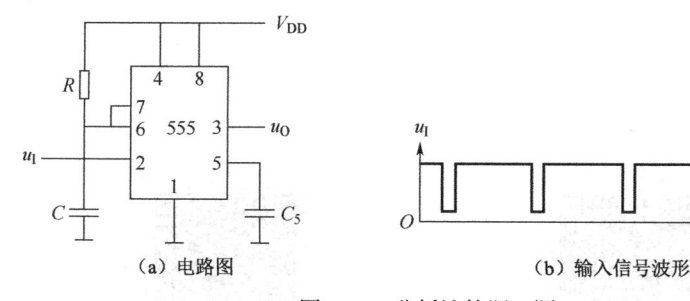

图 6-44　分析计算题 1 图

2．由 555 定时器构成的施密特触发器如图 6-45（a）所示：（1）已知 V_{DD}=12V，计算门限电压 U_{T+}、U_{T-}；（2）输入信号 u_i 波形如图 6-45（b）所示，试对应画出输出信号 u_o 的波形。

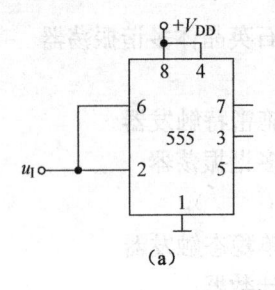

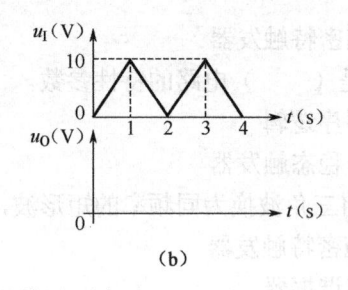

图 6-45 分析计算题 2 图

3．试分析图 6-46 所示电路的工作原理。

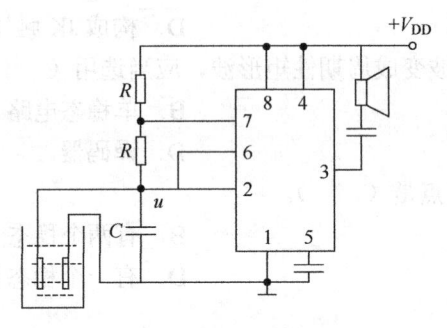

图 6-46 分析计算题 3 图

六、应用题

1．试用 555 定时器设计一个单稳态触发器，要求输出脉冲宽度在 1~10s 内连续可调，取定时电容 $C=10\mu F$。

2．试用 555 定时器设计一个振荡周期 $T=100ms$ 的方波脉冲发生器。给定电容 $C=0.47\mu F$，试确定电路的形式和电阻的大小。

拓展模块　　　　　**教学视频**

第 7 章　数/模、模/数转换器与半导体存储器

本章学习要求

（1）熟悉数/模与模/数转换的基本概念。

（2）掌握 T 型电阻网络和倒 T 型电阻网络数/模转换器的工作原理、数/模转换器的主要技术指标、集成 DAC0832 的典型应用。

（3）掌握模/数转换的基本原理、主要技术指标、模/数转换的种类及特点。

（4）熟悉半导体存储器的基本概念和分类。

（5）能够查阅集成电路手册，识读典型的数/模与模/数转换器的引脚和功能，并能正确使用。

随着数字电子技术的发展，特别是数字计算机的广泛应用，用数字电路来处理各种模拟量的情况越来越多，如工业控制过程中遇到的温度、压力、流量等信号，然而数字计算机只会处理数字信号，且输出的控制量仍为无法直接驱动执行机构的数字信号。只有将这些模拟信号转换成数字信号，数字计算机才能对其进行处理。将模拟信号转换成数字信号的模/数转换器电路简称 A/D 转换器或 ADC。由于转换后的数字信号是以编码的形式送入数字系统的，所以 ADC 常被看作编码装置。数字系统处理后的结果仍是数字信号，如用它控制执行机构，还需要转换为模拟信号。将数字信号转换成模拟信号的器件称为数/模转换器，简称 D/A 转换器或 DAC，DAC 常被看作解码装置。

图 7-1 为计算机控制加热炉系统方框图，图中展示了 ADC 和 DAC 的位置及功用，其重要作用不言自明。

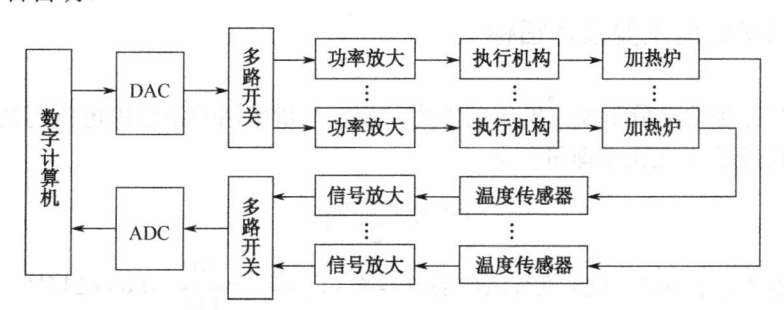

图 7-1　计算机控制加热炉系统方框图

7.1　数/模转换器

DAC 有多种类型，常见的有二进制权电阻网络、T 型电阻网络 DAC 和倒 T 型电阻网络 DAC。先讨论 DAC 的基本原理，再介绍各种类型 DAC 的组成及工作原理和应用。

7.1.1 DAC 的基本原理

1. 基本原理

数字量是由代码组合起来表示的,每一位代码都有相应的权值,例如,二进制数 $D_3D_2D_1D_0$=1111,则它们从高位到低位的权值分别为 8、4、2、1。DAC 的基本原理如图 7-2(a)所示,如果将输入的每一位二进制代码按其权的大小转换成相应的模拟量,然后再将代表各位的模拟量相加,最后所得就是与数字量成正比的总模拟量,这样便实现了从数字量到模拟量的转换,这就是 DAC 的基本原理。

2. 转换特性

DAC 的转换特性是指其输出模拟量和输入数字量之间的转换关系。理想的 DAC 的转换特性应是输出模拟量与输入数字量成正比,即输出模拟电压 $u_O=K_u \times D$ 或输出模拟电流 $i_O=K_i \times D$,其中 K_u 或 K_i 为电压或电流转换比例系数,D 为输入二进制数所代表的十进制数。如果输入为 n 位二进制数 $D_{n-1}D_{n-2}\cdots D_1D_0$,则输出模拟电压为:

$$u_O = K_u(D_{n-1} \times 2^{n-1} + D_{n-2} \times 2^{n-2} + \cdots + D_1 \times 2^1 + D_0 \times 2^0)$$

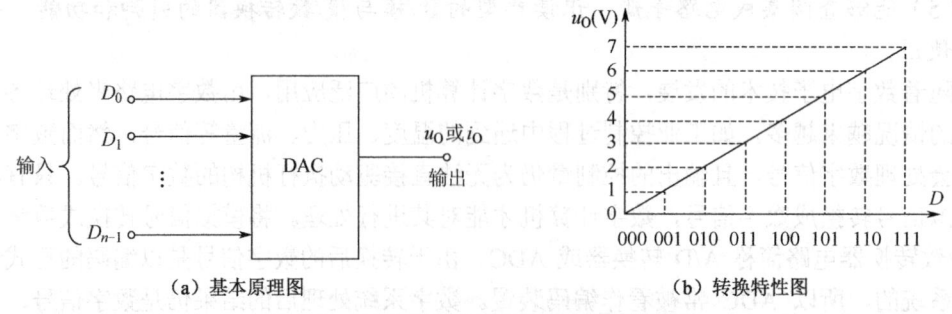

(a) 基本原理图　　　　　　　　　　(b) 转换特性图

图 7-2　DAC 的基本原理图和转换特性图

图 7-2(b)所示是输入为 3 位二进制数时的 DAC 的转换特性。3 位二进制数时的 DAC 的输入数字量变化范围是 0～7,由图可知,K_u=1V,可求得输出电压 u_O 的变化范围为 0～7V。

7.1.2 DAC 的主要技术指标

1. 分辨率

分辨率是分辨输出最小模拟电压的能力。规定分辨率用输出模拟电压的最大值 U_{omax} 与最大输入数码 2^n-1 之比来衡量。即

$$\text{分辨率} = \frac{U_{omax}}{2^n - 1}$$

例如,若 U_{omax}=10V,则 8 位 DAC 的分辨率为 $\frac{10}{2^8-1} = \frac{10}{255} = 0.039\ 215\text{V}$,10 位 DAC 的分辨率为 $\frac{10}{2^{10}-1} = \frac{10}{1023} = 0.009\ 775\text{V}$。

分辨率也可以用 DAC 的最小输出电压与最大输出电压的比值来表示。其中,最小输出电压是指输入数字量仅最低位为 1 时的输出电压,而最大输出电压是指输入数字量各位全部是 1 时的输出电压。由此可得分辨率的另一计算公式为:

$$\text{分辨率} = \frac{1}{2^n - 1}$$

例如，8位DAC的分辨率为 $\frac{1}{2^8-1}=\frac{1}{255}=0.0039215$，10位DAC的分辨率为 $\frac{1}{2^{10}-1}=\frac{1}{1023}=0.0009775$。可见，输入数字量位数越多，分辨能力越强，分辨率越高。

2．转换精度

转换精度是指输出模拟电压的实际值与理想值之差，即最大静态转换误差。这个误差主要是由于基准电压出现偏差、运算放大器的零漂、模拟开关的压降以及电阻阻值的偏差等原因所致的。一般来说，不考虑其他D/A转换误差时，DAC的分辨率即为其转换精度。

3．输出建立时间（转换时间）

从输入数字信号起到输出电压或电流到达稳定值时所需要的时间，称为输出建立时间或转换时间，用"t_s"表示。它是反映DAC工作速度的指标，输出建立时间越小，工作速度越高。

根据输出建立时间的长短，DAC分为低速 $t_s \geqslant 100\mu s$、中速 $t_s=10\sim100\mu s$、高速 $t_s=1\sim10\mu s$、较高速 $t_s=100ns\sim1\mu s$、超高速 $t_s \leqslant 100ns$ 等几种类型。**选用DAC时，转换速度和转换精度是重点考虑的指标。**

7.1.3 常用DAC基本电路

1．二进制权电阻DAC

（1）电路组成。

如图7-3所示为二进制权电阻DAC电路。4个权电阻的阻值分别为 R、$2R$、$4R$、$8R$，$S_3 \sim S_0$ 为4个电子模拟开关，它们分别受输入的数字信号 $D_3 \sim D_0$ 控制。当 $D_i=0$ 时，开关 S_i 切换到运算放大器同相端；当 $D_i=1$ 时，开关 S_i 接向运算放大器反相端。运算放大器连接方式为反相比例运算放大，实现电流-电压转换和放大的功能。

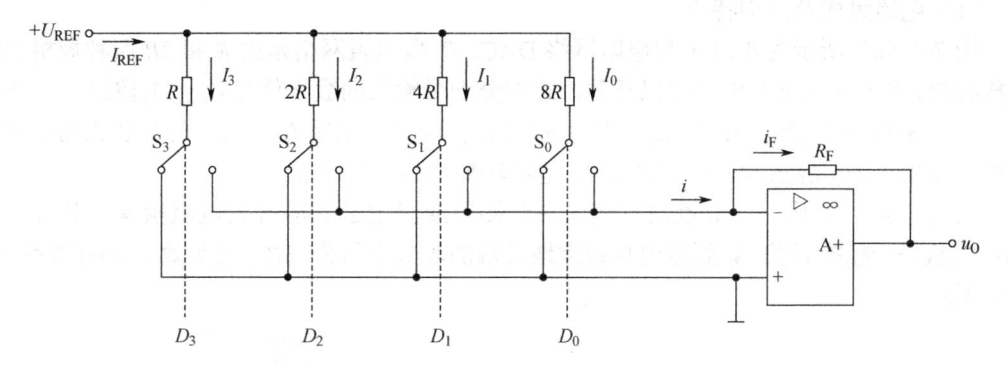

图7-3 二进制权电阻DAC电路

（2）工作原理。

由图7-3分析可知：无论模拟开关接到运算放大器的反相输入端（虚地）还是接到地，也就是无论输入数字信号是1还是0，各支路的电流不变的，即

$$I_0=\frac{U_{REF}}{8R} \quad I_1=\frac{U_{REF}}{4R} \quad I_2=\frac{U_{REF}}{2R} \quad I_3=\frac{U_{REF}}{R}$$

设 $R_F=\frac{1}{2}R$，则

$$i = I_0D_0 + I_1D_1 + I_2D_2 + I_3D_3$$
$$= \frac{U_{REF}}{8R}D_0 + \frac{U_{REF}}{4R}D_1 + \frac{U_{REF}}{2R}D_2 + \frac{U_{REF}}{R}D_3$$
$$= \frac{U_{REF}}{2^3 R}(D_3 \times 2^3 + D_2 \times 2^2 + D_1 \times 2^1 + D_0 \times 2^0)$$

模拟电压转换输出为

$$u_O = -R_F i_F = -\frac{R}{2}i = -\frac{U_{REF}}{2^4}(D_3 \times 2^3 + D_2 \times 2^2 + D_1 \times 2^1 + D_0 \times 2^0)$$

对于 n 位二进制权电阻 DAC，则上式可推广为

$$u_O = -\frac{U_{REF}}{2^n}(D_{n-1} \times 2^{n-1} + D_{n-2} \times 2^{n-2} + \cdots + D_1 \times 2^1 + D_0 \times 2^0)$$

由上式可见，输出模拟量 u_O 与输入数字量成正比，比例系数为 $-\frac{U_{REF}}{2^n}$。

【例1】有一个 5 位二进制权电阻 DAC，$U_{REF}=10$ V，$R_F = \frac{1}{2}R$，$D_4D_3D_2D_1D_0=11010$，试求输出电压 u_O。

【解答】：由上式可得：

$$u_O = -\frac{U_{REF}}{2^5}(D_4 \times 2^4 + D_3 \times 2^3 + D_2 \times 2^2 + D_1 \times 2^1 + D_0 \times 2^0)$$
$$= -\frac{10}{2^5}(1 \times 2^4 + 1 \times 2^3 + 0 \times 2^2 + 1 \times 2^1 + 0 \times 2^0)$$
$$= -8.125V$$

2. T 型电阻网络 DAC

（1）电路组成及结构特点。

图 7-4（a）所示为 4 位 T 型电阻网络 DAC。T 型电阻网络是由 R 和 $2R$ 两种规格的电阻构成的。$S_0 \sim S_3$ 为 4 个电子模拟开关，它们分别受输入的数字信号 $D_0 \sim D_3$ 控制。当 $D_i=0$ 时，开关 S_i 切换到接地端；当 $D_i=1$ 时，开关 S_i 接向基准电压 U_{REF} 端。运算放大器连接方式仍为反相比例运算放大，以实现电流-电压转换和放大的功能。

结构特点：①从任一节点向左或向右到接地或虚地Σ端的等效电阻相等，其大小为 $2R$；②从任一模拟开关 S_i 到接地端或虚地Σ端的等效电阻为 $3R$。其等效电路图如图 7-4（b）所示。

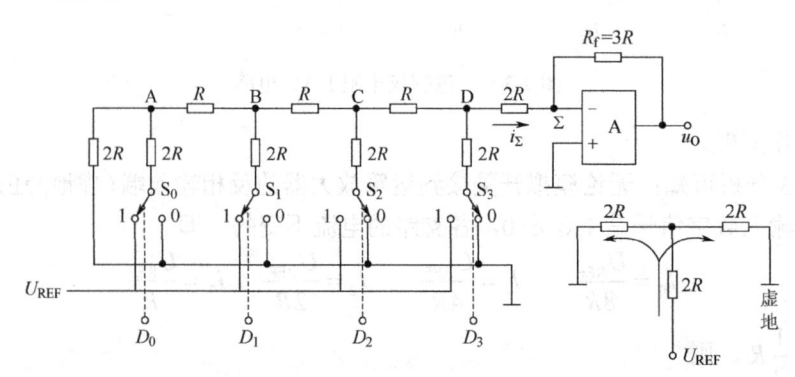

（a）4 位 T 型电阻网络 DAC 电路图　　（b）等效电路图

图 7-4　4 位 T 型电阻网络 DAC

（2）工作原理。

根据电路组成及结构特点可知，i_Σ 为输入数字量 $D_3D_2D_1D_0$ 在 R_f 中形成的电流之和，即 $i_\Sigma = i_3 + i_2 + i_1 + i_0$。输出电压 $u_O = -i_\Sigma R_f$，可利用叠加原理分析 u_O 与 $D_3D_2D_1D_0$ 的关系。分析过程如下：

① 当 D_3 单独作用时，即 $D_3D_2D_1D_0=1000$，$i_\Sigma = i_3 = \frac{1}{2^1} \times \frac{U_{\text{REF}}}{3R}$；

② 当 D_2 单独作用时，即 $D_3D_2D_1D_0=0100$，$i_\Sigma = i_2 = \frac{1}{2^2} \times \frac{U_{\text{REF}}}{3R}$；

③ 当 D_1 单独作用时，即 $D_3D_2D_1D_0=0010$，$i_\Sigma = i_1 = \frac{1}{2^3} \times \frac{U_{\text{REF}}}{3R}$；

④ 当 D_0 单独作用时，即 $D_3D_2D_1D_0=0001$，$i_\Sigma = i_0 = \frac{1}{2^4} \times \frac{U_{\text{REF}}}{3R}$；

⑤ 当 $D_3D_2D_1D_0$ 全部作用时，即 $D_3D_2D_1D_0=1111$，

$$i_\Sigma = i_3 + i_2 + i_1 + i_0 = \frac{1}{2^1} \times \frac{U_{\text{REF}}}{3R} + \frac{1}{2^2} \times \frac{U_{\text{REF}}}{3R} + \frac{1}{2^3} \times \frac{U_{\text{REF}}}{3R} + \frac{1}{2^4} \times \frac{U_{\text{REF}}}{3R}$$

$$= \frac{U_{\text{REF}}}{3R}\left(\frac{1}{2^1} + \frac{1}{2^2} + \frac{1}{2^3} + \frac{1}{2^4}\right)$$

由于模拟开关受 $D_3D_2D_1D_0$ 的控制，因此 i_Σ 的一般表达式为：

$$i_\Sigma = \frac{U_{\text{REF}}}{3R}\left(\frac{1}{2^1}D_3 + \frac{1}{2^2}D_2 + \frac{1}{2^3}D_1 + \frac{1}{2^4}D_0\right) = \frac{1}{2^4} \times \frac{U_{\text{REF}}}{3R}(2^3D_3 + 2^2D_2 + 2^1D_1 + 2^0D_0)$$

因为 $u_O = -i_\Sigma R_f$，且 $R_f = 3R$，所以可得 u_O 与 $D_3D_2D_1D_0$ 的关系式为：

$$u_O = -\frac{U_{\text{REF}}}{2^4}(2^3D_3 + 2^2D_2 + 2^1D_1 + 2^0D_0)$$

对于 n 位 T 型电阻网络 DAC，则上式可推广为：

$$u_O = -\frac{U_{\text{REF}}}{2^n}(D_{n-1} \times 2^{n-1} + D_{n-2} \times 2^{n-2} + \cdots + D_1 \times 2^1 + D_0 \times 2^0)$$

由上式可见，输出模拟量 u_O 与输入数字量成正比，比例系数为 $-\frac{U_{\text{REF}}}{2^n}$。

T 型电阻网络 DAC 只用 R 和 $2R$ 两种规格的电阻，精度容易保证，由于各模拟开关的电流大小相同，生产制造方便，因而应用广泛。

3. 倒 T 型电阻网络 DAC

（1）电路组成及结构特点。

图 7-5 所示为 4 位倒 T 型电阻网络 DAC。它与 4 位 T 型电阻网络 DAC 相比，仅是模拟开关接入的位置不同，它们是直接与虚地Σ端相连。当 $D_i=0$ 时，对应的模拟开关接地端；当 $D_i=1$ 时，对应的模拟开关接虚地Σ端。

结构特点：

① 从 A、B、C、D 中的任意一点向左看过去，二端网络的等效电阻都是 R。

② 无论模拟开关接到运算放大器的反相输入端（虚地）还是接到地，也就是无论输入数字信号是 1 还是 0，各支路的电流都不变。

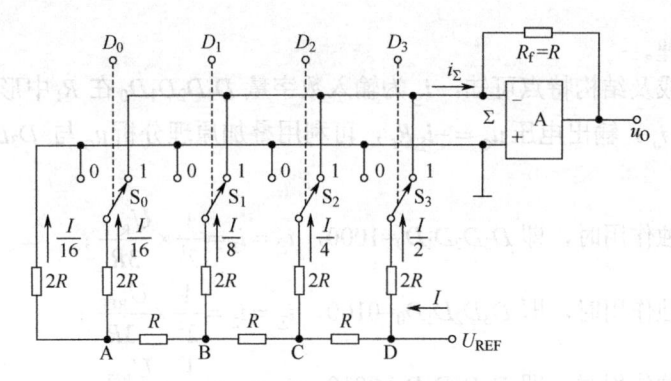

图 7-5 4 位倒 T 型电阻网络 DAC

（2）工作原理。

因为倒 T 型电阻网络 DAC 任一节点对地的等效电阻为 R，所以从基准电压 U_{REF} 流出的电流 I 为：

$$I = \frac{U_{REF}}{R}$$

由于电流每流过一个节点，就均分为两支相等的电流，所以各模拟开关 S_3、S_2、S_1、S_0 流过的电流分别为 $\frac{I}{2}$、$\frac{I}{4}$、$\frac{I}{8}$、$\frac{I}{16}$，而且与开关的状态无关。

由分析可得，当输入数码为任意值时，i_Σ 的一般表达式为：

$$i_\Sigma = \frac{I}{2} \times D_3 + \frac{I}{4} \times D_2 + \frac{I}{8} \times D_1 + \frac{I}{16} \times D_0 = \frac{1}{2^4} \times \frac{U_{REF}}{R}(2^3 D_3 + 2^2 D_2 + 2^1 D_1 + 2^0 D_0)$$

因为 $u_O = -i_\Sigma R_f$，且 $R_f = R$，所以可得 u_O 与 $D_3 D_2 D_1 D_0$ 的关系式为：

$$u_O = -\frac{U_{REF}}{2^4}(2^3 D_3 + 2^2 D_2 + 2^1 D_1 + 2^0 D_0)$$

对于 n 位倒 T 型电阻网络 DAC，则上式可推广为：

$$u_O = -\frac{U_{REF}}{2^n}(D_{n-1} \times 2^{n-1} + D_{n-2} \times 2^{n-2} + \cdots + D_1 \times 2^1 + D_0 \times 2^0)$$

由上式可见，输出模拟量 u_O 与输入数字量成正比，比例系数为 $-\frac{U_{REF}}{2^n}$。

倒 T 型电阻网络 DAC 各模拟开关的电流与开关的状态无关，避免了 T 型电阻网络 DAC 在开关状态切换时容易出现尖峰脉冲的缺点，且转换速度更快，因而应用最为广泛。

7.1.4 集成 DAC 及其应用

1. 集成 DAC　DAC0832 简介

随着集成电路技术的发展，各类集成 DAC 层出不穷。DAC0832 是 8 位 CMOS 型 DAC，内含输入寄存器、转换电路、电子模拟开关等。其转换电路采用倒 T 型电阻网络，电子模拟开关也是 CMOS 型，但运算放大器是外接的。DAC0832 共有 20 个引脚，引脚排列图如图 7-6 所示，各引脚功能及使用说明如下。

$\overline{CS}$：片选信号输入，低电平有效。

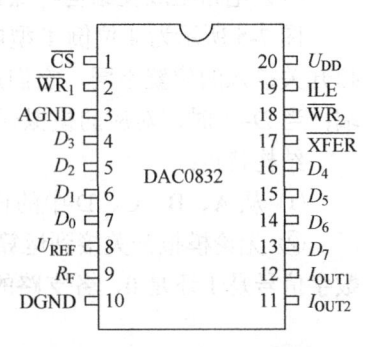

图 7-6 DAC0832 引脚排列图

$\overline{WR_1}$：写入信号 1，低电平有效，当 $\overline{CS}$=0，ILE=1 时，$\overline{WR_1}$ 才能将数据线上的数据写入寄存器中。

AGND：模拟信号接地端。

$D_7 \sim D_0$：数据输入端。D_7 为最高位，D_0 为最低位。

U_{REF}：参考电压输入端，其取值范围为 $-10 \sim +10$V。

R_F：外接的运算放大器反馈电阻引出端。

DGND：数字信号接地端。

I_{OUT1}：模拟电流输出端 1，外接运算放大器的反相输入端。

I_{OUT2}：模拟电流输出端 2，外接运算放大器的同相输入端。

$\overline{XFER}$：传输控制信号输入端，低电平有效，控制 $\overline{WR_2}$ 选通 DAC 寄存器。

$\overline{WR_2}$：写入信号 2，低电平有效。它与 $\overline{XFER}$ 信号配合，当二者均为 0 时，将输入寄存器的值写入 DAC 寄存器中；

ILE：输入寄存器允许锁存控制信号，高电平有效。它与 $\overline{WR_1}$、$\overline{CS}$ 共同控制输入寄存器选通。

U_{DD}：电源电压端，取值范围为 $+5 \sim +15$V。

2．DAC0832 典型应用电路

（1）单极性输出 D/A 转换电路。

DAC0832 芯片为电流输出型 DAC，通过外接运算放大器，可获得单极性的模拟电压输出，即单极性输出方式，典型应用电路如图 7-7 所示。由之前分析可知：

$$u_O = -\frac{U_{REF}}{2^8}(D_7 \times 2^7 + D_6 \times 2^6 + \cdots + D_1 \times 2^1 + D_0 \times 2^0)$$

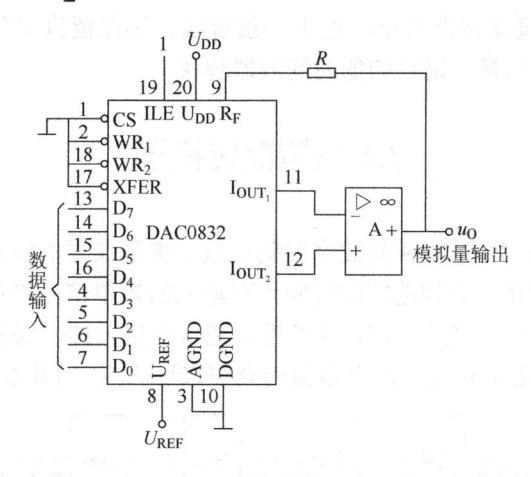

图 7-7　DAC0832 单极性输出典型应用电路

需要说明的是，图 7-7 中 u_O 与 U_{REF} 的极性相反，若实际应用需 u_O 与 U_{REF} 的极性相同，可使 U_{REF} 的值为负或后级再增加一级反相比例运算放大器。

（2）锯齿波信号产生电路。

锯齿波信号广泛运用于电视机的行、场扫描电路和示波器的 X、Y 偏转电路。锯齿波信号的产生通常是利用阻容元件的过渡过程来实现的。由于过渡过程并非线性过程，所以需采取各种补偿措施，但即便如此，也很难得到一个线性极好的锯齿波。但通过 DAC 则可以轻松得到线性度极好的锯齿波，所以 DAC 也广泛运用于锯齿波信号产生电路。

在图 7-8（a）所示电路中，DAC0832 与运算放大器电路构成一个锯齿波信号产生电路。74LS193 为四位集成同步二进制可逆计数器，为了得到一个正向锯齿波，将 74LS193 接成四位同步二进制减法计数器工作方式，其 $Q_3 \sim Q_0$ 与 DAC0832 的数据输入端相连。

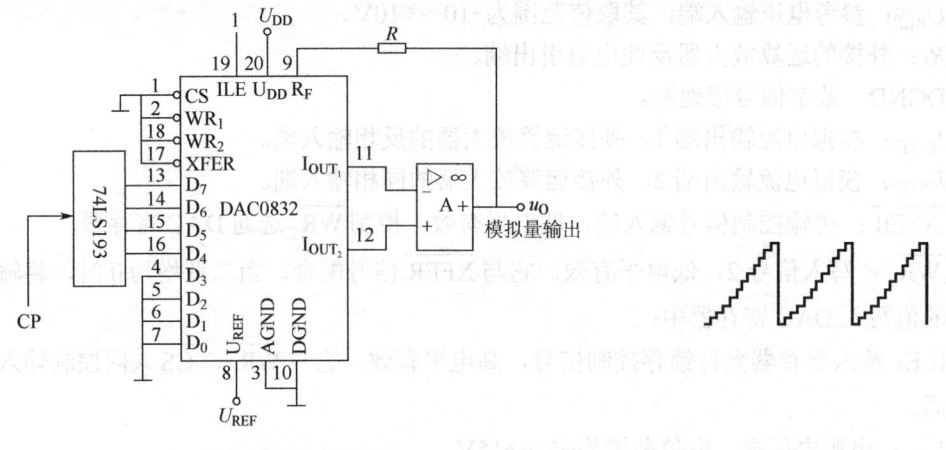

（a）锯齿波信号产生电路图　　　　　　　　　　（b）输出波形图

图 7-8　DAC0832 产生锯齿波信号典型应用电路

图 7-8（b）所示为其输出波形图。可以看出，虽然其波形线性良好，但波形上存在大跨度的台阶（可视为线性锯齿波与三角波的叠加），如果直接用作示波器或电视机的扫描信号，会大大降低分辨率，可从两方面入手予以解决。①减小台阶的跨度：可通过增加计数器的位数解决。如将两片 74LS193 级联为八位同步二进制减法计数器，台阶数将由 16 个增加到 256 个，跨度变得非常小，近乎一条直线。②保留直流分量，**滤除三角纹波**分量。可在运算放大器输出接一适合的低通滤波器解决。

7.2　模/数转换器

ADC 的一般过程：模/数转换是数字控制和数字测量仪器的核心部分。将模拟信号转换成数字信号时，必须在一系列选定的时间点对输入的模拟信号进行采样，然后再将这些采样值转换为数字量输出。整个 A/D 转换过程通常包括采样、保持、量化、编码四个步骤，如图 7-9 所示。下面通过对这四个步骤的介绍来说 ADC 的基本原理。

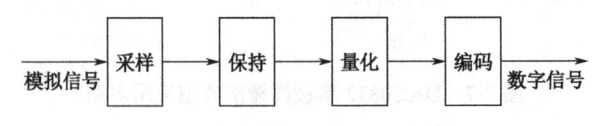

图 7-9　ADC 的一般过程示意图

7.2.1　ADC 的基本原理

1. 采样和保持

（1）采样。

采样就是周期性地采取模拟信号的瞬时值，得到一系列的随时间断续变化的脉冲样值。采样电路和采样过程如图 7-10 所示。图 7-10（a）为一受采样脉冲控制的模拟开关，构成采样器。当采样脉冲 u_s 为 1 时，场效应管 V 导通，模拟电子开关闭合，此时 $u_O=u_I$；当采样脉冲 u_s 为 0 时，场效应管 V 截止，模拟电子开关关断，此时 $u_O=0$。于是在采样脉冲的控制下，输出端 u_o 就转换成一系列的随时间断续变化的脉冲样值信号，如图7-10（b）所示。

采样所得脉冲样值信号实质上是一串时间上间断的模拟信号。为使采样信号仍可代表原模拟信号，必须保证采样频率足够高，采样时间足够短。要求采样后的信号不失真，采样频率必须满足**奈奎斯特采样频率**（$f_s \geq 2f_{imax}$），即采样脉冲的频率应大于或等于输入模拟信号中最高频率的 2 倍。实践中，采样脉冲的频率通常取模拟信号最高频率的 2.5～3 倍。当然，在模拟信号频率很高且 A/D 转换精度要求不太高的场合，为了降低码率，可选择**亚奈奎斯特采样频率**，满足 $f_s \geq f_{imax}$ 即可。

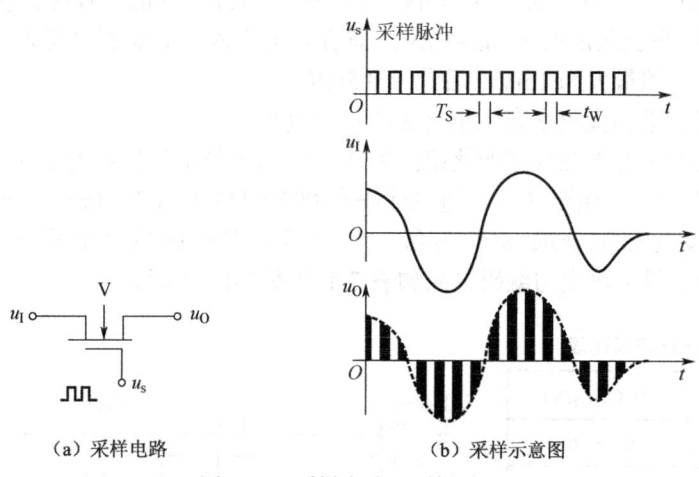

图 7-10 采样电路和采样过程

（2）保持。

为了便于量化和编码，需要将每次采样取得的样值暂存，保持不变，直到下一个采样脉冲的到来。所以，采样电路之后要接一个保持电路。通常是利用电容器的存储作用来实现保持功能的。

实际上，采样和保持是一次完成的，通常称为采样-保持电路。图 7-11（a）所示为一个基本的采样-保持电路图。图中，C 为存储样值电容。采样-保持工作过程如图 7-11（b）所示：由于电容的充电时间常数被设置为远小于采样脉冲宽度，场效应管 V 导通时，电容两端的电压同步跟随输入模拟信号变化，由运放构成的电压跟随器的输出也跟随电容电压；场效应管 V 截止时，电容两端的电压因无法放电而基本保持不变，从而保持输出电压不变，直至下一个采样过程，获得新的采样-保持信号。

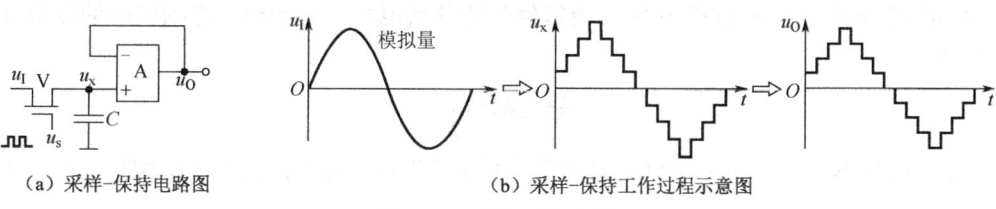

图 7-11 采样-保持过程

2. 量化和编码

经采样-保持所得电压信号仍是模拟量，不是数字量。那么量化和编码就是从模拟量产生数字量的过程，亦即 A/D 转换的主要阶段。

量化就是把采样电压转换为以某个最小单位电压Δ的整数倍的过程。分成的等级称为量化级，Δ称为量化单位。

任何一个数字量的大小，都是以某个最小数字量单位的整数倍来表示的，在用数字量表示模拟电压时亦是如此。最小数字量单位就是量化单位。将采样电压按一定的等级进行分割，用的是近似的方法取值，这就不可避免地带来了误差，这个误差称为量化误差。误差的大小取决于量化的方法。而各种量化方法中，对模拟量分割的等级越细，量化误差则越小。

量化方法一般有两种，即只舍不入法和四舍五入法。

例如，量化单位（量化级）为 1mV 时，对于 $0.5\text{mV} \leq u_O < 1\text{mV}$，按只舍不入法取 $u_O = 0\text{mV}$，而按四舍五入法则取 $u_O = 1\text{mV}$。前者只舍不入，后者有舍有入，所以后者较前者误差小。前者误差最大为 1mV，后者为 0.5mV。

编码就是用二进制代码来表示量化后的量化电平。

例如，采用四舍五入法要把变化范围为 0～7V 的模拟电压转换为 3 位二进制代码的数字量，如图 7-12 所示。由于 3 位二进制代码有 000～111 共 8 个数码，因而也必须将模拟电压依据数值变化范围分成 8 个等级，8 个等级对应的量化电平值分别为 0.5V、1.5V、…、6.5V。量化输出与编码结果如表 7-1 和图 7-12 所示。

表 7-1 量化输出与编码表

量化输出（u_O）	编码（$D_2D_1D_0$）
$0\text{V} \leq u_O < 0.5\text{V}$	0 0 0
$0.5\text{V} \leq u_O < 1.5\text{V}$	0 0 1
$1.5\text{V} \leq u_O < 2.5\text{V}$	0 1 0
$2.5\text{V} \leq u_O < 3.5\text{V}$	0 1 1
$3.5\text{V} \leq u_O < 4.5\text{V}$	1 0 0
$4.5\text{V} \leq u_O < 5.5\text{V}$	1 0 1
$5.5\text{V} \leq u_O < 6.5\text{V}$	1 1 0
$6.5\text{V} \leq u_O < 7\text{V}$	1 1 1

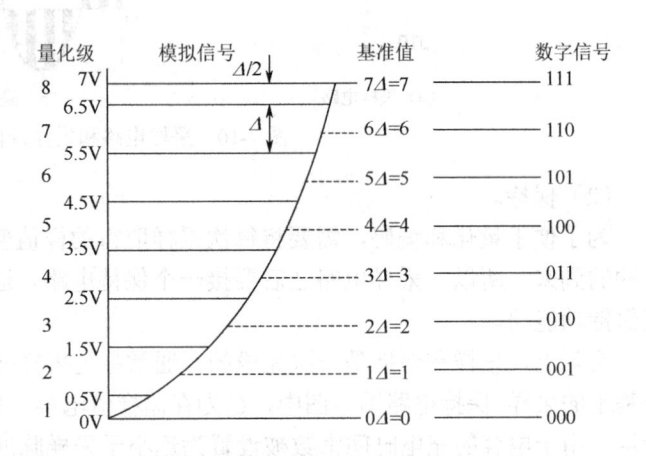

图 7-12 量化与编码图

7.2.2 ADC 的主要技术指标

1. 分辨率与最小分辨电压

ADC 的分辨率是指 ADC 对输入模拟信号的分辨能力。由输出二进制代码的位数 n 来决定，即

$$\text{分辨率} = \frac{1}{2^n}$$

ADC 的最小分辨电压是指 ADC 能分辨的最小模拟输入电压。它与分辨率的关系式为：

$$最小分辨电压 = \frac{1}{2^n}\text{FSR} \quad (\text{FSR 为输入模拟电压满量程的数值})$$

例如，FSR=5V，则 8 位 ADC 的最小分辨电压 $\frac{5\text{V}}{2^8} = 19.53\text{mV}$，而 10 位 ADC 的最小分辨电压 $\frac{5\text{V}}{2^{10}} = 4.88\text{mV}$。可见，ADC 位数越多，分辨率越高，最小分辨电压越小。

【例 2】有一个 8 位的 ADC，FSR=5V，求其分辨率是多少？最小分辨电压是多少？

【解析】：DAC 的分辨率计算公式为 $\frac{1}{2^n - 1}$，ADC 的分辨率计算公式为 $\frac{1}{2^n}$，二者切不可混淆。

【解答】：分辨率 $= \frac{1}{2^8} \approx 0.0039$；最小分辨电压 $= \frac{1}{2^n}\text{FSR} = \frac{1}{2^8} \times 5\text{V} \approx 19.5\text{mV}$。

2．转换速度与转换时间

转换速度是指完成一次 A/D 转换所需的时间。转换时间是指从接到模拟信号开始，到输出端得到稳定的数字信号所经历的时间。而转换速率是转换时间的倒数。转换时间越短，说明转换速度越快，转换速率越高。

目前，转换时间最短的 ADC 是并行比较型 ADC，用 CMOS 或双极型工艺制造的高速型转换时间为 5～50ns，即转换速率达 20～200MHz。其次是逐次逼近型 ADC，若采用双极型制造工艺，转换时间达到了 0.4μs，即转换速率达 2.5MHz。

ADC 按转换时间分类：转换时间在 20～300μs 的为中速型；大于 300μs 的为低速型；小于 20μs 的为高速型。**选用 ADC 时，转换速度和分辨率是重点考虑的指标。**

3．相对精度

在理想转换特性情况下，所有转换点应在一条直线上，但实际情况并非如此。相对精度是指实际的转换点偏离理想转换特性的误差。一般用最低有效位 LSB 来表示，如相对精度≤$\pm \frac{1}{2}$LSB。

7.2.3 常用 ADC 基本类型

实现 A/D 转换的方法有很多，有并行比较型、逐次逼近型和双积分型等，本节将对并行比较型和逐次逼近型的工作原理进行简要分析。

1．并行比较型 ADC

（1）电路组成。

图 7-13 所示为并行比较型 ADC 方框图，它由电阻分压器、电压比较器及编码电路组成。

（2）工作原理。

8 个同值电阻构成的电阻分压器用于确定量化电压，7 个运放构成的电压比较器用来确定采样电压的量化，而后级的编码器对比较器的输出进行编码，然后输出二进制代码（$Q_2Q_1Q_0$）。量化输出的模拟电压值与编码结果如表 7-2 所示。

分析表 7-2，可得编码器逻辑表达式为：

$$Q_2 = C_4; \quad Q_1 = C_6 + C_2\bar{C}_4; \quad Q_0 = C_7 + C_5\bar{C}_6 + C_3\bar{C}_4 + C_1\bar{C}_2$$

需要说明的是，并行比较型 ADC 的转换精度主要取决于量化电平的划分，分得越细，精度越高。虽然并行比较型转换速度快，但增加转换位数时，比较器的数量将大大增加，若输出 n 位二进制代码，共需要 $2^n - 1$ 个比较器，故而多用于 $n \leqslant 4$ 的场合。

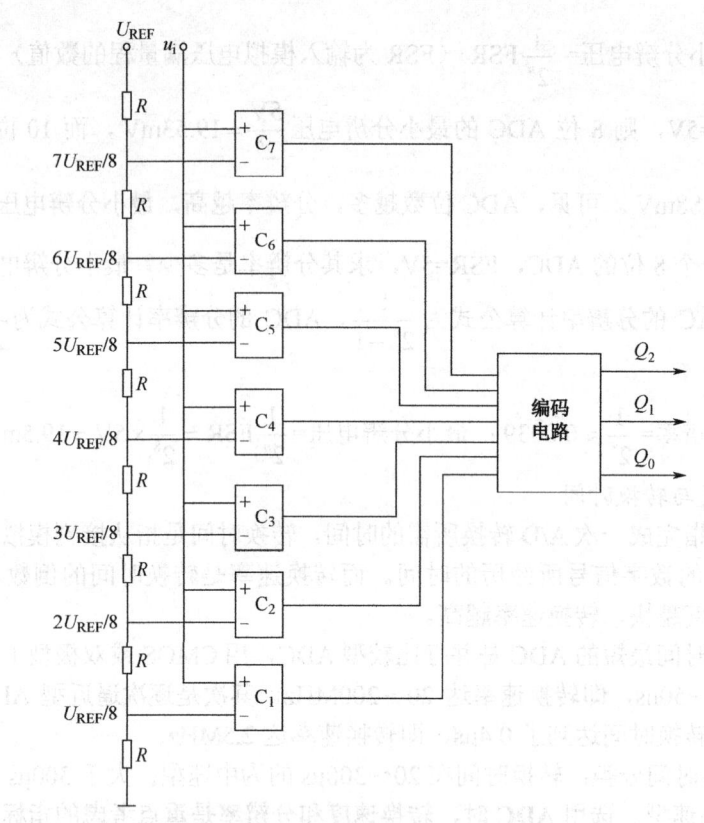

图 7-13　8 位并行比较型 ADC 方框图

表 7-2　8 位并行比较型 ADC 输入、输出转换关系

采样后电压 u_I	比较器输出 $C_7\ C_6\ C_5\ C_4\ C_3\ C_2\ C_1$	编码器输出 $Q_2\ Q_1\ Q_0$
$0V<u_I<1/8U_{REF}$	0　0　0　0　0　0　0	0　0　0
$1/8U_{REF}<u_I<2/8U_{REF}$	0　0　0　0　0　0　1	0　0　1
$2/8U_{REF}<u_I<3/8U_{REF}$	0　0　0　0　0　1　1	0　1　0
$3/8U_{REF}<u_I<4/8U_{REF}$	0　0　0　0　1　1　1	0　1　1
$4/8U_{REF}<u_I<5/8U_{REF}$	0　0　0　1　1　1　1	1　0　0
$5/8U_{REF}<u_I<6/8U_{REF}$	0　0　1　1　1　1　1	1　0　1
$6/8U_{REF}<u_I<7/8U_{REF}$	0　1　1　1　1　1　1	1　1　0
$7/8U_{REF}<u_I<U_{REF}$	1　1　1　1　1　1　1	1　1　1

2. 逐次逼近型 ADC

逐次逼近型 ADC 原理框图如图 7-14 所示。它由顺序脉冲发生器、逐次逼近寄存器、DAC 和电压比较器几部分组成。

转换原理：逐次逼近型 ADC 的转换原理与天平称物的过程十分相似。

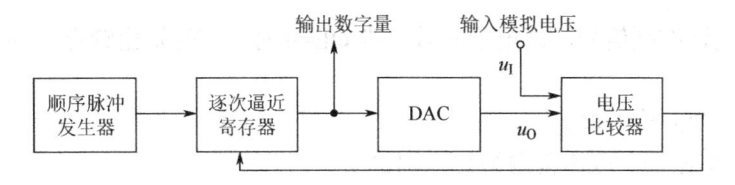

图 7-14　逐次逼近型 ADC 原理框图

转换开始前先将所有寄存器清零。开始转换以后，顺序脉冲发生器输出的时钟脉冲首先将寄存器最高位置成 1，使输出数字为 100…0。这个数码被 DAC 转换成相应的模拟电压 u_O，送到电压比较器中与 u_I 进行比较。若 $u_I > u_O$，说明数字过大了，故将最高位的 1 清除；若 $u_I < u_O$，说明数字还不够大，应将这一位保留。然后，再按同样的方式将次高位置成 1，并且经过比较以后确定这个 1 是否应该保留。这样逐位比较下去，一直到最低位为止。比较完毕后，寄存器中的状态就是所要求的数字量输出。

逐次逼近型 ADC 的特点是转换速度快，转换精度高，易于集成化，因而应用十分广泛。

7.2.4　集成 ADC 及其应用

1. 集成 ADC　ADC0809 简介

ADC0809 是 8 位 CMOS 型 ADC，内部结构方框如图 7-15（a）所示，采用逐次逼近型 A/D 转换方式。ADC0809 共有 28 个引脚，引脚排列如图 7-15（b）所示，各引脚功能及使用说明如下。

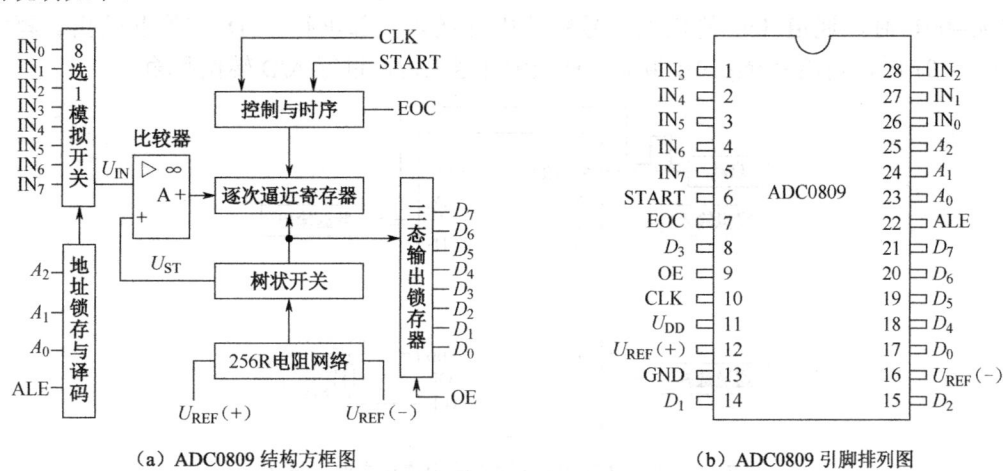

（a）ADC0809 结构方框图　　　　（b）ADC0809 引脚排列图

图 7-15　集成 ADC0809

$IN_0 \sim IN_7$：8 路模拟信号输入端。

START：启动脉冲信号输入端。当需启动 A/D 转换过程时，在此端加一正脉冲，脉冲的上升沿进行所有内部寄存器清 0 操作，下降沿开始进行 A/D 转换操作。

EOC：转换完成标志信号，高电平有效。在 START 信号上升沿之后的 1~8 个时钟周期内，EOC 信号输出为低电平，标志转换器正在转换中；当转换结束，所得数据可以读出时，EOC 转为高电平，作为通知接收数据的设备读取该数据的信号。

$D_0 \sim D_7$：转换器的数码输出端，D_7 为最高位，D_0 为最低位。

OE：输出允许控制信号，高电平有效。当 OE=0 时，打开输出锁存器的三态门，将数据送出。

CLK：时钟脉冲输入端。

U_{DD}：电源电压端，取值范围为+5～+15V。

$U_{REF}(+)$、$U_{REF}(-)$：正负基准电压输入端。由此输入基准电压，其中心点应在 $\frac{1}{2}U_{DD}$ 附近，偏差应在 0.1V 以内。

ALE：地址锁存允许信号，高电平有效。当 ALE=1 时，将地址信号有效锁存器，并经译码器选中其中一个通道。

$A_0 \sim A_2$：对 8 路模拟信号通道进行选择的地址控制输入信号。

2. ADC0809 应用电路

ADC0809 广泛应用于微型计算机应用系统，可利用微机提供 CP 脉冲至 CLK 端，同时微机的信号对 ADC0809 的 START、ALE、$A_2A_1A_0$ 端进行控制，选中 $IN_0 \sim IN_7$ 中的某一个模拟输入信号通道，并对输入的模拟信号进行 A/D 转换，最后通过三态寄存器的 $D_0 \sim D_7$ 端并行输出转换后的数字信号。

ADC0809 也可以独立使用，连接电路如图 7-16 所示。OE、ALE、通过一电阻接+5V 电源，处于高电平有效状态。将 EOC 连接到 START 引脚上，施加一个启动脉冲后，集成电路便处在一种连续转换的工作状态，因为 EOC 端在转换结束时送出的脉冲提供了下一个触发启动脉冲。模拟输入通道的选择通过设置 $A_2A_1A_0$ 的状态来实现。例如，当 $A_2A_1A_0$=001 时，通道 IN_1 的模拟信号被选中并送入内部进行 A/D 转换和输出。再如 $A_2A_1A_0$=101 时，则通道 IN_5 的模拟信号被选中并送入内部进行 A/D 转换和输出。

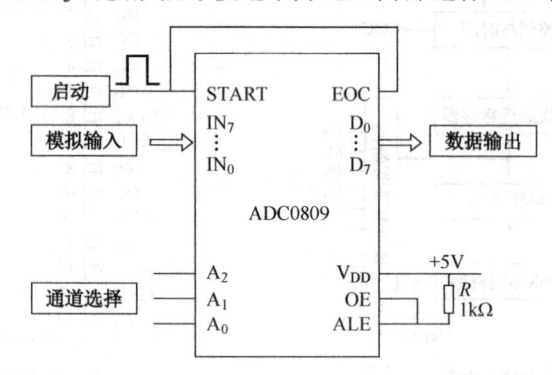

图 7-16 集成 ADC0809 独立使用连接电路示意图

7.3 半导体存储器简介

存储器是一种能够存放数据、资料及运算程序的器件。按存储介质分类，存储器有半导体存储器、磁表面存储器、光盘存储器等。

半导体存储器是一种大规模集成电路，按功能又可分为随机存取存储器（RAM）和只读存储器（ROM）两大类。每个大类又可细分为若干个小类，如图 7-17 所示。

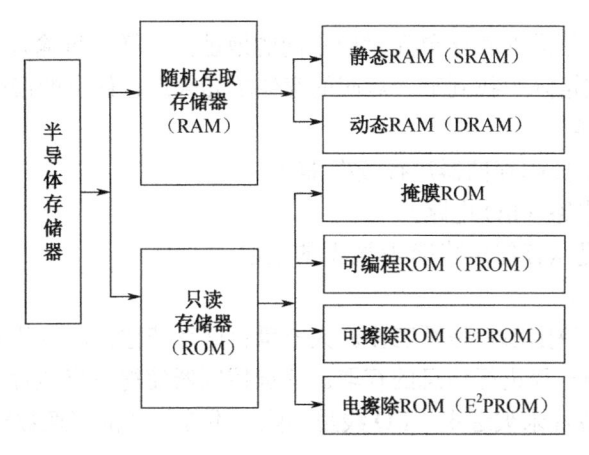

图 7-17 半导体存储器的分类

7.3.1 RAM

随机存取存储器（RAM）又称随机存储器或读/写存储器，是由许多基本寄存器组合起来构成的大规模集成电路。它可以在任意时刻、对任意选中的存储单元进行信息的存入（写入）或取出（读出）操作，但断电后所存信息会消失的存储器。RAM 有双极型和单极型两类。双极型 RAM 存取速度快，但功耗大，集成度低，成本高。由 MOS 管构成的单极型 RAM 功耗小、集成度高、价格低廉因，而得到广泛使用，但速度比不上双极型。

1. RAM 的基本结构

RAM 由地址译码器、存储矩阵、读/写电路（包括读/写控制器、输入/输出电路、片选控制器）组成，其结构框图如图 7-18 所示。

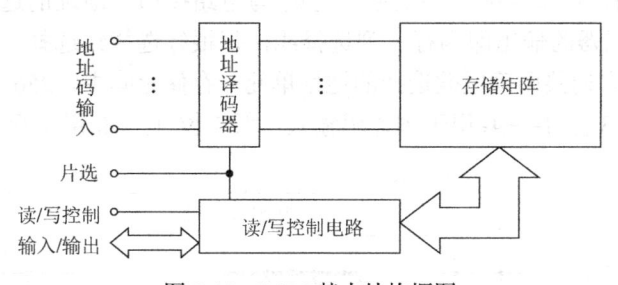

图 7-18 RAM 基本结构框图

（1）存储矩阵。

存储矩阵是由许多存储单元按矩形阵列排列组成的，是存储器的核心。寄存器中的每一位称为一个存储单元，每个存储单元存放着由若干位二进制数码组成的信息。存储单元个数越多，存储容量越大。存储容量是存储器最重要的指标之一，用所能存放的（字数）×（字长）或 KB、MB、GB（换算关系：$1KB=2^{10}B=1024B$；$1MB=1024KB$；$1GB=1024MB$）等表示。B（Byte）称为字节，1 字节等于 8 位二进制数，即 1B=8bit。例如，容量为 1024×4 的存储器，共有 1024 个存储单元，即能存储 1024 个字，每字 4 位；容量为 8 MB 的存储器，共包含 $8 \times 1024KB = 8 \times 1024 \times 1024B = 8 \times 1024 \times 1024 \times 8bit = 67\,108\,864$ 个存储位。

（2）地址译码器。

地址译码器用于决定访问哪个存储单元。为了能够对存储矩阵某个选定的存储单元进行信息的读/写，必须对每一个存储单元的位置编制一个独一无二的地址，这些地址的编码称为地址码。由于不同的存储单元对应不同的地址，这样，每输入一个地址码，通过地址译码器都能在存储矩阵中找到唯一对应的存储单元来进行信息的读/写操作。

（3）读/写控制器。

读/写控制器用于控制存储器进行读/写操作。

（4）输入/输出电路（I/O 电路）。

输入/输出电路是从存储矩阵读/写数据的通道。

（5）片选控制器。

片选控制器用于决定芯片是否工作。大容量存储系统往往由多片 RAM 构成，读/写操作时也往往只对其中一片进行信息的存取。片选控制器使得只有该片存储器被选中时才进行读/写操作，其余各片未被选中，I/O 线呈高阻，不能与外部交换数据。

2. 地址译码方式

地址译码方式有单译码结构（又称字结构）和双译码结构（又称字位结构）两种。在单译码结构中，每个寄存器都只有1位，如一个容量为1024×1位的RAM 就是一个有1024 个 1 位寄存器的 RAM。而在双译码结构中，每个寄存器都有多位，如一个容量为 256×4 位的RAM，就是一个有 256 个 4 位寄存器的 RAM。由于单译码结构存在字线多、地址译码器结构复杂、存储容量小的不足，故以下以双译码结构的 RAM 译码方式为例，说明地址译码的工作原理。

图 7-19 是由 1024 个存储单元排成 32 行×32 列的矩阵组成的 256×4 双译码结构的存储器方框图。由图可见，它有两个地址译码器：X 地址译码器（又称行地址译码器）输出字线，以控制存储矩阵中哪一行单元被选中；Y 地址译码器（又称列地址译码器）的输出控制读/写选通电路，以决定哪一列数据线与读/写电路接通。地址的选择通过地址译码器来实现，X、Y 译码器的输出即为行、列选择线，每根行选择线选择一行，每根列选择线选择一个字列，由它们共同确定欲选择的地址单元。存储矩阵中，256 个字需要 8 位地址码 $A_7 \sim A_0$。其中高 3 位 $A_7 \sim A_5$ 用于列译码输入，低 5 位 $A_4 \sim A_0$ 用于行译码输入。

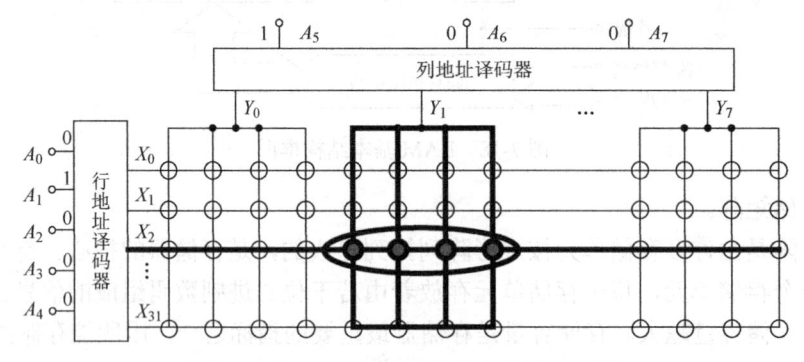

图 7-19 256×4 双译码结构存储器方框图

例如，当地址译码器的输入 $A_7 \sim A_0$=00100010 时，Y_1=1、X_2=1，只有 X_2 和 Y_1 交叉的字单元（即图 7-19 圈示的字单元）可以进行读出或写入操作，而其余任何字单元都不会被选中。

双译码结构存储器的地址线总数满足关系式 $p=q+r$。式中，q 表示 X 地址线数；r 表示 Y 地址线数。p 与存储器字数 N 存在如下关系：

$$N = 2^p = 2^{q+r}$$

图 7-19 中共有 8 条地址线 $A_7 \sim A_0$，$q=5$，$r=3$，$N=2^8=256$。

3. RAM 基本存储单元——存储位

RAM 的 1 位数据存储电路简称存储位电路。单极型 RAM 存储位电路分为静态和动态两种：由静态存储位电路构成的存储器称为静态 RAM（Stacic RAM，SRAM）；由动态存储位电路构成的存储器称为动态 RAM（Dynamic RAM，DRAM）。

静态 RAM 的特点：利用 NMOS 管的开关状态来存储信息，故只要不断电，信息便可永久保存。静态 RAM 的优点是存取速度较快，不需要刷新；缺点是存储电路所需器件数目多，功耗大，成本较高。

动态 RAM 的特点：利用 MOS 管的栅极电容或其他寄生电容的电荷存储效应来存储信息，由于电荷漏电和存在"破坏性读出"现象，故需不间断执行刷新（通常，刷新脉冲宽度为 1μs，重复周期为 2ms）操作。动态 RAM 的优点是所用器件数目少，功耗低，价格便宜；缺点是存取速度较慢，要求有刷新电路。

7.3.2 ROM

只读存储器（ROM）是存放固定信息的存储器，它的信息是在制造时或用专门的写入装置写入的。这种存储器在正常情况下只能读出而不能写入信息，即使切断电源，存储器中的信息也不会消失。所以 ROM 通常用来存储那些固定的或不需要经常改变的信息。

就其组成结构而言，ROM 与 RAM 又有许多相似之处，主要由地址译码器、存储矩阵和输出电路等组成。根据电路的工作特点，ROM 属于组合逻辑电路，即给定一组地址输入，存储器便会给定一组固定输出（一个存储单元的内容）。根据存储内容写入的方法，ROM 可分为掩膜 ROM、一次编程 ROM（PROM）、可擦除 ROM（EPROM）、电擦除 ROM（E²PROM）四种类型。

1. 掩膜 ROM

掩膜 ROM 也称为固定只读存储器。存储器中的信息，是制造厂家在生产时用掩膜技术写入的。双极型 ROM 速度快，但功耗大，只用于速度要求较高的系统中；MOS 型掩膜 ROM 速度较慢，但功耗小。

2. 一次编程 ROM

一次编程 ROM（PROM）的特点是存储器内的信息是由用户根据自身需要自己写入的，但只能写入一次，一经写入，存储的信息即被固定且不能修改。

3. 可擦除 ROM

可擦除 ROM（EPROM）是一种可多次擦除，可重新编程的只读存储器。对已经写入信息的 EPROM，如需修改，可用专用的紫外线灯照射芯片上的受光窗口，经 10～30min，芯片中原保存的信息将全部消失，然后用专用编程器写入新的内容。编写结束后，需在窗口上贴不干胶避光纸，防止因外界紫外线而损毁存储器内的信息。

4. 电擦除 ROM

电擦除 ROM（E²PROM）是在 EPROM 的基础上发展起来的，它针对 EPROM 不能按单元修改和不能电擦除的缺点进行改进。E²PROM 的擦除和写入实际上是同一过程，擦除实为改写，改写时需加高压电源。

7.4 数/模、模/数转换器与半导体存储器同步练习题

一、填空题

1. 将数字信号转换为模拟信号应采用_____转换器，其英文缩写为_____。
2. 按解码网络结构的不同，DAC 可分为_____网络、_____网络和_____网络 DAC 等，按模拟电子开关电路的不同，DAC 又可分为_____开关型和_____开关型。
3. 集成 DAC0832 主要由_____、_____和_____三部分电路组成。
4. 在 A/D 转换过程中，量化误差是指_____，量化误差是_____消除的。
5. 集成 ADC0809 是一种_____转换器，START 脚称为_____端，当该端加一_____后开始进行 A/D 转换操作；OE 脚称为_____端，_____电平有效。
6. 逐次逼近型 ADC 转换速度快，它由_____、_____、_____和_____几部分组成。
7. RAM 主要包括_____、_____和_____电路等部分。

二、判断题

1. MP3 音乐播放器含有 DAC，因为要将存储器中的数字信号转换成优美动听的模拟信号——音频信号。（ ）
2. DAC 的位数越多，能够分辨的最小输出电压变化量就越小。（ ）
3. 一个 N 位逐次逼近型 ADC 完成一次转换要进行 N 次比较。（ ）
4. T 型电阻网络由 $2R$ 和 $3R$ 电阻构成。（ ）
5. 原则上说，倒 T 型电阻网络 DAC 输入和二进制位数不受限制。（ ）
6. 逐次逼近型 ADC 转换速度较慢。（ ）

三、单项选择题

1. DAC 的转换精度通常以（ ）。
   A．分辨率形式给出　　　　　B．线性度形式给出
   C．最大静态转换误差的形式给出
2. 在 D/A 转换电路中，输出模拟电压数值与输入的数字量之间（ ）关系。
   A．成正比　　　B．成反比　　　C．无
3. 集成 ADC0809 可以锁存（ ）模拟信号。
   A．4 路　　　B．8 路　　　C．10 路　　　D．16 路
4. ADC 的转换精度取决于（ ）。
   A．分辨率　　　B．转换速度　　　C．分辨率和转换速度
5. DAC0832 是属于（ ）网络的 DAC。
   A．R-2R 倒 T 型电阻　　　　　B．T 型电阻

C．权电阻 　　　　　　　　　　　　D．无法确定

6．集成转换器 ADC0809 是一种（　　）电路。
　　A．逐次逼近型 A/D　　　　　　B．双积分型 A/D
　　C．并行比较型 A/D　　　　　　D．逐次逼近型 D/A

7．集成转换器 ADC0809 的引脚 $IN_0 \sim IN_7$ 是（　　）。
　　A．8 路数字信号输入端　　　　B．8 路模拟信号输入端
　　C．8 路数字信号输出端　　　　D．8 路模拟信号输出端

8．为了保证取样的精度，取样脉冲的频率 f_s 与输入信号最高频率 f_{imax} 之间应满足（　　）。
　　A．$f_s \geqslant 2f_{imax}$　　B．$f_{imax} \geqslant 2f_s$　　C．$f_s \geqslant f_{imax}$　　D．$f_{imax} \geqslant f_s$

9．只能读出不能写入，但信息可永久保存的存储器是（　　）。
　　A．ROM　　　B．RAM　　　C．PRAM　　　D．以上都不是

四、简答题

DAC 可能存在哪几种转换误差？试分析误差的特点及其产生误差的原因。

五、分析计算题

1．要求某 DAC 电路输出的最小分辨电压 U_{LSB} 约为 5mV，最大满度输出电压 U_m=10V，试求该电路输入二进制代码的位数 n 应是多少？

2．T 型电阻网络 DAC，n=10，U_R=－5V，要求输出电压 u_O=4V。试问：（1）输入的二进制代码应是多少？（2）为了获得 20V 的输出电压，有人说，其他条件不变，增加 DAC 的位数即可，你认为怎样？

3．设 U_{REF}=+5V，计算当 DAC0832 的数字输入量分别为 $(7F)_H$、$(81)_H$、$(F3)_H$ 时的模拟输出电压值。

4．已知倒 T 型电阻网络 DAC 的 U_{REF}=+5V，试分别求出 4 位 DAC 和 8 位 DAC 的最大输出电压，并说明这种 DAC 最大输出电压与位数的关系。

实验/实训教学模块

说明：

1. 本书所列实训教学含基础实验模块、功能电路组装实训模块和大型、综合性技能训练模块，项目多，涉及内容十分广泛，建议各校根据自身实验室设备、教学进度和学生实际情况合理进行项目选择。

2. 凡标注"*"的项目均为适应本课程发展而新开发的实训项目，所采用的电路均由编者自主设计，暂无与之配套PCB，目前只能用万能印制电路板代之。故在此呼吁PCB制造企业能尽快开发之配套PCB。

3. 凡标注"▲"的项目属本课程的实训拓展项目，项目的完整内容可通过项目 PPT 或扫描相关二维码获取。

4. 实验/实训教学项目说明，见附表一。

5. 受限于篇幅，书中将项目中的实训目标与要求、实训工作准备、实训过程、项目考核评价等可参照性的内容进行了必要的删减，各项目考核评价请参考附表二或附表三。

附表一　实验/实训教学项目说明

项目编号	项目名	项目类型	项目考核评价参考
1	集成逻辑门电路逻辑功能测试	基础实验	见附表二
2	三态门、OC门功能测试及应用	基础实验	见附表二
3	电控逻辑门逻辑功能测试	基础实验	见附表二
4	组合逻辑集成电路功能测试	基础实验	见附表二
5	*声光两控智能灯电路的制作	功能电路组装实训	见附表三
6	*四地同控一盏灯电路的制作	功能电路组装实训	见附表三
7	*病房优先呼叫控制电路的制作	功能电路组装实训	见附表三
8	集成触发器逻辑功能测试	基础实验	见附表二
9	集成计数器、移位寄存器逻辑功能测试	基础实验	见附表二
10	*10路循环追灯控制电路的制作	功能电路组装实训	见附表三
11	*可编程8位序列信号发生器的制作	功能电路组装实训	见附表三
12	*数字显示时钟的制作与调试	大型、综合性技能训练	见附表三
▲	*8路分时传送同步电子开关的制作	功能电路组装实训	见附表三
▲	*8路循环彩灯控制电路的制作	功能电路组装实训	见附表三
▲	*16路顺序脉冲发生器电路的制作	功能电路组装实训	见附表三
▲	*多功能八路抢答器的制作与调试	大型、综合性功能电路组装实训	见附表三
▲	*10MHz简易频率计的制作与调试	大型、综合性功能电路组装实训	见附表三

附表二　基础实验考核评价表

评价指标	评价要点	评价结果				
		优	良	中	合格	不合格
理论水平	理论知识掌握情况，能否自主分析电路					
技能水平	逻辑功能测试综合情况					
安全操作	①能否按照安全操作规程操作；②有无损坏仪器仪表					
总评	评别	优	良	中	合格	不合格	总评得分
		89~100分	80~88分	70~79分	60~69分	<60分	

附表三 实训项目考核评价表

评价指标	评价要点	评价结果				
		优	良	中	合格	不合格
理论水平（应知）	1. 理论知识掌握情况，能否自主分析电路					
	2. 对电路设计的思路是否清晰					
	3. 装配草图绘制质量					
技能水平（应会）	1. 元器件识别与检测					
	2. 工件工艺情况					
	3. 工件调试与检测情况					
安全操作	①能否按照安全操作规程操作；②有无发生安全事故；③有无损坏仪器仪表					
总评	评别	优	良	中	合格	不合格	总评得分
		89~100分	80~88分	70~79分	60~69分	<60分	

项目 1　集成逻辑门电路逻辑功能测试

知识目标

了解 TTL、CMOS 门工作原理、使用注意事项。

技能目标

（1）熟悉 TTL、CMOS 集成电路芯片的外形、引脚排列和引脚功能，并能正确使用。
（2）能贯彻落实 7S 管理（整理、整顿、清扫、清洁、素养、安全、节约）。

实验设备与仪器（见项目表 1-1）

项目表 1-1　实验设备与仪器清单表

序号	品名	型号规格	数量	序号	品名	型号规格	数量
1	TTL 集成电路	74LS00	1	4	CMOS 集成电路	CC4011	1
2	TTL 集成电路	74LS02	1	5	数字电路实验箱		1
3	CMOS 集成电路	CC4001	1	6	万用表	MF47	1

实验步骤

1. 熟悉 74LS00、74LS02、CC4001、CC4011 的引脚功能

引脚功能如项目图 1-1 所示。

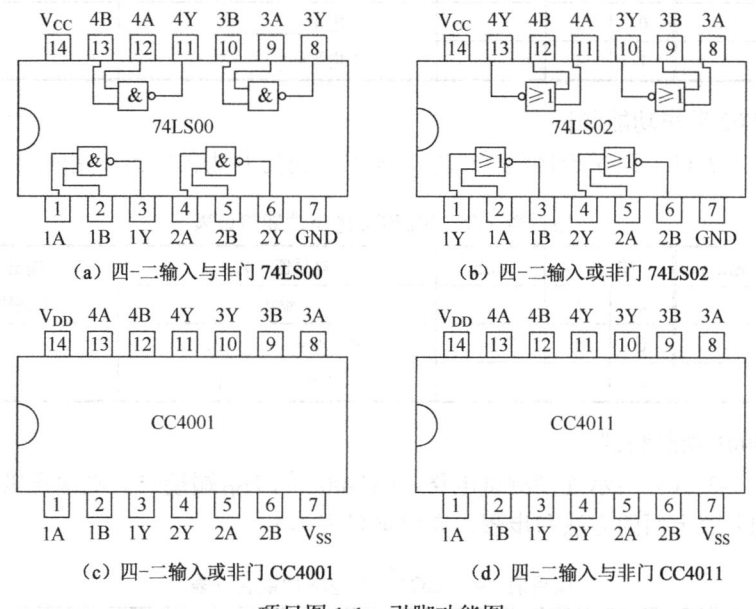

(a) 四-二输入与非门 74LS00
(b) 四-二输入或非门 74LS02
(c) 四-二输入或非门 CC4001
(d) 四-二输入与非门 CC4011

项目图 1-1　引脚功能图

2. 74LS00、74LS02、CC4001、CC4011 的逻辑功能测试

逻辑功能测试电路如项目图 1-2 所示。

（1）74LS00 逻辑功能测试。

将 74LS00 插入数字电路实验箱，任选四个与非门中的一个，按项目图 1-2（a）所示，将其输入端 A、B 接实验箱上的逻辑开关，输出端 Y 接实验箱上的电阻和发光二极管，74LS00 的 V_{CC} 端接+5V 电源正极，GND 端接电源地。

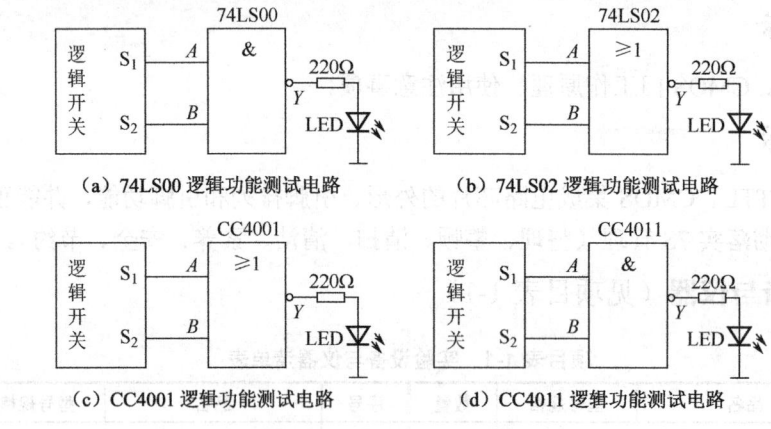

(a) 74LS00 逻辑功能测试电路
(b) 74LS02 逻辑功能测试电路
(c) CC4001 逻辑功能测试电路
(d) CC4011 逻辑功能测试电路

项目图 1-2　逻辑功能测试电路

电路连接完毕并检查无误后，通电测试，观测二极管的状态（发光为 1、不发光为 0）。完成项目表 1-2，验证电路的逻辑功能。

项目表 1-2　74LS00 逻辑功能验证表

输入		输出	输入		输出	电平值（Y）输出	输出 Y 表达式及逻辑功能描述
A	B	Y	A	B	Y		
0	0		0	1		0 电平=____V；	
1	0		1	1		1 电平=____V。	

（2）74LS02 逻辑功能测试。

按项目图 1-2（b）所示连接测试电路。参照上面的方法和步骤，完成项目表 1-3。

项目表 1-3　74LS02 逻辑功能验证表

输入		输出	输入		输出	电平值（Y）输出	输出 Y 表达式及逻辑功能描述
A	B	Y	A	B	Y		
0	0		0	1		0 电平=____V；	
1	0		1	1		1 电平=____V。	

（3）CC4001 功能测试。

按项目图 1-2（c）所示连接测试电路，CC4001 的 V_{DD} 端接+5V 电源正极，V_{SS} 端接电源地。其他均参照上面的方法和步骤，完成项目表 1-4。

项目表 1-4　CC4001 逻辑功能验证表

输入		输出	输入		输出	电平值（Y）输出	输出 Y 表达式及逻辑功能描述
A	B	Y	A	B	Y		
0	0		0	1		0 电平=____V；	
1	0		1	1		1 电平=____V。	

（4）CC4011 逻辑功能测试。

按项目图 1-2（d）所示连接测试电路。参照上面的方法和步骤，完成项目表 1-5。

项目表 1-5　CC4011 逻辑功能验证表

输　入		输出	输　入		输出	电平值（Y）	输出 Y 表达式
A	*B*	*Y*	*A*	*B*	*Y*	输出	及逻辑功能描述
0	0		0	1		0 电平=＿＿＿V；	
1	0		1	1		1 电平=＿＿＿V。	

3. 项目考核评价（参考附表二）

✅ 实验拓展

在上述实验中，如果输入端不接逻辑开关，则如何将高、低电平引入输入端？

项目 2　三态门、OC 门功能测试及应用

知识目标

了解三态门、OC 门工作原理，熟悉三态门、OC 门的具体应用。

技能目标

（1）熟悉三态门、OC 门集成电路的外形、引脚排列和引脚功能。
（2）学会正确使用三态门、OC 门。
（3）能贯彻落实 7S 管理（整理、整顿、清扫、清洁、素养、安全、节约）。

实验设备与仪器（见项目表 2-1）

项目表 2-1　实验设备与仪器清单表

序号	品名	型号规格	数量	序号	品名	型号规格	数量
1	数字集成电路	74LS126	1	4	示波器	双踪	1
2	数字集成电路	74LS22	1	5	数字电路实验箱		1
3	万用表	MF47	1	6	方波信号发生器		1

实验步骤

1. 熟悉 74LS126、74LS22 的引脚功能

引脚功能如项目图 2-1 所示。

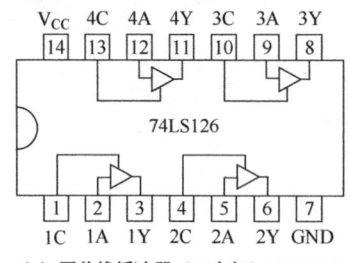

（a）四总线缓冲器（三态门）74LS126 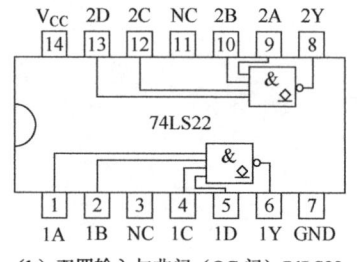　　（b）双四输入与非门（OC 门）74LS22

项目图 2-1　引脚功能图

2. 三态门 74LS126 逻辑功能测试及应用

三态门 74LS126 逻辑功能测试及应用实验电路如项目图 2-2 所示。

（1）74LS126 逻辑功能测试。

将 74LS126 插入数字电路实验箱，任选四个三态门中的一个，按项目图 2-2（a）所示，将其输入端 A、使能控制端 EN 接实验箱上的逻辑开关，输出端 Y 接实验箱上的电阻和发光二极管，74LS126 的 V_{CC} 端接+5V 电源正极，GND 端接电源地。

电路连接完毕并检查无误后，通电测试，观测二极管的状态（发光为 1、不发光为 0）并完成项目表 2-2，验证电路的逻辑功能。

三态门、OC门功能测试及应用 **项目2**

(a) 74LS126 逻辑功能测试电路　　(b) 三态门应用之总线控制验证电路

项目图 2-2　74LS126 实验图

项目表 2-2　逻辑功能验证表

输入		输出	输入		输出	电平值（Y）	高阻态时，断开电阻 R$_1$
A	EN	Y	A	EN	Y	输出	测 Y 端对地电阻
0	0		0	1		0 电平=_____V；	R$_正$=_____Ω；
1	0		1	1		1 电平=_____V。	R$_反$=_____Ω。

（2）74LS126 应用电路。

按项目图 2-2（b）所示连接 74LS126 应用电路。电路连接完毕并检查无误后，通电测试，并完成项目表 2-3，验证电路总线控制应用状态下的分时传输逻辑功能。

项目表 2-3　分时传输逻辑功能验证表

输入 $S_1S_2S_3S_4$	示波器波形	输入 $S_1S_2S_3S_4$	示波器波形
1000	频率为_____Hz，传输数据为_____。	0010	频率为_____Hz，传输数据为_____。
0100	频率为_____Hz，传输数据为_____。	0001	频率为_____Hz，传输数据为_____。
实验结论：			

3．OC 门 74LS22 逻辑功能测试及应用

OC 门 74LS22 逻辑功能测试及应用实验电路如项目图 2-3 所示。

（1）74LS22 逻辑功能测试。

按项目图 2-3（a）所示连接 74LS22 测试电路。电路连接完毕并检查无误后，通电测试，观测二极管的状态（发光为 1、不发光为 0）。完成项目表 2-4，验证电路的逻辑功能。

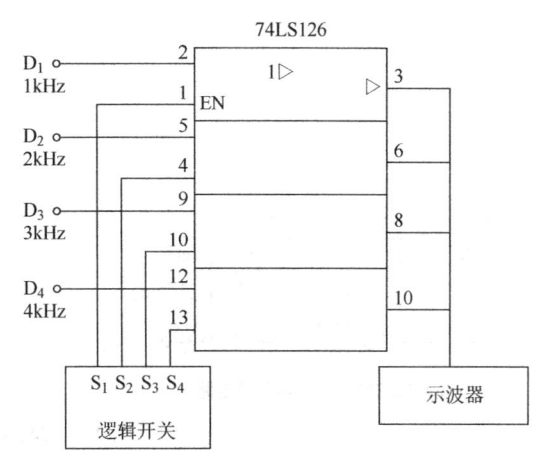

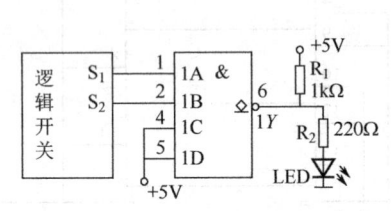

脉冲数字电路

(a) 74LS22 逻辑功能测试电路

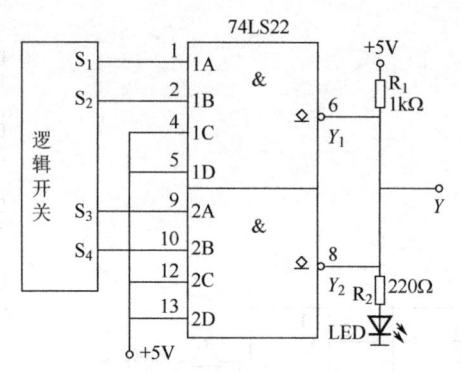

(b) OC 门应用之线与功能验证电路

项目图 2-3　74LS22 实验图

项目表 2-4　逻辑功能验证表

输　入		输出	输　入		输出	电平值（Y）	输入、输出逻辑关系
A	B	Y	A	B	Y	输出	
0	0		0	1		0 电平=____V;	Y=_____
1	0		1	1		1 电平=____V。	

（2）74LS22 应用电路。

按项目图 2-3（b）所示连接 74LS22 应用电路。电路连接完毕并检查无误后，通电测试，观测二极管的状态（发光为 1、不发光为 0）。完成项目表 2-5，验证电路线与逻辑功能。

项目表 2-5　线与逻辑功能验证表

输入状态	输出（电平值）			输入状态	输出（电平值）		
$S_1S_2S_3S_4$	Y_1（计算值）	Y_2（计算值）	Y	$S_1S_2S_3S_4$	Y_1（计算值）	Y_2（计算值）	Y
0000				1000			
0001				1001			
0010				1010			
0011				1011			
0100				1100			
0101				1101			
0110				1110			
0111				1111			
结论：							

4. 项目考核评价（参考附表二）

实验拓展

上述实验中，如何处理多余输入端？

项目 3 电控逻辑门逻辑功能测试

✓ 知识目标

理解电控门的开关控制原理，能分析电控门输入数码与输出数码的关系。

✓ 技能目标（参考实验项目1）

✓ 实验设备与仪器（见项目表3-1）

项目表3-1 实验设备与仪器清单表

序号	品名	型号规格	数量	序号	品名	型号规格	数量
1	TTL 集成电路	74LS00	1	6	双踪示波器		1
2	TTL 集成电路	74LS08	1	7	方波信号发生器		1
3	TTL 集成电路	74LS02	1	8	数字电路实验箱		1
4	TTL 集成电路	74LS32	1	9	万用表	MF47	1
5	TTL 集成电路	74LS86	1				

✓ 实验步骤

1. 熟悉 74LS08、74LS32、74LS86 的引脚功能

74LS08、74LS32、74LS86 的引脚功能如项目图3-1所示。74LS00、74LS02 的引脚功能图见项目1。

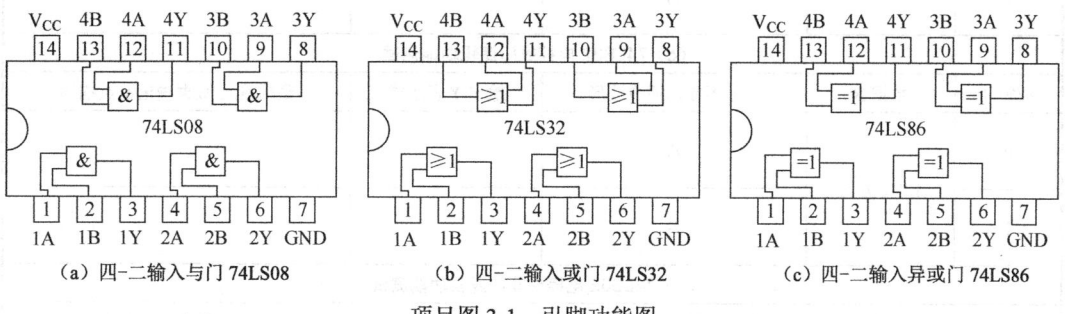

(a) 四-二输入与门 74LS08　　(b) 四-二输入或门 74LS32　　(c) 四-二输入异或门 74LS86

项目图3-1　引脚功能图

2. 电控门 74LS08、74LS00、74LS32、74LS02、74LS86 逻辑功能测试

将 74LS08 插入数字电路实验箱，任选四个与门中的一个，按项目图3-2所示进行连接：输入端 A 接实验箱上的逻辑开关，输入端 B 接 10Hz 方波信号（模拟输入的数据信号）；双踪示波器的两个输入探头（Y_1 通道输入和 Y_2 通道输入）分别接与门的输入端 B 和输出端 Y；输出端 Y 接实验箱上的电阻和发光二极管；74LS08 的 V_{CC} 端接+5V 电源正极，GND 端接电源地，方波信号发生器和双踪示波器的接地端必须确保可靠接地。

电路连接完毕并检查无误后，通电测试。拨动逻辑开关 S，观测二极管的发光状态是否有变化，对双踪示波器 Y_1 通道和 Y_2 通道显示的波形进行对比和分析。完成项目表 3-2 (a)，验证电控与门的逻辑功能。

同理，对照项目图 3-2，再分别进行 74LS00、74LS32、74LS02、74LS86 电控逻辑门的功能测试，并将测试结果填入项目表 3-2 中的相应位置处。

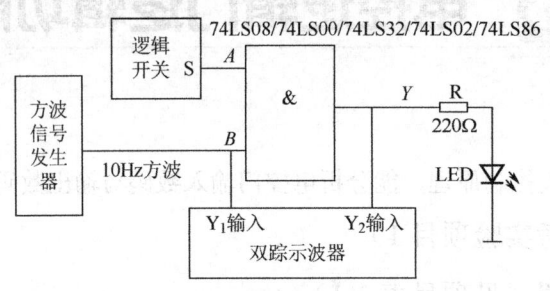

项目图 3-2　电控门逻辑功能测试电路图

项目表 3-2　电控门逻辑功能验证表

\(a\) 74LS08 电控与门逻辑功能测试					
控制 A	数据 B	示波器显示通道波形	输出 Y 表达式	数据输入/数据输出特点描述
0	10Hz 方波	Y_1		
1		Y_2		
\(b\) 74LS00 电控与非门逻辑功能测试				
控制 A	数据 B	示波器显示通道波形	输出 Y 表达式	数据输入/数据输出特点描述
0	10Hz 方波	Y_1		
1		Y_2		
\(c\) 74LS32 电控或门逻辑功能测试				
控制 A	数据 B	示波器显示通道波形	输出 Y 表达式	数据输入/数据输出特点描述
0	10Hz 方波	Y_1		
1		Y_2		
\(d\) 74LS02 电控或非门逻辑功能测试				
控制 A	数据 B	示波器显示通道波形	输出 Y 表达式	数据输入/数据输出特点描述
0	10Hz 方波	Y_1		
1		Y_2		
\(e\) 74LS86 电控异或门逻辑功能测试				
控制 A	数据 B	示波器显示通道波形	输出 Y 表达式	数据输入/数据输出特点描述
0	10Hz 方波	Y_1		
1		Y_2		

3. 项目考核评价（参考附表二）

✓ 实验拓展

上述实验中的电控门其本质是受电平控制的各类电子开关。请思考如何利用电控门构成一个反码输出的二选一数据选择开关，试画出满足要求的逻辑电路。

项目 4　组合逻辑集成电路功能测试

✅ 知识目标

了解 3 线-8 线译码器 74LS138、8 路数据选择器 74LS251、七段显示译码器 74LS48、8 线-3 线优先编码器 74LS148 等各类组合逻辑集成电路的作用，理解输入控制与输出间的逻辑关系，能正确识读各类组合逻辑集成电路的功能表。

✅ 技能目标（参考实验项目 1）

✅ 实验设备与仪器（见项目表 4-1）

项目表 4-1　实验设备与仪器清单表

序号	品名	型号规格	数量	序号	品名	型号规格	数量
1	TTL 集成电路	74LS138	1	6	数字电路实验箱		1
2	TTL 集成电路	74LS251	1	7	万用表	MF47	1
3	TTL 集成电路	74LS48	1	8	发光二极管		8
4	TTL 集成电路	74LS148	1	9	金属膜电阻	220Ω	8
5	七段数码管	BS205	1				

✅ 实验步骤

1. 熟悉 74LS138、74LS251、74LS48、74LS148 的引脚功能

74LS138、74LS251、74LS48、74LS148 的引脚功能如项目图 4-1 所示。

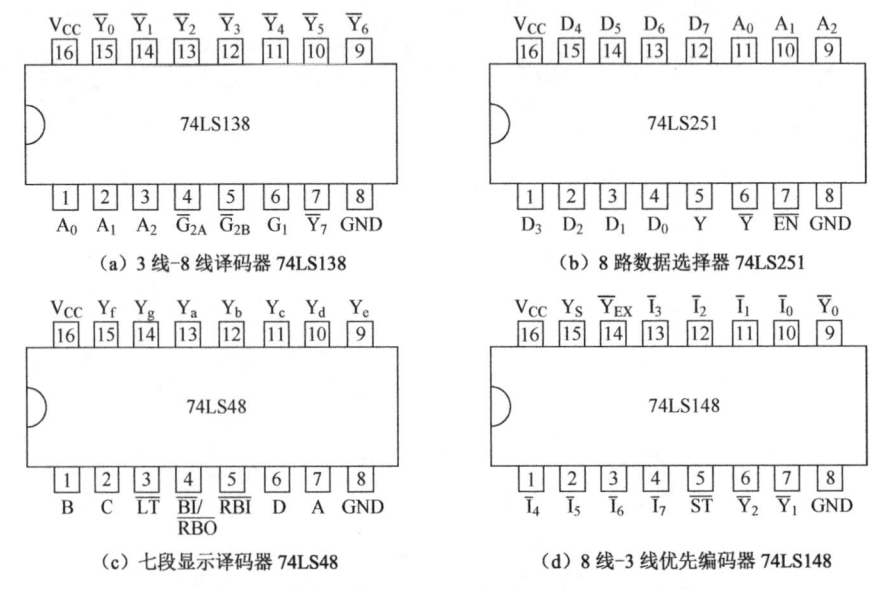

(a) 3 线-8 线译码器 74LS138

(b) 8 路数据选择器 74LS251

(c) 七段显示译码器 74LS48

(d) 8 线-3 线优先编码器 74LS148

项目图 4-1　常用组合逻辑集成电路引脚功能图

2. 组合逻辑集成电路功能测试

（1）3线-8线译码器74LS138逻辑功能测试。

将74LS138插入数字电路实验箱，按项目图4-2所示连接好电路，电路连接完毕并检查无误后，通电并按要求进行测试。观测二极管的发光状态（发光表示输出为0、不发光表示输出为1），记录实验数据并填写项目表4-2，完成电路逻辑功能的验证。

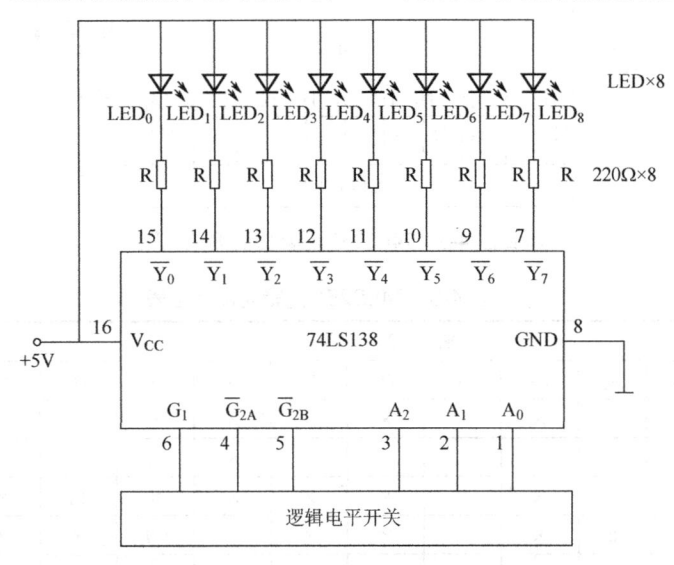

项目图4-2　74LS138逻辑功能测试电路

项目表4-2　74LS138逻辑功能验证表

输入						输出							
G_1	$\overline{G}_{2A}$	$\overline{G}_{2B}$	A_2	A_1	A_0	$\overline{Y}_0$	$\overline{Y}_1$	$\overline{Y}_2$	$\overline{Y}_3$	$\overline{Y}_4$	$\overline{Y}_5$	$\overline{Y}_6$	$\overline{Y}_7$
×	1	×	×	×	×								
×	×	1	×	×	×								
0	×	×	×	×	×								
1	0	0	0	0	0								
1	0	0	0	0	1								
1	0	0	0	1	0								
1	0	0	0	1	1								
1	0	0	1	0	0								
1	0	0	1	0	1								
1	0	0	1	1	0								
1	0	0	1	1	1								

（2）8路数据选择器74LS251逻辑功能测试。

同理，按项目图4-3所示对74LS251进行测试。填写项目表4-3，完成电路逻辑功能的验证。

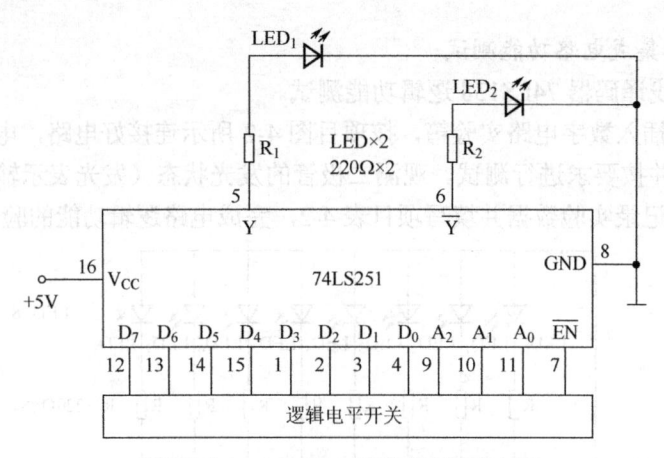

项目图 4-3　74LS251 逻辑功能测试电路

项目表 4-3　74LS251 逻辑功能验证表

$\overline{EN}$	A_2	A_1	A_0	D_7	D_6	D_5	D_4	D_3	D_2	D_1	D_0	Y	$\overline{Y}$
1	×	×	×	×	×	×	×	×	×	×	×		
0	0	0	0	×	×	×	×	×	×	×	0/1		
0	0	0	1	×	×	×	×	×	×	0/1	×		
0	0	1	0	×	×	×	×	×	0/1	×	×		
0	0	1	1	×	×	×	×	0/1	×	×	×		
0	1	0	0	×	×	×	0/1	×	×	×	×		
0	1	0	1	×	×	0/1	×	×	×	×	×		
0	1	1	0	×	0/1	×	×	×	×	×	×		
0	1	1	1	0/1	×	×	×	×	×	×	×		

（3）七段显示译码器 74LS48 逻辑功能测试。

按项目图 4-4 所示对 74LS48 进行测试。填写项目表 4-4，完成电路逻辑功能的验证。

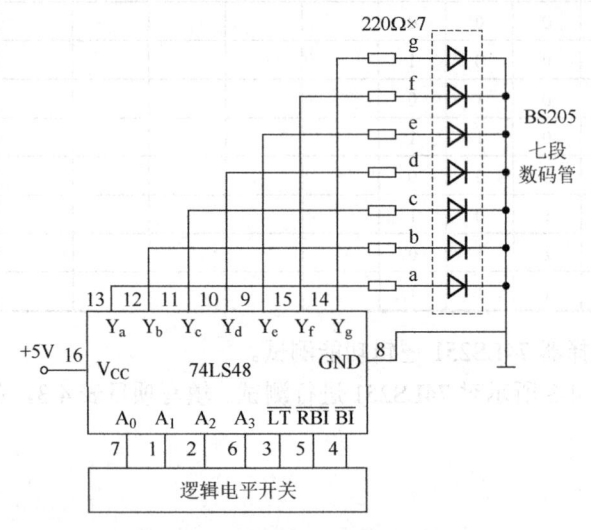

项目图 4-4　74LS48 逻辑功能测试电路

项目表 4-4　74LS48 逻辑功能验证表

十进制数或功能	$\overline{LT}$	$\overline{RBI}$	$\overline{BI}/\overline{RBO}$	A_3	A_2	A_1	A_0	Y_a	Y_b	Y_c	Y_d	Y_e	Y_f	Y_g	字形显示
试灯	0	×	×	×	×	×	×								
灭零	1	0	1	0	0	0	0								
消隐	1	×	0	×	×	×	×								
0	1	×	1	0	0	0	0								
1	1	×	1	0	0	0	1								
2	1	×	1	0	0	1	0								
3	1	×	1	0	0	1	1								
4	1	×	1	0	1	0	0								
5	1	×	1	0	1	0	1								
6	1	×	1	0	1	1	0								
7	1	×	1	0	1	1	1								
8	1	×	1	1	0	0	0								
9	1	×	1	1	0	0	1								

（4）8 线-3 线优先编码器 74LS148 逻辑功能测试。

按项目图 4-5 所示对 74LS148 进行测试。填写项目表 4-5，完成电路逻辑功能的验证。

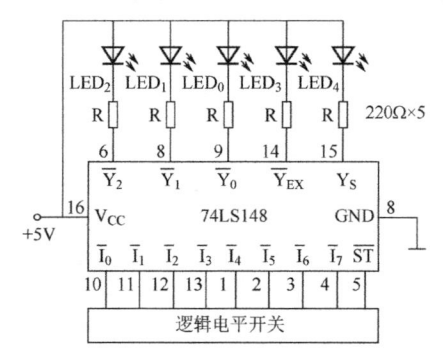

项目图 4-5　74LS148 逻辑功能测试电路

项目表 4-5　74LS148 逻辑功能验证表

$\overline{ST}$	$\overline{I_7}$	$\overline{I_6}$	$\overline{I_5}$	$\overline{I_4}$	$\overline{I_3}$	$\overline{I_2}$	$\overline{I_1}$	$\overline{I_0}$	$\overline{Y_{EX}}$	Y_S	$\overline{Y_2}$	$\overline{Y_1}$	$\overline{Y_0}$
1	×	×	×	×	×	×	×	×					
0	1	1	1	1	1	1	1	1					
0	0	×	×	×	×	×	×	×					
0	1	0	×	×	×	×	×	×					
0	1	1	0	×	×	×	×	×					
0	1	1	1	0	×	×	×	×					
0	1	1	1	1	0	×	×	×					
0	1	1	1	1	1	0	×	×					
0	1	1	1	1	1	1	0	×					
0	1	1	1	1	1	1	1	0					

3. 项目考核评价（参考附表二）

*项目 5　声光两控智能灯电路的制作

✓ 知识目标

（1）理解声光两控智能灯电路的逻辑设计原理。
（2）能熟练运用理论知识分析声光两控智能灯电路的工作过程。
（3）掌握逻辑电路的设计原理与功能测试。

✓ 技能目标

（1）能熟练掌握焊接装配技能，熟悉常用电子元器件的质量检测，能熟练地在万能印制电路板上进行合理的元器件布局布线。
（2）会上网查找、整理相关资料，能相互讨论，分享信息资料。
（3）具备相当的读图能力，能熟读集成 IC 引脚功能图、电路原理图。
（4）出现疑惑时能及时问询指导老师，出现故障时会运用理论知识分析故障原因及部位，会运用老师讲授的方法仔细检查，会对故障予以检修。
（5）能贯彻落实 7S 管理（整理、整顿、清扫、清洁、素养、安全、节约）。

✓ 工具、元器件和仪器

（1）电烙铁等常用电子装配工具。
（2）直流稳压电源、万能印制电路板、NE555、光电二极管、三极管等。
（3）万用表。

✓ 实训步骤

1. 逻辑设计原理

（1）灯控原理：当光照不足（天黑）和声响（有行人）两个条件同时具备时，需点亮照明灯，待行人走远（几分钟延时）后自动熄灭；如不同时具备上述两个条件，为避免浪费电能，要求保持熄灭状态。

本电路中的 NE555 构成单稳态触发器。③脚输出高电平须同时满足两个条件：首先，只有天黑后，光电二极管才会呈现高阻态，NE555 复位端才会为高电平，单稳态触发器才具备工作条件；其次，单稳态触发输入信号为驻极体话筒声电转换后放大的电信号，只有当声响足够，单稳态触发器才具备触发条件。

（2）NE555 引脚功能图和逻辑设计电路图（声光两控智能灯电路）如项目图 5-1 所示。

2. 装配要求和方法

工艺流程：准备→熟悉工艺要求→绘制装配草图→核对元器件数量、规格、型号→元器件检测→元器件预加工→装配焊接→总装加工→自检。

（1）准备：将工作台整理有序，配齐必要的物品，各类工具合理摆放。
（2）熟悉工艺要求：认真阅读电原理图和工艺要求。

(a) NE555 引脚功能图　　　　　　　　　　　　(b) 逻辑设计电路图

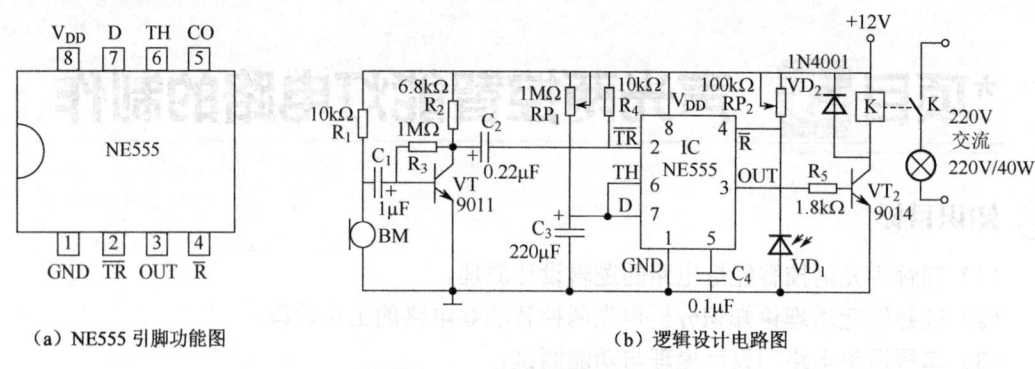

项目图 5-1　声光两控智能灯电路

（3）绘制装配草图：要求学员自主设计，力求排版合理、布局美观。

（4）清点元器件：按项目表 5-1 核对元器件的数量和规格，应符合工艺要求，如出现短缺或差错，应及时补缺或更换。

项目表 5-1　元器件清单表

序号	代号	品名	型号规格	数量	序号	代号	品名	型号规格	数量
1	IC	数字集成电路	NE555	1	10	C_3	电解电容	220μF	1
2	VT_1	三极管	9011	1	11	C_4	瓷片电容	0.1μF	1
3	VT_2	三极管	9014	1	12	RP_2	电位器	100kΩ	1
4	VD_1	光电二极管	2CU	1	13	R_1	金属膜电阻	100kΩ	1
5	VD_2	二极管	1N4001	1	14	R_2	金属膜电阻	6.8kΩ	1
6	HK23F	直流继电器	5V	1	15	R_3	金属膜电阻	1MΩ	1
7	RP_1	电位器	1MΩ	1	16	R_4	金属膜电阻	10kΩ	1
8	C_1	电解电容	1μF	1	17	R_5	金属膜电阻	1.8kΩ	1
9	C_2	电解电容	0.22μF	1	18	HL	白炽灯	220V/40W	1

（5）元器件检测：用万用表电阻挡对元器件进行逐一检测，剔除并更换不合格元器件。

（6）元器件预加工。

（7）万能印制电路板装配工艺要求：

① 电阻尽量采用水平安装方式，紧贴印制板，色码方向一致；

② 所有焊点均采用直角焊，焊接完成后剪去多余引脚，留头在焊面以上 0.5~1mm，且不能损伤焊接面。

③ 万能印制电路板布线应正确、平直，转角处成直角；焊接可靠，无虚焊、漏焊、短路等现象。

（8）自检：对已完成装配的工件仔细进行如下方面的质量检查。

① 装配的准确性：包括元器件位置、电解电容与二极管极性是否错误、元器件引脚有无错连、错焊。

② 焊点质量的可靠性：焊点应无虚焊、漏焊、搭焊及空隙、毛刺等。

③ 装配的安全性：包括电源线、地线有无短接；220V 电源和灯泡的接线端是否做到了可靠的绝缘包扎；检查有无影响安全性能指标的缺陷；元器件整形等。

3. 调试与检测

自检无误后，首先要用黑胶带包覆光电二极管受光处（模拟无光照），接入 5V 直流稳压电源，然后发出声音。若能听到直流继电器的正常吸合声，说明电路正常工作。最后再将灯泡接入 220V 交流电源，并完成项目表 5-2，测试并验证电路是否符合设计要求。

项目表 5-2 电路测试数据记录表

<table>
<tr><td rowspan="7">电路测试记录</td><td>器件</td><td colspan="4">有 声</td><td colspan="4">无 声</td></tr>
<tr><td>三极管 VT</td><td>V_C</td><td>V_B</td><td>V_E</td><td>$V_②$</td><td>V_C</td><td>V_B</td><td>V_E</td><td>$V_②$</td></tr>
<tr><td>NE555②</td><td colspan="4"></td><td colspan="4"></td></tr>
<tr><td>器件</td><td colspan="2">无光照，灯亮</td><td colspan="2">无光照，灯灭</td><td colspan="2">有光照，灯亮</td><td colspan="2">有光照，灯灭</td></tr>
<tr><td>NE555④</td><td colspan="2"></td><td colspan="2"></td><td colspan="2"></td><td colspan="2"></td></tr>
<tr><td>NE555③</td><td colspan="2"></td><td colspan="2"></td><td colspan="2"></td><td colspan="2"></td></tr>
<tr><td>NE555⑥脚波形</td><td colspan="2">RP₁ 调至中点，从亮到灭</td><td colspan="2">延时时间</td><td colspan="2">RP₁ 调至最大，从亮到灭</td><td colspan="2">延时时间</td></tr>
<tr><td colspan="9">说明：功能如不符合设计要求，查找原因，检修电路，直至成功</td></tr>
</table>

4. 项目考核评价（参考附表三）

*项目 6 四地同控一盏灯电路的制作

四地同控一盏灯电路的逻辑输出为 $Y = A \oplus B \oplus C \oplus D$。实现该输出函数的方法有：①小规模集成逻辑门电路；②D 触发器；③数据分配器；④数据选择器。本项目中以方法①、②进行电路设计、制作和测试。

✓ **知识目标、技能目标、工具、元器件和仪器**（参考实训项目 5）

✓ **实训步骤**

6.1 四-二输入异或门 74LS86 实现四地同控一盏灯电路制作

1. 逻辑设计原理

（1）实现方法：$Y = A \oplus B \oplus C \oplus D = (A \oplus B) \oplus (C \oplus D)$，需用三个异或门实现。

（2）74LS86 引脚功能图和逻辑设计电路图如项目图 6-1（a）、（b）所示。

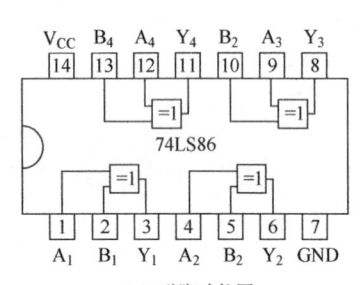

(a) 引脚功能图

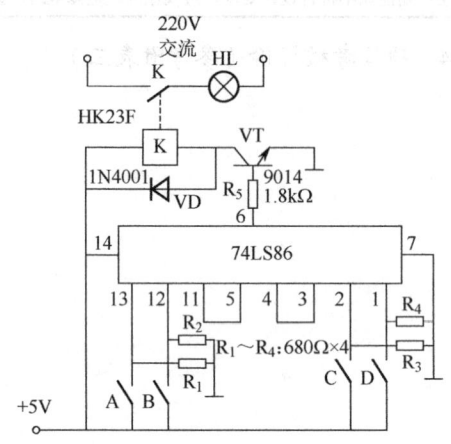

(b) 逻辑设计电路图

项目图 6-1 四-二输入异或门 74LS86 实现四地同控一盏灯电路

2. 装配要求和方法

实训装配要求和方法请参考实训项目 5，项目元器件清单如项目表 6-1 所示。

项目表 6-1 元器件清单表

序号	代号	品名	型号规格	数量	序号	代号	品名	型号规格	数量
1	IC	数字集成电路	74LS86	1	6	ABCD	拨动开关		4
2		双列直插式 IC 座	14 脚	1	7	$R_1 \sim R_4$	金属膜电阻	680Ω	4
3	VT	三极管	9014	1	8	R_5	金属膜电阻	1.8kΩ	1
4	VD	二极管	1N4001	1	9	HL	白炽灯	220V/40W	1
5	HK23F	直流继电器	5V	1					

3. 调试与检测

自检无误后，接入 5V 直流稳压电源。拨动任一开关，在能听到直流继电器的正常吸合声后，再将灯泡接入 220V 交流电源，并完成项目表 6-2，验证电路是否符合设计要求。

项目表 6-2 逻辑功能验证表

输入状态 ABCD	IC ⑥脚电平（1/0）	HL 状态（亮/灭）	输入状态 ABCD	IC ⑥脚电平（1/0）	HL 状态（亮/灭）
0000			1000		
0001			1001		
0010			1010		
0011			1011		
0100			1100		
0101			1101		
0110			1110		
0111			1111		

说明：① 开关闭合，输入状态为 1，否则为 0；② 功能如不符合设计要求，查找原因，检修电路，直至成功

6.2 双 D 触发器 CC4013 实现四地同控一盏灯电路制作

1. 逻辑设计原理

（1）实现方法：教材相关章节中已提及。

（2）CC4013 引脚功能图和逻辑设计电路图如项目图 6-2（a）、（b）所示。

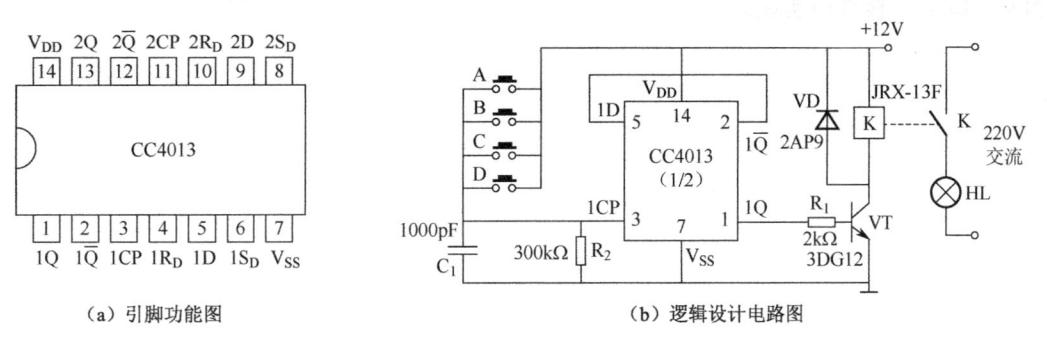

(a) 引脚功能图

(b) 逻辑设计电路图

项目图 6-2 双 D 触发器 CC4013 实现四地同控一盏灯电路

2. 装配要求和方法

实训装配要求和方法请参考项目 5，项目元器件清单如项目表 6-3 所示。

项目表 6-3 元器件清单表

序号	代号	品名	型号规格	数量	序号	代号	品名	型号规格	数量
1	IC	数字集成电路	CC4013	1	5	ABCD	轻触开关		4
2		双列直插式 IC 座	14 脚	3	6	R_1	金属膜电阻	2kΩ	1
3	VT	三极管	3DG12	1		R_2		300kΩ	1
4	VD	二极管	2AP9	1	7	C_1	瓷片电容	1000PF	1
5	JRX-13F	直流继电器	12V	1	8	HL	白炽灯	220V/40W	1

3. 调试与检测

调试与检测步骤同前，完成项目表 6-4，验证电路是否符合设计要求。

项目表 6-4　逻辑功能验证表

HL 原态为灭	HL 次态（亮/灭）	IC ①脚电平（1/0）
按下任一开关		
HL 原态为亮	HL 次态（亮/灭）	IC ①脚电平（1/0）
按下任一开关		
说明：如不符合设计要求，查找原因，检修电路，直至成功		

4. 项目考核评价（参考附表三）

✓ 训练拓展

数据分配器和数据选择器均可作为逻辑函数发生器使用。试用以下方案实现项目 6 的电路图设计：①两片 74LS138 和一片 74LS20 方案；②一片 74LS251 方案。

方案①提示：

$$Y = A \oplus B \oplus C \oplus D$$
$$= \overline{A}\overline{B}\overline{C}D + \overline{A}\overline{B}C\overline{D} + \overline{A}B\overline{C}\overline{D} + \overline{A}BCD + A\overline{B}\overline{C}\overline{D} + A\overline{B}CD + AB\overline{C}D + ABC\overline{D}$$
$$= \overline{A}(\overline{B}\overline{C}D + \overline{B}C\overline{D} + B\overline{C}\overline{D} + BCD) + A(\overline{B}\overline{C}\overline{D} + \overline{B}CD + B\overline{C}D + BC\overline{D})$$

当 $A=0$ 时，$Y_1(B,C,D) = \sum m(1,2,4,7) = \overline{\overline{m_1}\overline{m_2}\overline{m_4}\overline{m_7}}$；

当 $A=1$ 时，$Y_2(B,C,D) = \sum m(0,3,5,6) = \overline{\overline{m_0}\overline{m_3}\overline{m_5}\overline{m_6}}$，即用两片 74LS138、一片 74LS20 和两只隔离二极管可实现。

*项目 7 病房优先呼叫控制电路的制作

✓ 知识目标、技能目标、工具、元器件和仪器（参考实训项目 5）
✓ 实训步骤

1. 逻辑设计原理

（1）实现方法：教材相关章节中已提及。

（2）74LS48、74LS148 的引脚功能图和逻辑设计电路图，如项目图 7-1（a）、（b）所示。

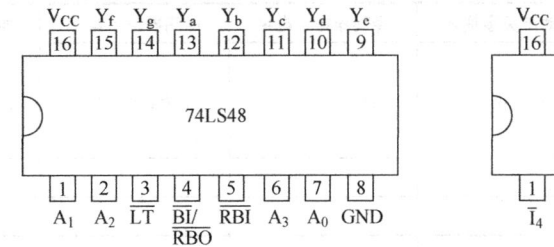

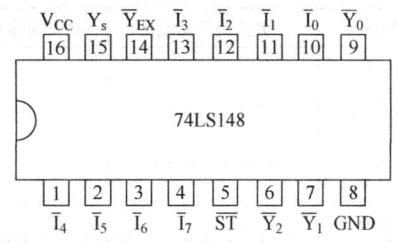

(a) 引脚功能图

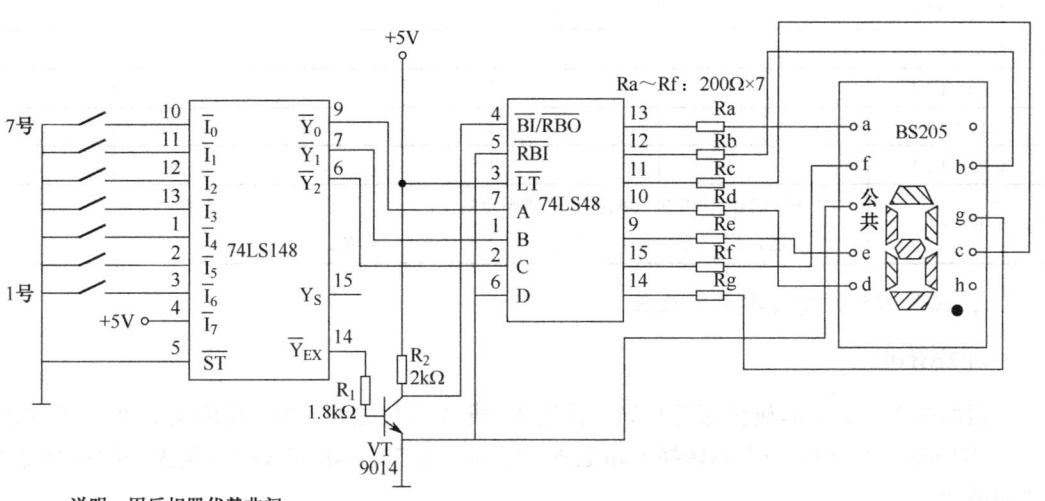

(b) 逻辑设计电路图

说明：用反相器代替非门

项目图 7-1 病房优先呼叫控制电路

2. 装配要求和方法

实训装配要求和方法请参考项目 5，项目元器件清单如表 7-1 所示。

项目表 7-1　元器件清单表

序号	代号	品名	型号规格	数量	序号	代号	品名	型号规格	数量
1	IC_1	数字集成电路	74LS148	1	6	$S_1 \sim S_4$	拨动开关		7
2	IC_2	数字集成电路	74LS48	1	7	$R_a \sim R_f$	金属膜电阻	200Ω	7
3		双列直插式 IC 座	16 脚	2	8	R_1	金属膜电阻	1.8kΩ	1
4	IC_3	共阴数码管	BS205	1	9	R_2	金属膜电阻	2kΩ	1
5	VT	三极管	9014	1					

3. 调试与检测

自检无误后，接入 5V 直流稳压电源。逐一接通、断开 $S_1 \sim S_7$ 开关，数码管均能正常显示，说明电路安装取得成功。完成项目表 7-2，验证电路是否符合设计要求。

项目表 7-2　逻辑功能验证表

编码器输入	优先编码标志输出	动态灭零输入	译码器输入电平	译码器输出电平	显示字符
$\bar{I}_0\bar{I}_1\bar{I}_2\bar{I}_3\bar{I}_4\bar{I}_5\bar{I}_6$	$\overline{Y}_{EX}$ 电平值	$\overline{RBI}$ 电平值	$D\ C\ B\ A$	$a\,b\,c\,d\,e\,f\,g$	a / f g b / e c / d ·h
1111111					
0000000					
1111101					
1111011					
1110111					
1101111					
1011111					
0111111					
说明：	① 开关闭合，相应输入状态为 0，否则为 1； ② 功能如不符合设计要求，查找原因，检修电路，直至成功					

4. 项目考核评价（参考附表三）

✓ 训练拓展

假如医院不是 7 间病房而是 9 间。试用 10 线-4 线优先编码器 74LS147、四-二输入异或门 74LS86（实现反码/原码转换）和七段显示译码器 74LS48 完成病房优先呼叫控制电路图的设计。

项目 8 集成触发器逻辑功能测试

✓ 知识目标

了解上升沿触发单 JK 触发器 74LS70、上升沿触发双 D 触发器 74LS74 等各类集成触发器的作用；理解输入控制与输出间的逻辑关系；能正确识读各类集成触发器的功能表。

✓ 技能目标（参考实验项目 1）

✓ 实验设备与仪器（见项目表 8-1）

项目表 8-1 实验设备与仪器清单表

序号	品名	型号规格	数量	序号	品名	型号规格	数量
1	TTL 集成电路	74LS70	1	5	按钮开关		1
2	TTL 集成电路	74LS74	1	6	金属膜电阻	220Ω/2kΩ	各一
3	数字电路实验箱		1	7	发光二极管		2
4	万用表	MF47	1	8	瓷片电容	470pF	1

✓ 实验步骤

1. 熟悉 74LS70、74LS74 的引脚功能

74LS70 是单上升沿 JK 触发器，它有三个 J 输入端（$J = J_1 J_2 \overline{J_3}$），三个 K 输入端（$K = K_1 K_2 \overline{K_3}$），74LS74 是双上升沿 D 触发器。它们的引脚功能如项目图 8-1 所示。

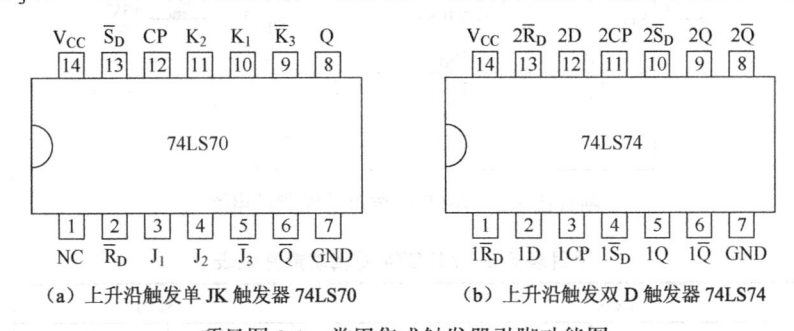

（a）上升沿触发单 JK 触发器 74LS70　　（b）上升沿触发双 D 触发器 74LS74

项目图 8-1 常用集成触发器引脚功能图

2. 集成触发器功能测试

（1）74LS70 逻辑功能测试。

按项目图 8-2 所示连接好电路，电路连接完毕并检查无误后，通电后按要求进行测试。观测二极管的发光状态（发光表示输出为 1、不发光表示输出为 0），记录实验数据并填写项目表 8-2，完成电路逻辑功能的验证。

（2）74LS74 逻辑功能测试。

同理，按项目图 8-3 所示对 74LS74 进行测试。填写项目表 8-3，完成电路逻辑功能的验证。

233

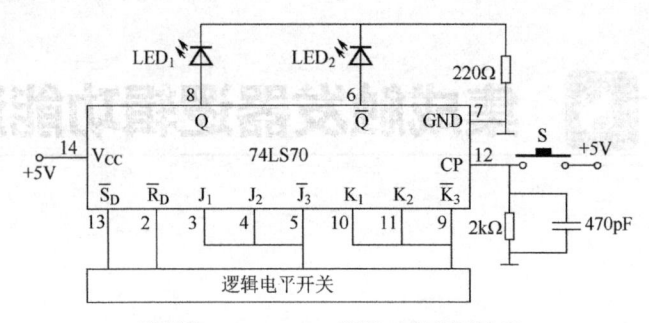

项目图 8-2　74LS70 逻辑功能测试电路

项目表 8-2　74LS70 逻辑功能验证表

输入					输出		功能
$\overline{R}_D$	$\overline{S}_D$	CP	$J=J_1J_2\overline{J}_3$	$K=K_1K_2\overline{K}_3$	Q	$\overline{Q}$	
0	1	×	×	×			
1	0	×	×	×			
1	1	↑	0	0			
1	1	↑	0	1			
1	1	↑	1	0			
1	1	↑	1	1			
1	1	0	×	×			
1	1	1	×	×			

① 状态方程：$Q^{n+1}=$ _____ ；② 470pF 电容器的作用是 _____

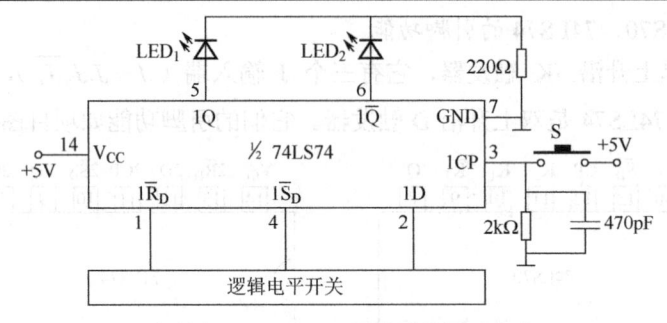

项目图 8-3　74LS74 逻辑功能测试电路

项目表 8-3　74LS74 逻辑功能验证表

输入				输出		功能
$\overline{R}_D$	$\overline{S}_D$	CP	D	Q	$\overline{Q}$	
0	1	×	×			
1	0	×	×			
1	1	↑	0			
1	1	↑	1			
1	1	0	×			
1	1	1	×			

状态方程：$Q^{n+1}=$ _____

3. 项目考核评价（参考附表二）

项目 9 集成计数器、移位寄存器逻辑功能测试

知识目标

了解四位二进制同步计数器 74LS161、双向移位寄存器 74LS194 等各类集成计数器和集成寄存器的作用,理解输入控制与输出间的逻辑关系。能正确识读各类集成计数器和集成寄存器的功能表。

技能目标(参考实验项目 1)

实验设备与仪器(见项目表 9-1)

项目表 9-1 实验设备与仪器清单表

序号	品名	型号规格	数量	序号	品名	型号规格	数量
1	TTL 集成电路	74LS161	1	5	按钮开关		1
2	TTL 集成电路	74LS194	1	6	金属膜电阻	220Ω/100Ω/2kΩ	4/1/1
3	数字电路实验箱		1	7	发光二极管		5
4	万用表	MF47	1	8	瓷片电容	470pF	1

实验步骤

1. 熟悉 74LS161、74LS194 的引脚功能

74LS161 是四位二进制同步计数器,具有异步清零、同步置数的功能;74LS194 是双向移位寄存器,具有清零、置数、左移、右移和保持的功能。它们的引脚功能如项目图 9-1 所示。

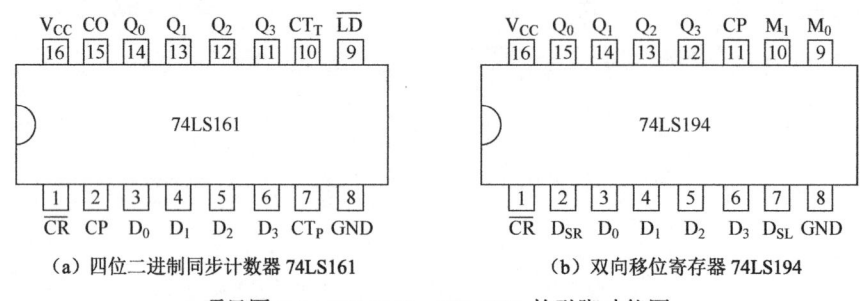

(a) 四位二进制同步计数器 74LS161　　(b) 双向移位寄存器 74LS194

项目图 9-1　74LS161、74LS194 的引脚功能图

2. 集成计数器、寄存器功能测试

(1) 74LS161 逻辑功能测试。

按项目图 9-2 所示连接好电路,电路连接完毕并检查无误后,通电后按要求进行测试。观测二极管的发光状态,记录实验数据并填写项目表 9-2,完成电路逻辑功能的验证。

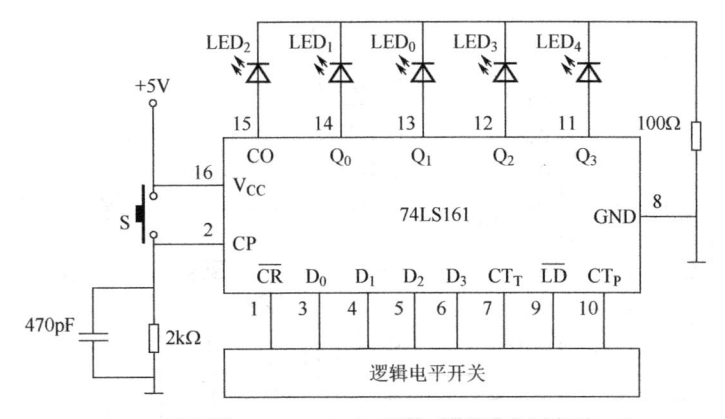

项目图 9-2　74LS161 逻辑功能测试电路

项目表 9-2　74LS161 逻辑功能验证表

$\overline{CR}$	$\overline{LD}$	CT_T	CT_P	CP	$D_3D_2D_1D_0$	$Q_3^nQ_2^nQ_1^nQ_0^n$	$Q_3^{n+1}Q_2^{n+1}Q_1^{n+1}Q_0^{n+1}$	功能描述
0	×	×	×	×	× × × ×	× × × ×		
1	0	×	×	↑	$D_3\ D_2\ D_1\ D_0$	× × × ×		
1	1	1	0	×	× × × ×	× × × ×		
1	1	0	1	×	× × × ×	× × × ×		
1	1	1	1	↑	× × × ×	0 0 0 0		
1	1	1	1	↑	× × × ×	0 0 0 1		
1	1	1	1	↑	× × × ×	0 0 1 0		
1	1	1	1	↑	× × × ×	0 0 1 1		
1	1	1	1	↑	× × × ×	0 1 0 0		
1	1	1	1	↑	× × × ×	0 1 0 1		
1	1	1	1	↑	× × × ×	0 1 1 0		
1	1	1	1	↑	× × × ×	0 1 1 1		
1	1	1	1	↑	× × × ×	1 0 0 0		
1	1	1	1	↑	× × × ×	1 0 0 1		
1	1	1	1	↑	× × × ×	1 0 1 0		
1	1	1	1	↑	× × × ×	1 0 1 1		
1	1	1	1	↑	× × × ×	1 1 0 0		
1	1	1	1	↑	× × × ×	1 1 0 1		
1	1	1	1	↑	× × × ×	1 1 1 0		
1	1	1	1	↑	× × × ×	1 1 1 1		
进位脉冲的逻辑表达式及脉宽：CO=_____，T_{CO}=_____									

（2）74LS194 逻辑功能测试。

同理，按项目图 9-3 所示对 74LS194 进行测试。填写项目表 9-3，完成电路逻辑功能的验证。

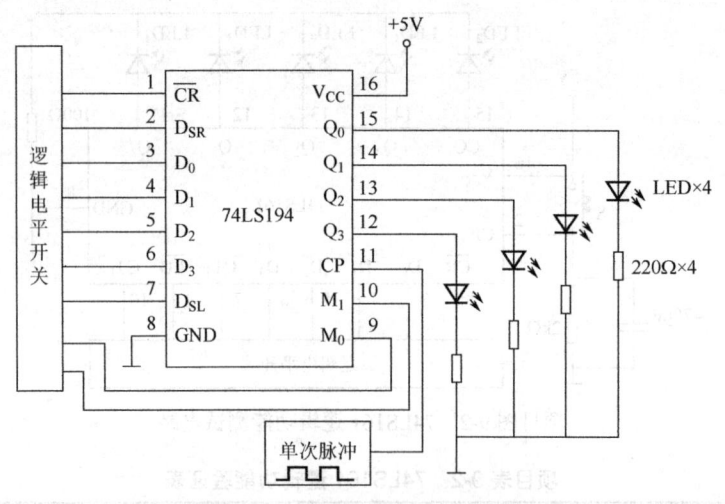

项目图 9-3　74LS194 逻辑功能测试电路

项目表 9-3　74LS194 逻辑功能验证表

输入							输出	功能描述
$\overline{CR}$	M_1M_0	D_{SR}	D_{SL}	CP	$D_0D_1D_2D_3$	$Q_0{}^nQ_1{}^nQ_2{}^nQ_3{}^n$	$Q_0{}^{n+1}Q_1{}^{n+1}Q_2{}^{n+1}Q_3{}^{n+1}$	
0	× ×	×	×	×	× × × ×	× × × ×		
1	1 1	×	×	↑	1 0 1 0	× × × ×		
1	0 0	×	×	↑	× × × ×	1 0 1 0		
1	0 1	1	×	0↑	× × × ×	0 0 0 0		
1	0 1	1	×	1↑	× × × ×			
1	0 1	1	×	2↑	× × × ×			
1	0 1	1	×	3↑	× × × ×			
1	0 1	0	×	4↑	× × × ×			
1	0 1	0	0	5↑	× × × ×			
1	1 0	×	1	0↑	× × × ×	0 0 0 0		
1	1 0	×	1	1↑	× × × ×			
1	1 0	×	1	2↑	× × × ×			
1	1 0	×	1	3↑	× × × ×			
1	1 0	×	0	4↑	× × × ×			
1	1 0	×	0	5↑	× × × ×			

3. 项目考核评价（参考附表二）

*项目 10 10路循环追灯控制电路的制作

✓ 知识目标、技能目标、工具、元器件和仪器（参考实训项目5）

✓ 实训步骤

1. 逻辑设计原理

（1）实现方法：CC4017为十进制计数器/序列脉冲分配器。时钟可以由CC4017的14脚输入（CP上升沿有效），也可选择13脚输入（CP下降沿有效）。NE555构成频率可调多谐振荡器，提供CC4017工作所需的CP脉冲。正常工作时，10个译码输出$Y_0 \sim Y_9$将按顺序轮流输出一个CP周期宽度的正脉冲。用$Y_0 \sim Y_9$去控制造型结构的二极管或彩灯，二极管或彩灯将按$Y_0 \sim Y_9$的顺序轮流发光。

（2）CC4017的引脚功能图和电路图，如项目图10-1所示。

项目图10-1 10路循环追灯控制电路

2. 装配要求和方法

实训装配要求和方法请参考实训项目 5，项目元器件清单如项目表 10-1 所示。

项目表 10-1　元器件清单表

序号	代号	品名	型号规格	数量	序号	代号	品名	型号规格	数量
1	T_1	小型电源变压器	9V/3W	1	8	C_2	电解电容	4.7μF	1
2	IC_1	三端集成稳压器	CW7806	1	9	C_3	电解电容	100μF	1
3	IC_2	时基电路	NE555	1	10	C_4	瓷片电容	1000pF	1
4	IC_3	数字集成电路	CC4017	1	11	LED	高亮发光二极管		11
5		双列直插式 IC 座	16 脚	1	12	R_W	电位器	200kΩ	1
6	VD	二极管	1N4007	4	13	R_1	金属膜电阻	20kΩ	1
7	C_1	电解电容	1000μF	1	14	R	金属膜电阻	100Ω	10

3. 调试与检测

自检无误后，接入 220V 电源。如观察到发光二极管能依次循环发光，调节电位器能改变发光的快慢，说明电路安装取得成功。将 R_W 的阻值调至最大值，完成项目表 10-2，验证电路的

项目表 10-2　逻辑功能验证表

$Y_0 \sim Y_9$ 时序图（要求绘制一个完整周期）
Y_0 | | | | | | | | | | |
Y_1 | | | | | | | | | | |
Y_2 | | | | | | | | | | |
Y_3 | | | | | | | | | | |
Y_4 | | | | | | | | | | |
Y_5 | | | | | | | | | | |
Y_6 | | | | | | | | | | |
Y_7 | | | | | | | | | | |
Y_8 | | | | | | | | | | |
Y_9 | | | | | | | | | | |
CO | | | | | | | | | | |
说明：电路安装如不成功，请查找原因，检修电路，直至成功

4. 项目考核评价（参考附表三）

✓ 训练拓展

将电路改造为幸运摇奖大转盘：10 只发光二极管模拟幸运物品，当按下启动键后，发光二极管高速循环点亮；松开启动键，几秒钟后旋转速度越来越慢并最终随机停止于某只发光二极管上。可以将每只发光二极管旁边标上幸运物品作为摇奖奖品。（提示：利用 NE555 ④脚）

*项目 11　可编程 8 位序列信号发生器的制作

✅ 知识目标、技能目标、工具、元器件和仪器（参考实训项目 5）

✅ 实训步骤

1. 逻辑设计原理

（1）实现方法：74LS161 为 4 位二进制同步计数器、74LS251 为 8 选 1 数据选择器。NE555 构成频率可调多谐振荡器，提供 74LS161 工作所需的 CP 脉冲。利用 74LS161 的 $Q_2Q_1Q_0$ 端输出（000～111，周而复始循环变化）作为 74LS251 的地址选通输入，根据 $D_0 \sim D_7$ 预置的数据，74LS251 将输出两路互补的 8 位的序列脉冲信号。

（2）可编程 8 位序列信号发生器逻辑设计电路如项目图 11-1 所示。

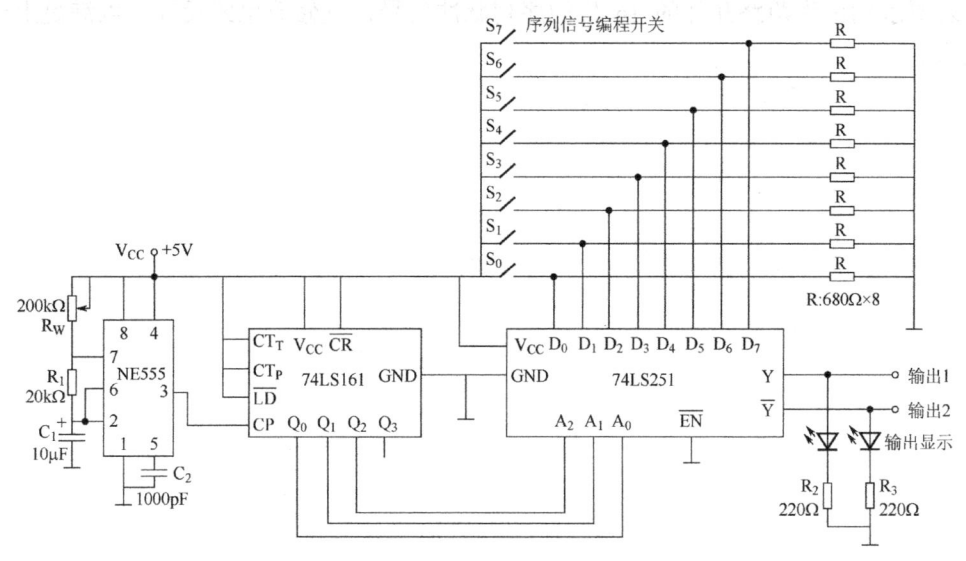

项目图 11-1　可编程 8 位序列信号发生器逻辑设计电路图

2. 装配要求和方法（参考实训项目 5）

实训装配要求和方法参考实训项目 5，项目元器件清单如项目表 11-1 所示。

项目表 11-1　元器件清单表

序号	代号	品名	型号规格	数量	序号	代号	品名	型号规格	数量
1	IC_1	时基电路	NE555	1	7	C_1	电解电容	10μF	1
2	IC_2	数字集成电路	74LS161	1	8	C_2	瓷片电容	1000pF	1
3	IC_3	数字集成电路	74LS251	1	9	R_W	电位器	200kΩ	1
4		双列直插式 IC 座	16 脚	2	10	R_1	金属膜电阻	20kΩ	1
5	LED	高亮发光二极管		2	11	R_2/R_3	金属膜电阻	220Ω	2
6	S	拨动开关		8	12	R	金属膜电阻	680Ω	8

3. 调试与检测

自检无误后，接入 5V 直流稳压电源。发光二极管应能互补发光，说明电路安装取得成功。完成项目表 11-2。将 R_W 的阻值调至最大值，验证电路是否符合设计要求。

项目表 11-2　逻辑功能验证表

输入	输出		时序图（一个完整周期）	
$D_0 \sim D_7$	Y	$\overline{Y}$	Y	$\overline{Y}$
00110011				
00011101				
10101010				
11001001				
00010001				
11101110				

4. 项目考核评价（参考附表三）

✔ 训练拓展

若要求输出为两路互补的 16 位的序列脉冲信号，试修改电路设计，以满足上述逻辑要求。

*项目 12　数字显示时钟的制作与调试

✅ 实训目标与要求

一、知识目标

（1）掌握数制与码制、门电路、振荡与分频、BCD 计数器、BCD 译码器、驱动、显示器、计数器变模（反馈置数与反馈置零），以及数字钟调校的基本原理。

（2）了解数字集成芯片 CD4060、CD4013、CD4081、CD4518、CD4511 的功能及正确使用方法。

（3）了解数字显示时钟的组成方框图，熟悉整机电路，能分析整机电路工作原理。

二、技能目标

（1）能熟练掌握焊接装配技能，熟悉常用电子元器件的质量检测，电路安装排版的工艺要求。

（2）会上网查找、整理数字钟相关资料，能相互讨论，分享信息资料。

（3）能熟读方框图、集成 IC 引脚功能图、整机电原理图、主体元件安装位置排版图，具备相当的读图能力。

（4）出现疑惑时能及时问询指导老师，出现故障会运用理论知识分析故障原因及部位，会运用老师讲授的方法仔细检查，会对故障予以检修。

（5）能贯彻落实 7S 管理（整理、整顿、清扫、清洁、素养、安全、节约）。

三、组装过程总体要求

（1）对元器件进行质量检测，筛选出有问题的元器件。

（2）熟读主体元件安装位置排版图并按位置图安装元器件。

（3）规范操作过程，确保人身和工具设备安全。

（4）确保焊接质量，杜绝虚焊，短路等焊接工艺问题。

（5）依信号流向顺序对照原理图安装（装配的顺序严格遵循：电源电路→"秒"脉冲产生电路→"秒"计数、译码驱动、显示电路→"分"计数、译码驱动、显示电路→"时"计数、译码驱动、显示电路→调校电路→整机检测检修。元器件按进度安装分批发放），待单元模块安装完成后，需直观检查有无漏焊错焊并用万用表确认无误后方可通电测试。

（6）实训过程充分体现"三指导原则"：即针对当天的内容安排做好入门指导（运用多媒体或其他方式分析电路原理、检测检修方法和技巧）；巡回指导（学生实训操作过程中指导老师的示范讲解，发现问题及时处理）；结束指导（对当天的实训效果进行点评和总结）。

✅ 实训工作准备

（1）实训步骤与进度安排（计划 30 课时）如项目表 12-1 所示。

（2）数字显示时钟元器件清单如项目表 12-2 所示。

（3）实训器材工具清单如项目表 12-3 所示。

项目表 12-1　实训任务细化与进度安排表

实训任务	实训方式	重点与难点	课时
任务一　数字钟的组成方框图，电路图工作原理分析	多媒体、讲授	数字钟的结构组成和工作原理	3
任务二　5V 直流稳压电源电路的安装检测	电路原理分析、示范演示、巡回指导	元器件检测、电路排版、工艺要求、电源电路的检测与检修	3
任务三　"秒"脉冲产生电路的安装检测	电路原理分析、示范演示、巡回指导	元器件检测、电路的排版安装、工艺要求、振荡与分频电路的检测与检修	4
任务四　"秒"部分电路的安装检测	电路原理分析、示范演示、巡回指导	元器件检测、电路的排版安装、工艺要求、BCD 计数器、译码驱动器、显示器及反馈置零电路的正确连接、检测与检修	6
任务六　"分"部分电路的安装检测	电路原理分析、示范演示、巡回指导	元器件检测、电路的排版安装、工艺要求、BCD 计数器、译码驱动器、显示器以及反馈置零电路的正确连接、检测与检修	5
任务七　"时"部分电路的安装检测	原理分析、示范演示、巡回指导	元器件检测、电路的排版安装、工艺要求、BCD 计数器、译码驱动器、显示器以及反馈置零电路的正确连接、检测与检修	4
任务八　调校与整机清零电路的安装检测	校正电路原理分析、示范演示、巡回指导	校正电路工作原理、安装、检测与检修	2
任务九　整机调试与检修、实训评分与总结	巡回指导	检修、评分	3

项目表 12-2　元器件清单表

序号	品名	型号规格	数量	序号	品名	型号规格	数量
1	电源线及开关	1A	1	14	数码管	共阴	6
2	9V 单相变压器	5W	1	15	石英晶体	f_0=32768Hz	1
3	整流二极管	1N4001	4	16	轻触开关		4
4	集成稳压器	CW7805	1	17	瓷片电容	47pF	4
5	开关二极管	2CK74A	5	18	可调电容	3～25pF	1
6	三极管	9014	1	19	电解电容	1000μF/16V	2
7	集成电路	CD4060	1	20	金属膜电阻	1kΩ	3
8	集成电路	CD4013	1	21	金属膜电阻	4.7kΩ	1
9	集成电路	CD4518	3	22	金属膜电阻	10kΩ	7
10	集成电路	CD4511	6	23	金属膜电阻	20MΩ	1
11	集成电路	CD4081	1	24	金属膜电阻	10Ω/2W	1
12	IC 插座	14P	2	25	连接导线	8cm	100
13	IC 插座	16P	10	26	万能印制电路板	中型	1 块

项目表 12-3　实训器材工具清单表

序号	器材工具	数量	备注	序号	器材工具	数量	备注
1	万用表	1	MF47	5	松香、焊锡丝	若干	
2	电烙铁	1	35W	6	剪线钳	1	
3	镊子	1		7	实物投影仪	1	
4	螺丝刀	2	一字十字各一	8	多媒体电脑	1	

实训过程

任务一　数字钟的组成方框图，电路图工作原理分析

实训任务相关内容见教材相关章节，任务用时为 3 课时，其电路设计图如图 5-53 所示。

任务二　5V直流稳压电源电路的安装检测

发放整机排版安装位置图和直流稳压电源电路部分的元器件，进行电源电路安装和检测检修，任务用时为3课时。

任务实施过程中的常见问题有：①变压器初级次级接反或初级与电源线绝缘包扎欠佳；②滤波电容极性接反；③三端集成稳压器输入输出接反。

通电后，CW7805如果能输出正常的5V，则电源电路安装和检测检修完毕。

任务三　"秒"脉冲产生电路的安装检测

发放所有IC插座、数码管和"秒"脉冲产生电路元器件，进行相关电路的安装和检测检修，任务用时4课时。实训任务所用集成芯片CD4060、CD4013的引脚功能如项目图12-1所示。

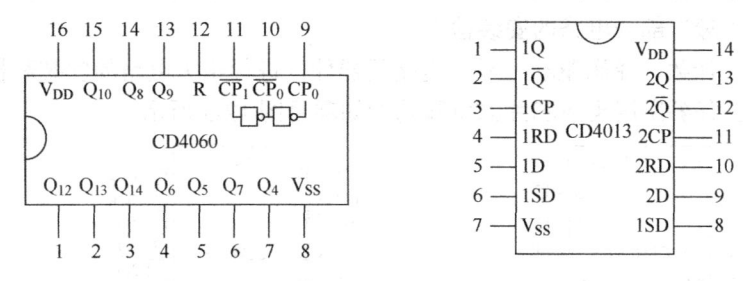

项目图12-1　CD4060、CD4013引脚功能图

步骤：

（1）将12块IC插座和6个数码管在万能印制电路板上焊接定位，然后IC插座各自的电源端连在一起，各自的地端连在一起，实现主体元件布局。要求IC插座彼此间电源端互通，地端互通，电源端与地端互不通即为合格。建议主体元件布局如项目图12-2所示。

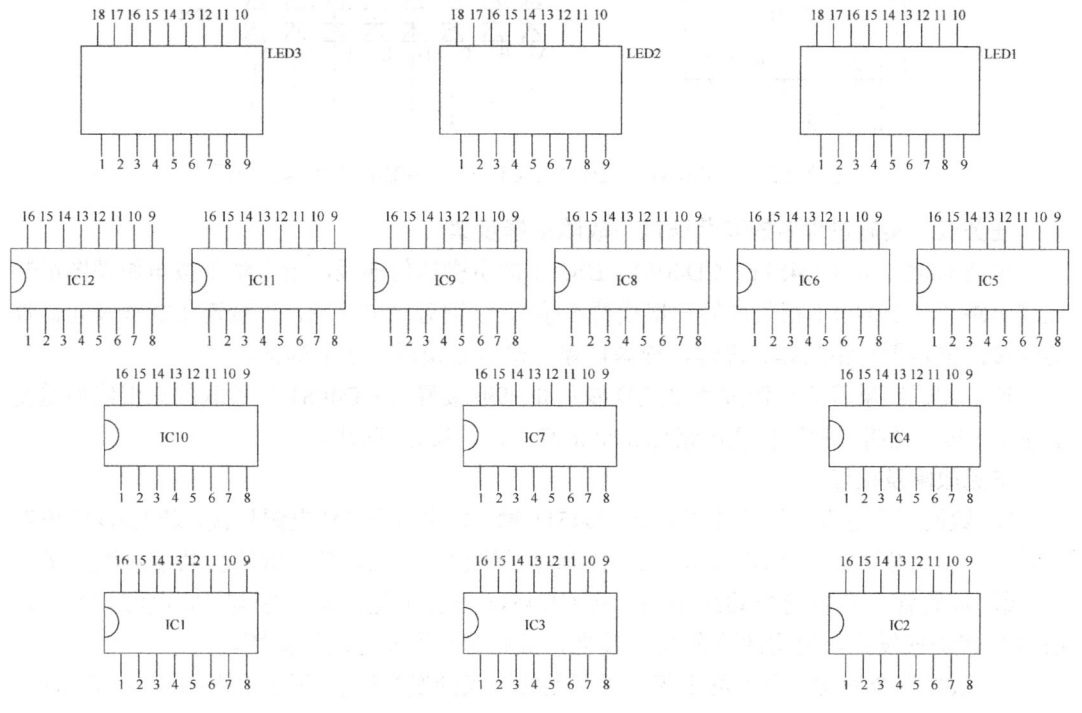

项目图12-2　主体元件布局图（建议）

（2）讲清 CD4060、CD4013 引脚如何连线，按电原理图组装完成电路并确认无误后按如下程式通电检测。

① 选择 MF47 万用表 10V 直流电压挡，检测 CD4060、CD4013 供电是否有 5V，有为正常，若无则先修好供电故障。

② 万用表 10V 直流电压挡在 CD4060③脚是否能观测到指针每秒来回两次的摆动，若有为正常，若无则先修好停振故障（原因多为 IC 坏或晶振坏或 IC 外围连接有误，可用替代法判别 IC 或晶振是否损坏）。

③ 万用表 10V 直流电压挡在 CD4013①脚是否能观测到指针每秒来回一次的摆动。若有则说明"秒"脉冲产生电路已正常工作；若无，则故障在 IC 本身或 IC 外围连接有误。

④ 若出现振荡频率远远高于正常值，多为 CD4060 引脚与电路板接触不良。

任务四　"秒"部分电路的安装检测

发放"秒"计数、译码驱动、显示电路元器件，进行相关电路的安装和检测检修。任务用时 6 课时。任务所用集成芯片的引脚功能如项目图 12-3 所示。

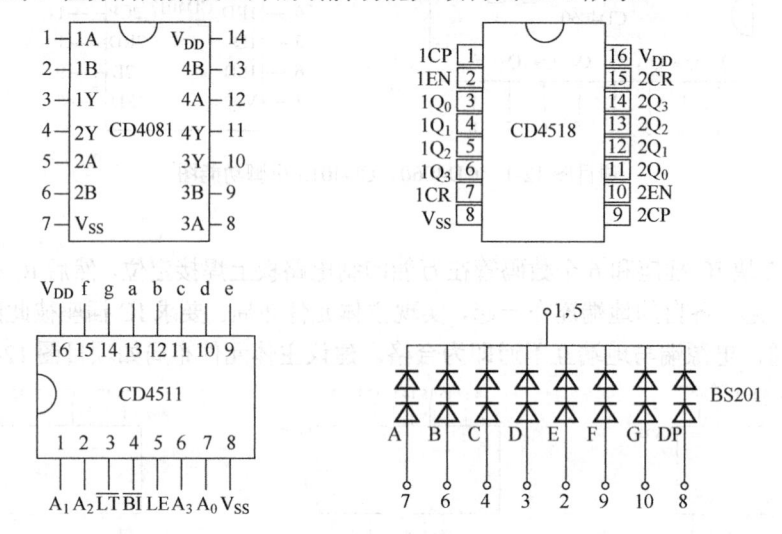

项目图 12-3　CD4081、CD4518、CD4511、BS201 的引脚功能图

任务五　实施过程中的安装调试与故障检修步骤

讲清 CD4518、CD4511、CD4081、BS201 的引脚如何连线，指导学生按电原理图组装完成电路（与 CD4081 相关联的三根线暂不接）。仔细对照电路图，检查连接导线及元器件的焊接部位是否有错漏焊、虚焊、连焊现象。确认无误后可通电测试。

通电测试结果若数码管按顺序重复显示 0～99，接好与 CD4081 相关联的三根线后重复显示 0～59，说明"秒"模块电路已完全正常工作，反之有故障。

常见故障及检修

① 数码管所有发光段均不亮：将 CD4511 输出端分别与 5V 电源相接，若 LED 字段对应发光，说明故障在 IC 供电或 IC 锁存控制电平错误；反之，数码管的公共端对地开路。

② 数码管个别发光段始终不亮：将 CD4511 不亮的输出端分别与 5V 电源相接，若 LED 字段对应发光，说明故障在 IC，反之，数码管个别发光段已损坏。

③ 数码管个别发光段始终不灭：说明始终不灭的发光段驱动输出端不慎与电源相连，或者 CD4511 已局部损坏。

④ 数码管两段发光段亮灭始终一致：说明两段发光段驱动输出端短接了。

数码管显示十位"秒"在右，个位"秒"在左：说明十位 CD4511 与个位 CD4511 的输入对调了。

⑤ 数码管显示数字顺序不对：是 CD4518 的输出端与 CD4511 的输入端接错所致。如 $Q_3Q_2Q_1Q_0$ 错接成 $A_3A_2A_0A_1$，则正常的显示就变成了 021346578…，只需将 CD4518 与 CD4511 数码的高低位相对应连接即可。

⑥ 数码管显示进制不正常：若原来的一百进制正常，故障在与 CD4081 相关联的三根线接错；反之，CD4518 外围连接有误。

任务六　"分"部分电路的安装检测

发放"分"计数、译码驱动、显示电路元器件，进行相关电路的安装和检测检修。任务用时 5 课时。

"分"与"秒"的装配情况完全一致，需要强调的一点就是，调试时将秒脉冲引入"分"电路，待"分"调试完全正常后，断开秒脉冲，再将"分"与"秒"电路连接。

任务七　"时"部分电路的安装检测

发放"时"计数、译码驱动、显示电路元器件，进行相关电路的安装和检测检修。任务用时 4 课时。

"时"与"分"与"秒"的装配情况完全一致，调试时，仍需引入秒脉冲。不同之处在于"时"计数为二十四进制。

任务八　调校与整机清"0"电路的安装检测

发放调校与整机清"0"电路元器件，进行安装和检测检修。任务用时 2 课时。

调校与整机清"0"电路常见故障及检修

（1）抗干扰性能差，表现为手靠近或接触电路板，计数触发器出现误翻转导致时间显示紊乱，原因是 10kΩ 电阻未接好。

（2）轻触开关接断触头，导致电路始终工作在调校或整机清"0"状态。

任务九　整机调试与检修、实训评分与总结

任务用时 3 课时。

（1）教师对个别尚有异常的数字钟进行检修指导。

（2）安装调试完毕并取得完全成功的同学在实训室编写实训报告。

（3）教师对实训进行总结并依据学生综合表现予以评分和学生作品展示（见项目图 12-4）。

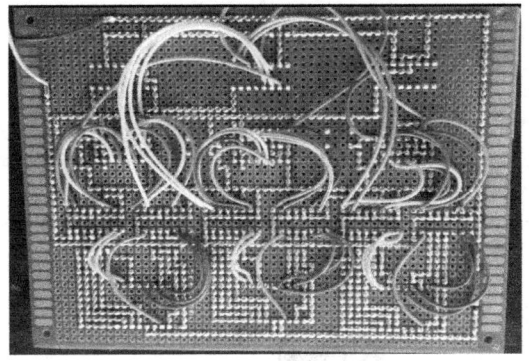

项目图 12-4　学生作品展示

✓ 项目考核评价（见项目表12-4）

项目表12-4 考核评价表

评价指标	评 价 要 点	评价结果				
		优	良	中	合格	不合格
理论水平 （应知）	1. 理论知识掌握情况，能否自主分析电路					
	2. 对电路设计的思路是否清晰					
	3. 装配草图绘制质量					
技能水平 （应会）	1. 元件识别与检测					
	2. 工件工艺情况					
	3. 工件调试与检测情况					
安全操作	① 能否按照安全操作规程操作；② 有无发生安全事故；③ 有无损坏仪器仪表					
总评	评别	优	良	中	合格	不合格	总评得分
		89～100分	80～88分	70～79分	60～69分	<60分	

拓展模块

教学视频

参 考 文 献

- [1] 徐新艳. 数字与脉冲电路[M]. 北京：电子工业出版社，2007.
- [2] 李大友. 数字电路逻辑设计[M]. 北京：清华大学出版社，1997.
- [3] 康华光，邹寿彬. 电子技术基础数字部分（第4版）[M]. 北京：高等教育出版社，2000.
- [4] 高卫斌，李传珊. 电子技术基础与技能（通信类）[M]. 北京：电子工业出版社，2010.
- [5] 陈其纯. 电子线路（第3版）[M]. 北京：高等教育出版社，2002.
- [6] 张龙兴. 电子技术基础（第2版）[M]. 北京：高等教育出版社，2006.
- [7] 刘晓魁. 电子技术基础（第2版）[M]. 长沙：湖南科技出版社，2003.

反侵权盗版声明

电子工业出版社依法对本作品享有专有出版权。任何未经权利人书面许可，复制、销售或通过信息网络传播本作品的行为；歪曲、篡改、剽窃本作品的行为，均违反《中华人民共和国著作权法》，其行为人应承担相应的民事责任和行政责任，构成犯罪的，将被依法追究刑事责任。

为了维护市场秩序，保护权利人的合法权益，我社将依法查处和打击侵权盗版的单位和个人。欢迎社会各界人士积极举报侵权盗版行为，本社将奖励举报有功人员，并保证举报人的信息不被泄露。

举报电话：（010）88254396；（010）88258888

传　　真：（010）88254397

E-mail：　　dbqq@phei.com.cn

通信地址：北京市万寿路173信箱
　　　　　电子工业出版社总编办公室

邮　　编：100036